中国轻工业“十三五”规划立项教材

食品科学与工程综合实验指导

荣瑞芬　闫文杰　主编

中国轻工业出版社

图书在版编目(CIP)数据

食品科学与工程综合实验指导/荣瑞芬,闫文杰主编.—北京:中国轻工业出版社,2018.12

中国轻工业“十三五”规划立项教材

ISBN 978-7-5184-2191-6

Ⅰ.①食… Ⅱ.①荣… ②闫… Ⅲ.①食品科学—实验—高等学校—教材 ②食品工程学—实验—高等学校—教材 Ⅳ.①TS201-33

中国版本图书馆 CIP 数据核字(2018)第 247927 号

责任编辑:钟 雨　　责任终审:劳国强　　整体设计:锋尚设计
策划编辑:伊双双　　责任校对:吴大鹏　　责任监印:张 可

出版发行:中国轻工业出版社(北京东长安街 6 号,邮编:100740)
印　　刷:三河市国英印务有限公司
经　　销:各地新华书店
版　　次:2018 年 12 月第 1 版第 1 次印刷
开　　本:787×1092　1/16　印张:22
字　　数:500 千字
书　　号:ISBN 978-7-5184-2191-6　定价:48.00 元
邮购电话:010-65241695
发行电话:010-85119835　传真:85113293
网　　址:http://www.chlip.com.cn
Email:club@chlip.com.cn
如发现图书残缺请与我社邮购联系调换
161263J1X101ZBW

前言

食品科学与工程专业是一级学科专业，涉及理、工、农、医、管等多门学科，其专业必修课程包括食品工程原理、食品化学、食品分析、食品工艺学、食品营养学、食品安全与卫生学及其实践课程。专业教材目前以理论课程教材较多，实践课程相对较少，特别是综合性的食品科学与工程专业综合实践教材目前还为数不多。

北京联合大学以培养技术应用型人才为目标，教学中极其重视实践教学。我校食品科学与工程专业开设十六年，以食品营养和功能食品为特色，经过十六年的建设，已形成了科教融合与产教融合相结合的实践教学模式，实践教学中融入了教师许多科研成果和产业先进技术。本教材是在我校食品科学与工程专业多年实践教学基础上，依据食品专业人才培养规格的要求，打破学科性束缚，融合大食品学科，与时俱进吸纳新的科研成果、行业新技术产品和我校营养功能食品特色内容汇编而成，注重技术应用。

本教材由北京联合大学荣瑞芬教授、闫文杰副教授主编，食品科学系和功能食品研究院一线教师和校外人才培养基地北京市理化分析测试中心、北京荷美尔食品有限公司专业技术人员参加编写。本教材共分十三章，包括食品工程原理实验，食品化学实验，食品分析实验，肉、乳、蛋制品工艺学实验，园艺产品工艺学实验，农产品工艺学实验，焙烤食品工艺学实验，食品功能因子制备技术实验，功能食品制备实验，应用营养学实验，食品安全与卫生学实验等内容。具体编写分工如下：第一章由黄汉昌编写；第二、七、九章由荣瑞芬编写；第三章由刘彦霞、戴涟漪编写；第四、五、六章由闫文杰编写；第八章由李祖明编写；第十章由惠伯棣编写；第十一章由惠伯棣和荣瑞芬编写；第十二章由常平、周绮云编写；第十三章由闫文杰、贾丽编写。北京联合大学食品科学与工程专业研究生王帅、谢洋洋、李汉洋参与了资料收集和部分内容编写。

本教材内容丰富，理论联系实际，强化实践技术，实用性强，突出营养与功能食品特色，以培养应用型人才为目标，以切实提高学生的动手能力、创新能力、设计能力为目的。可作为各大专院校食品专业的专业综合实践教材，可供职业技术学院学生、食品行业技术人员学习参考。

本书的编写得到了北京联合大学教务处的大力支持，同时得到了北京联合大学食品科学系和功能食品科学技术研究院教师和同学们、北京市理化分析测试中心范筱京总工程师、贾丽工程师、北京一轻研究院宋昊助理研究员、宝健生物技术有限公司洪杰高级工程师、江苏雨润集团徐宝才教授高级工程师的大力支持和帮助，在此一并向他们表示衷心的感谢。

本教材由《北京联合大学“十三五”产学合作规划教材建设项目》经费资助出版。

由于编者水平有限，本书所涉及的领域又十分广阔，因此，欠妥之处在所难免，恳请读者提出宝贵的批评和建议。

编者

2018 年 10 月

目录

第一篇　食品专业基础课程类实验

第二篇　食品专业课程类实验

第一篇

食品专业基础课程类实验

第一章

食品工程原理实验

实验一　雷诺实验

一、知识准备

1883 年，雷诺（Reynolds）首先在实验装置中观察到实际流体的流动存在两种不同的形态——层流和湍流，以及这两种不同形态的转变过程。层流时，流体质点做直线运动，即流体分层流动，与周围的流体无宏观的混合；湍流时，流体质点呈紊乱地向各方向作随机的脉动，流体总体上仍沿管道方向流动。

二、实验目的

研究流体流动的形态，对食品科学的理论和工程实践具有重要的意义。本实验的目的是通过雷诺实验装置，观察流体流动过程的不同流动形态及转变过程，测定流动形态转变时的临界雷诺准数。

三、实验原理

实验证明，流体的流动形态主要取决于流体的密度、黏度、流体的流动速度以及设备的几何尺寸。将这些影响因素整理归纳为一个量纲为 1 的特征数，我们称之为雷诺数（准数，Re），雷诺数是判断实际流动类型的特征数。若流体在圆管内流动，则雷诺准数可用下式表示。

$$Re = \frac{du\rho}{\mu}$$

式中　d——管路直径，m；

ρ——流体密度，kg/m^3；

u——流体流动速度，m/s；

μ——流体黏度，Pa · s。

大量实验证实，当雷诺数小于某一下临界值时，流体作层流流动；当雷诺数大于某一上临界值时，流体作湍流流动；在下临界值和上临界值之间，流体的流动形态为过渡状态。

一般认为，当 $Re \leqslant 2000$ 时（下临界值），流体流动类型属于层流；当 $Re \geqslant 4000$ 时（上临界值），流体流动类型属于湍流；而 Re 值在 2000 ~ 4000 是不稳定的过渡状态，可能是层流也可能是湍流，取决于外界干扰条件，如管道直径或方向的改变、管壁粗糙，或有外来振动等都易导致湍流。

四、实验设备与材料

1. 工作流体

自来水。

2. 实验设备

雷诺实验装置主要由稳压溢流槽、带细套管的实验导管等部分组成。实验过程中还要自备量筒和秒表，以测量流体流速。实验装置示意图及流程如图 1 -1 所示，自来水不断被注入并充满稳压溢流槽。稳压溢流槽内的水经实验导管流出，流入自备的量筒中，水的流量可由流量调节阀 7 控制。

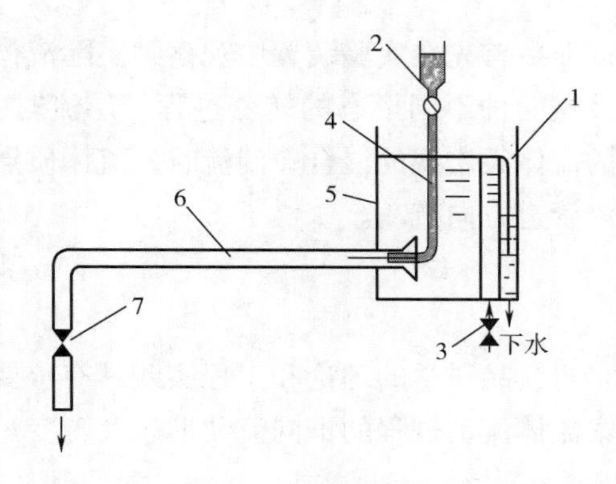

图 1 -1　雷诺实验——装置示意图及流程

1—溢流管　2—小瓶　3—上水管　4—细管　5—水箱　6—水平玻璃管　7—出口阀门

图 1 -1 中水箱内的水由自来水管供给，实验时水由水箱进入玻璃管（玻璃管供观察流体流动形态和滞流时管路中流速分布之用）。水量由出口阀门控制，水箱内设有溢流管，用以维持恒定的液面，多余水由溢流管排入下水道。

五、实验步骤

1. 实验前准备

（1）用自来水将稳压溢流槽充满水。

（2）将适量的红墨水加入到细管储存槽内。

（3）用温度计测定水温。

2. 操作要点

（1）打开自来水进水阀，保持稳压溢流槽内有一定的溢流量。

（2）打开流量调节阀。

（3）缓慢地打开红墨水调节阀，一般地，红墨水的注入流速与实验导管内主体流体的流速相近或略低于主体流体的流速为宜。

（4）调节流量调节阀，并注意观察层流现象（精心调节流量调节阀，直至能观察到一条平直的红色细流为宜）。

（5）逐渐加大流量调节阀的开度，并注意观察过渡流现象。

（6）进一步加大流量调节阀的开度，并注意观察湍流现象（当流量达到某一数值后，红墨水一进入实验导管内，立即被分散成烟雾状，这时表明流体的流动形态已经进入湍流区域）。

（7）根据测量时间内的水的体积流量和导管尺寸计算得到流体的流量并计算出雷诺数。

（8）这样的实验操作需要反复进行5~6次，以便取得较为准确的实验数据。

（9）关闭红墨水调节阀，然后关闭进水阀，待玻璃管中的红色消失，关闭流量调节阀门，结束本次实验。

六、结果计算

1. 实验设备基本参数

实验导管内径 d =______ m

2. 实验数据记录及整理

实验数据记录表

实验序号	流量（q_v）/（m^3/s）	温度（T）/℃	黏度（μ）/Pa·s	密度（ρ）/（kg/m^3）	流速（u）/（m/s）	临界雷诺数（Re）	实验现象及流动形态

列出上表中各项的计算公式。

七、注意事项

1. 在开启水箱的进水阀时，应注意控制进水量，使其稍大于用水量即可（此时看到溢流管有少许水量溢出）。如果进水量太大，溢流量太多，在大量溢流的干扰下，会造成液面严重波动而影响实验结果。

2. 红墨水量不宜调节太大，否则既浪费又影响实验结果。

3. 试验后将实验装置内各处的存水排放干净。

思考题

1. 流体的流动类型与雷诺准数的数值大小有什么关系?

2. 影响流体流动类型的因素有哪些?

实验二 伯努利方程验证实验

一、知识准备

流体流动所具有的总能量是由各种形式的能量所组成的，并且各种形式的能量之间能够互相转化。根据能量守恒原理，当流体在管路内作稳态流动时，管路各截面之间的机械能的变化规律可以由机械能衡算基本方程来表达。

二、实验目的

本实验采用伯努利实验验证装置，观察不可压缩流体在管路内稳定流动时位能、动能和静压能之间转化现象，并验证伯努利方程。通过实验加深对流体流动过程中能量守恒和转化的基本原理的理解。流体流动各机械能间的转化规律对流体流动过程的管路计算、流体压强、流量与流速的测量以及流体的输送等问题的解决均有着十分重要的指导意义。

三、实验原理

对于不可压缩流体，在管路内作稳态流动时，流体的流动流体所具有的能量由流动流体自身所具有的能量、流动时外加能量以及损失能量组成。流动流体自身所具有的能量主要为位能（mgz）、动能（$mu^2/2$）、内能（E）、静压能（mp/ρ）等，如图 1－2 所示。

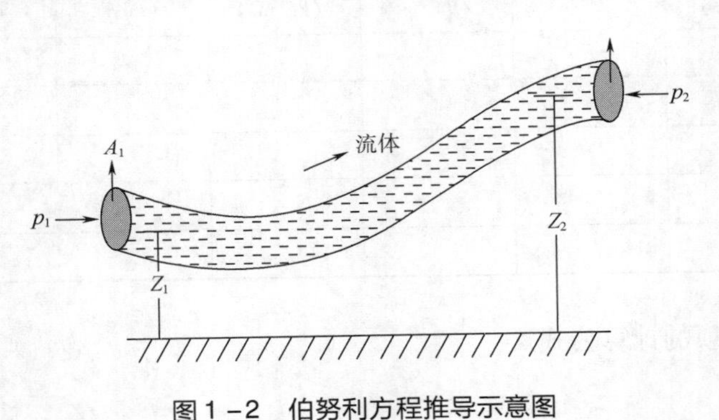

图 1－2　伯努利方程推导示意图

p_1—截面 1 的压强　p_2—截面 2 的压强　A_1—截面 2 的管径面积

流体流动时外加能量、损失能量主要为外功（W）、热量（Q）等。如果不考虑流体的内能，则在流体的上下游任意两个截面上总的能量守恒。通过能量衡算可以得到：

$$gZ_1 + \frac{p_1}{\rho} + \frac{u_1^2}{2} = gZ_2 + \frac{p_2}{\rho g} + \frac{u_2^2}{2} + \sum h_f \quad (\mathrm{J/kg^1})$$

$$Z_1 + \frac{p_1}{\rho g} + \frac{u_1^2}{2g} = Z_2 + \frac{p_2}{\rho g} + \frac{u_2^2}{2g} + \sum H_f \quad (\mathrm{m})$$

式中　Z——流体的位压头，m；

p——流体的压强，Pa；

u——流体的平均流速，m/s；

ρ——流体密度，$\mathrm{kg/m^3}$；

g——重力加速度，m/s^2；

$\sum E_f$——单位质量流体因阻力因素造成的能量损失，J/kg；

$\sum H_f$——单位质量流体因阻力因素造成的压头损失，m。

以上不可压缩流体的能量守恒方程被称之为伯努利方程，伯努利方程在不同的具体应用情况下可以适当简化。

1. 不考虑阻力损失时，伯努利方程表示为

$$gZ_1 + \frac{p_1}{\rho} + \frac{u_1^2}{2} = gZ_2 + \frac{p_2}{\rho} + \frac{u_2^2}{2} \quad (J/kg)$$

$$Z_1 + \frac{p_1}{\rho g} + \frac{u_1^2}{2g} = Z_2 + \frac{p_2}{\rho g} + \frac{u_2^2}{2g} \quad (m)$$

2. 当流体流经水平放置的管路时，伯努利方程表述为

$$\frac{p_1}{\rho} + \frac{u_1^2}{2} = \frac{p_2}{\rho} + \frac{u_2^2}{2} + \sum h_f \quad (J/kg)$$

$$\frac{p_1}{\rho g} + \frac{u_1^2}{2g} = \frac{p_2}{\rho g} + \frac{u_2^2}{2g} + \sum H_f \quad (m)$$

3. 当流体处于静止状态时，伯努利方程表述为

$$gZ_1 + \frac{p_1}{\rho} = gZ_2 + \frac{p_2}{\rho} \quad (J/kg)$$

$$Z_1 + \frac{p_1}{\rho g} = Z_2 + \frac{p_2}{\rho g} \quad (m)$$

即为流体的静力学方程，为伯努利方程的特殊形式。

四、实验设备与材料

1. 工作流体

自来水。

2. 实验装置

本实验装置主要由实验导管、稳压溢流槽和 3 对测压管组成。实验装置的流程如图 1-3 所示。实验过程中还要自备量筒（或者天平）和秒表，以测量流体流速。

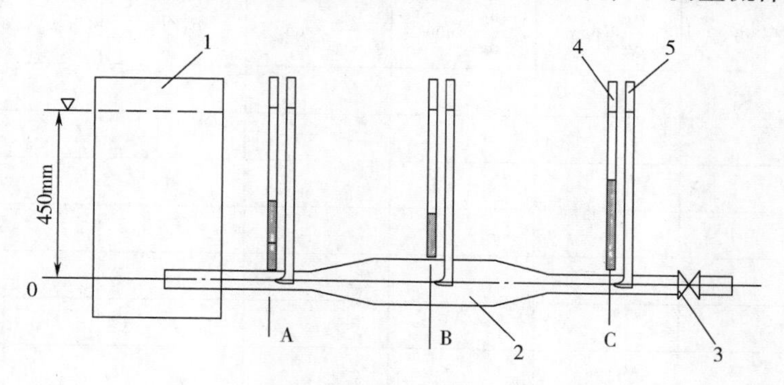

图 1-3 伯努利实验装置流程图

1—稳压水槽 2—实验导管 3—出口调节阀 4—静压测量管 5—冲压测量管

实验导管为水平装置的变径圆管，沿程分三处设置测压管。每处测压管由一对并列的测压管组成，分别测量该截面处的静压头和冲压头。

液体由稳压水槽流入试验导管，途经直径分别为20mm、30mm和20mm的管子，最后排出设备。流体流量由出口调节阀调节。流量需直接由计时称量测定。

五、实验步骤

实验前，先缓慢开启进水阀，将水充满稳压溢流水槽，并保持有适量溢流水流出，使槽内液面平稳不变。设法排尽设备内的空气泡。

按以下步骤进行实验。

1. 关闭实验导管出口调节阀，观察和测量液体处于静止状态下各测试点（A、B和C三点）的压强。

2. 开启实验导管出口调节阀，观察比较液体在流动情况下的各测试点的压头变化。

3. 缓慢开启实验导管的出口调节阀，测量流体在不同流量下的各测试点的静压头、动压头和损失压头。

六、结果计算

1. 测量并记录实验基本参数

流体种类：

实验导管内径：d_A = ______ m

d_B = ______ m

d_C = ______ m

实验系统的总压头：H = ______ m

2. 静止流体的机械能分布及其转换

（1）实验数据记录

实验数据记录表

水温	密度	各测试点的静压头			各测试点的静压强		
(T) /℃	(ρ) /(kg/m^3)	$\frac{p_A}{\rho g}$/mm	$\frac{p_B}{\rho g}$/mm	$\frac{p_C}{\rho g}$/mm	p_A/Pa	p_B/Pa	p_C/Pa

（2）验证流体静力学方程

3. 流体流动的机械能分布及其转换

（1）实验数据记录

实验数据记录表

实验序号	温度 (T) /℃	密度 (ρ) /(kg/m^3)	静压头			压强			动压头			流速			损失压头		
			$\frac{p_A}{\rho g}$ /mm	$\frac{p_B}{\rho g}$ /mm	$\frac{p_C}{\rho g}$ /mm	p_A /Pa	p_B /Pa	p_C /Pa	$\frac{u_A^2}{2g}$ /mm	$\frac{u_B^2}{2g}$ /mm	$\frac{u_C^2}{2g}$ /mm	u_A/ (m/s)	u_B/ (m/s)	u_C/ (m/s)	$H_{f(1-A)}$ /mm	$H_{f(1-B)}$ /mm	$H_{f(1-C)}$ /mm

（2）验证流动流体的机械能衡算方程

七、注意事项

1. 实验前一定要将试验导管和测压管中的空气泡排除干净，否则会干扰实验现象的观察和测量数据的准确性。

2. 当开启进水阀向稳压水槽注水或开关试验导管出口调节阀时，一定要缓慢地调节开启程度，并随时注意设备内水位的变化。

3. 试验过程中需根据测压管量程范围，确定最小和最大流量。

4. 为了便于观察测压管的液柱高度，可在临实验测定前，向各测压管滴入几滴红墨水。

思考题

1. 为什么实验过程中要保持稳压溢流槽内水位的恒定？
2. 用实验中观察到的现象解释流体在直管路内流动的速度与阻力损失之间的关系。

实验三　流体流动阻力的测定

一、知识准备

流体通过由直管和阀门组成的管路系统时，由于黏性剪应力和涡流应力的存在，要损失一定的机械能。流体流经直管时所造成机械能损失被称为直管阻力损失。流体通过管件时因流体运动方向和速度大小改变所引起的机械能损失称为局部阻力损失。

二、实验目的

1. 掌握测定流体流经直管、管件时阻力损失的实验方法。

2. 测定流体流经直管的摩擦阻力，确定直管阻力摩擦因数与雷诺数之间的关系，验证在一般湍流区 λ 与 Re 的关系曲线。

3. 测定流体流经管件（如阀门）的局部阻力系数 ξ。

三、实验原理

1. 直管阻力摩擦因数 λ 的测定

流体在水平等径直管中稳定流动时，阻力损失为：

$$h_f = \frac{\Delta p_f}{\rho} = \frac{p_1 - p_2}{\rho} = \lambda \cdot \frac{l}{d} \cdot \frac{u^2}{2}$$

式中　λ——直管阻力摩擦因数，无因次；

d——支管内径，m；

Δp_f——流体流经 1m 直管的压力降，Pa；

ρ——流体密度，kg/m^3；

l——直管长度，m；

u——流体在管内流动的平均流速，m/s。

层流流动时，湍流时 λ 是雷诺准数 Re 和相对粗糙度（ε/d）的函数，须由实验确定。

$$\lambda = \frac{64}{Re} = \frac{64\mu}{du\rho}$$

欲测定 λ，需确定 l、d，测定 Δp_f、u、ρ、μ 等参数。l、d 为装置参数（装置参数表格中给出），ρ、μ 通过测定流体温度，再查有关手册而得，u 通过测定流体流量，再由管径计算得到。Δp_f可用 U 型管、倒置 U 型管、测压直管等液柱压差计测定，或采用差压变送器和二次仪表显示。求取 Re 和 λ 后，再将 Re 和 λ 标绘在双对数坐标图上。

2. 局部阻力系数 ξ 的测定

局部阻力损失通常有两种表示方法，即当量长度法和阻力系数法。本实验采用阻力系数法。流体通过某一管件或阀门时的机械能损失表示为流体流动时平均动能的某一倍数。

$$h_f' = \frac{\Delta p_f}{\rho} = \xi \frac{u^2}{2}$$

$$\xi = \frac{2\Delta p_f}{\rho u^2}$$

式中 ξ——局部阻力系数，无因次；

Δp_f——局部阻力压强降，Pa（本装置中，所测得的压降应扣除两侧压口间直管段的压降，直管段的压降由直管阻力实验结果求取）；

ρ——流体密度，kg/m^3；

u——流体在管内流动的平均流速，m/s。

根据连接阀门两端管径 d，流体密度 ρ，流体温度 t（查流体物性 ρ、μ），及实验时测定的流量 Q、压差计读数，求取阀门的局部阻力系数 ξ。

四、实验设备与材料

1. 工作流体

自来水。

2. 实验设备

本实验装置如图 1－4 所示，装置中光滑直管段为管内径 $d=8mm$，管长 $l=1.6m$ 的不锈钢管；粗糙直管段为管内径 $d=10mm$，管长 $l=1.6m$ 的不锈钢管。

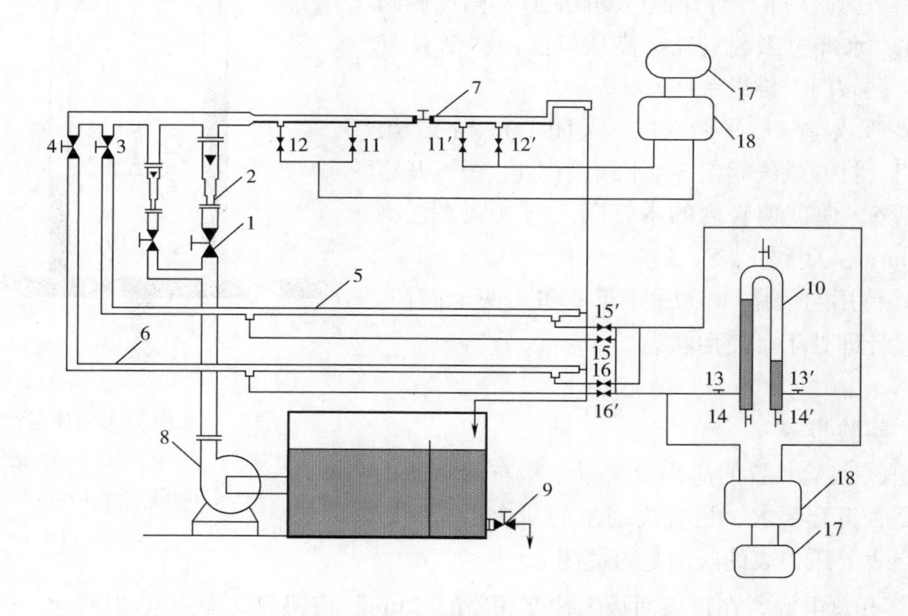

图 1－4 流体流动阻力测定实验装置流程图

1—大流量调节阀 2—大流量转子流量计 3—光滑管调节阀 4—粗糙管调节阀 5—光滑管 6—粗糙管 7—局部阻力阀 8—离心泵 9—排水阀 10—倒 U 管 11，11′—近端测压点 12，12′—远端测压点 13，13′—切断阀 14，14′—放空阀 15，15′—光滑管压差 16，16′—粗糙管压差 17—数字电压表 18—压差变送器

3. 流量测量

由大小两个转子流量计测量。

4. 直管段压强降的测量

差压变送器或倒置 U 形管直接测取压差值。

5. 装置结构尺寸

装置参数，如表1－1所示。

表1－1　装置参数

名称	材质	管内径/mm		测试长度/m
		装置1	装置2	
光滑管	不锈钢食品管	28.974	28.4755	1.6
粗糙管	镀锌铁管	27.7406	27.7406	1.6
局部阻力	闸阀	27.8878	27.8878	1.6
层流管	钢管	8	8	2.5

6. 倒U型压差计的使用

（1）排出系统和导压管内的气泡（调节前要保证系统有比较高的水压）　关闭进气阀门3、出水活塞5和平衡阀门4。打开低压侧阀门1、高压侧阀门2（注：水经过系统管路、高压侧阀门、倒U型管、低压侧阀门1排出系统）。

（2）吸入空气、平衡水位　关闭1和2两个出入水阀门，打开进气阀门3、平衡阀门4。缓慢开启出水活塞5，使玻璃管内的水管吸入空气到水柱高度为30cm，关闭阀4、5、3。

（3）待用与使用　然后打开1和2两个阀门。液位压差计即处于可使用状态。

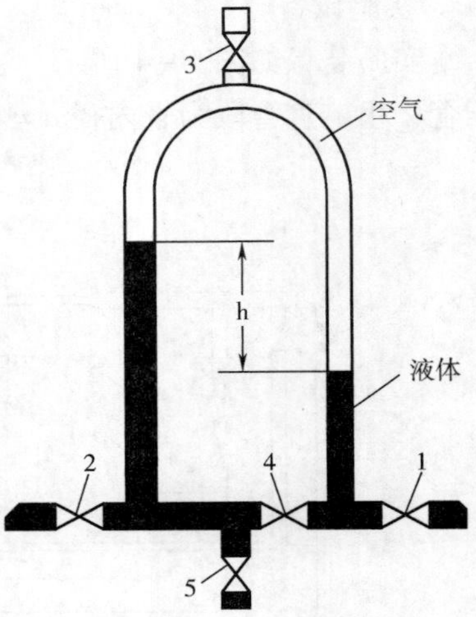

图1－5　倒U形管压差计

1—低压阀门　2—高压阀门　3—进气阀门
4—平衡阀门　5—出水活塞

五、实验步骤

1. 熟悉实验装置的流程及流量、检查储水槽内的水位是否符合要求，检查离心泵的所有出口阀门以及真空表、压力表的阀门是否关闭。

2. 打开总电源，在仪表面板上按变频器的“run”按钮启动变频电动机。

3. 在流量为零的条件下，打开通向倒置U形管的进水阀，检查导压管内是否有气泡存在，以及U形管两边的液柱是否水平。

4. 测光滑管阻力时，关闭粗糙管截止阀，将光滑管截止阀全开，测粗糙管阻力时则相反。

5. 用于测量直管段的压差，小流量时用倒置U型管压差计测量，大流量时用差压变送器测量。应在最大流量（1000L/h）和零流量之间取值，测取12组数据。当流量小于100L/h时，测量5组数据，同时测取水箱水温。

6. 测量完数据后，关闭流量调节阀，按变频器“stop”按钮关闭电动机，关电源。

六、结果计算

1. 实验基本参数

实验温度：______℃

查数据可知，黏度：______ mPa · s　　密度：______ kg/m^3

2. 数据记录

原始实验数据

	光滑管			粗糙管			闸阀		
	H_1/cm	H_2/cm	ΔH/cm	H_1/cm	H_2/cm	ΔH/cm	H_1/cm	H_2/cm	ΔH/cm
流量/(L/h)									

3. 数据处理

实验处理结果

序号	光滑管阻力		粗糙管阻力		局部阻力
	直管摩擦因数（$\lambda \times 10^3$）	雷诺数（Re）	直管摩擦因数（$\lambda \times 10^3$）	雷诺数（Re）	局部阻力因数（ξ）
1					
2					
3					
4					
5					
6					
7					
8					

实验值与计算值比较

项目	实验 $\lambda \times 10^3$	计算 $\lambda \times 10^3$	相对误差/%
1			
2			
3			
4			
5			
6			
7			
8			

注：由实验数据作 $\lambda—Re$ 图。

七、注意事项

若U形管内液柱高度差不为零，则表明导压管内存在气泡，需要进行排气泡操作。排气泡的方法：打开管路的流量调节阀，排出导管内的气泡，再关闭流量调节阀，开大流量，旋开倒置U形管上部的放空阀，当U形管内两液柱降至中间时马上关闭放空阀，检查液柱两边是否水平。

思考题

1. 离心泵实验和流体流动阻力的测定实验布点的规则是什么？为什么？
2. 为什么要在出口调节阀处于关闭时启动离心泵？灌泵的目的是什么？
3. 如何检验测试系统内的空气已经被排除干净？
4. 为什么流体流动阻力的测定实验须在对数坐标纸上进行标绘曲线？

实验四　填料塔气体吸收传质系数测定实验

一、知识准备

气体吸收是典型的传质过程之一，气体吸收传质过程是气体与液体接触过程中，气体中的组分溶解于液体的传质单元操作。根据气体吸收发生的分子本质的不同，可分为物理吸收和化学吸收。物理吸收过程气体溶质与液体溶剂不发生明显的化学反应，而化学吸收过程中气体溶质与液体溶剂发生明显的化学反应。

气体吸收单元操作被广泛地应用于化学和食品工业生产中，例如：

1. 从气体中分离有价值的组分，如挥发性香精的回收。

2. 将气体中有害或无害的气体除去，以免影响产品的质量、腐蚀设备或污染环境等。如烟道中SO_2的吸收。

3. 使气体溶于液体制备成溶液产品。如CO_2溶解于液体制备成碳酸饮料。

本实验采用填料塔水溶液吸收NH_3，测定气体吸收传质系数。

二、实验目的

1. 熟悉填料塔的构造与操作。
2. 观察填料塔流体力学状况，测定压降与气速的关系曲线。
3. 掌握总传质系数K_Ya的测定方法并分析影响因素。
4. 学习气液连续接触式填料塔，利用传质速率方程处理传质问题的方法。

三、实验原理

本装置通过填料柱采用自来水吸收氨气（逆流操作），实验需测定不同浓度量和气量下的吸收总传质系数K_Ya，并进行关联，得到$K_Ya = AL^a \cdot V^b$的关联式。

1. 填料塔流体力学特性

气体通过干填料层时，流体流动引起的压降和湍流流动引起的压降规律相一致。在双对数坐标系中 $\Delta P/Z$ 对气体质量流量 G（或者气体流速）作图得到一条斜率为1.8～2的直线（如图1－6中所示的aa线）。而有喷淋量时，在低气速时（图1－6c点以前）压降也比例于气速的1.8～2次幂，但大于同一气速下干填料的压降（图1－6中bc段）。随气速增加，出现载点（图1－6中c点），持液量开始增大。载点的位置不是十分明确，说明汽液两相流动的相互影响开始出现。压降～气速线向上弯曲，斜率变陡（图1－6中cd段）。当气体增至液泛点（图1－6中d点，实验中可以目测出）后在几乎不变的气速下，压降急剧上升。

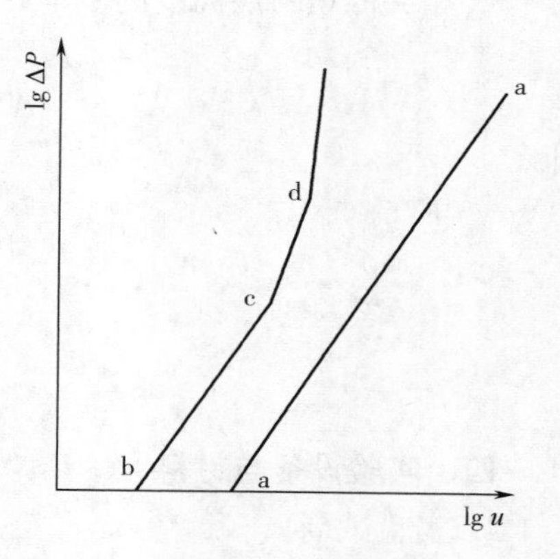

图1－6 填料层压降（$\lg\Delta P$）－空塔气速（$\lg u$）关系示意图

2. 传质实验

填料塔与板式塔气液两相接触情况不同。在填料塔中，两相传质主要是在填料有效湿表面上进行，需要计算完成一定吸收任务所需填料高度，其计算方法有：传质系数法、传质单元法和等板高度法。

本实验是由自来水对氨水进行吸收。在低浓度范围内吸收过程可认为气液两相的平衡关系服从亨利定律，即平衡线为直线，操作线也是直线，因此可以用对数平均浓度差计算填料层传质平均推动力。整理得到相应的传质速率方程为：

$$G_A = K_Y a \cdot V_p \cdot \Delta Y_m$$

$$K_Y a = G_A/(V_p \cdot \Delta Y_m)$$

$$\Delta Y_m = \frac{(Y_1 - Y_{e1}) - (Y_2 - Y_{e2})}{\ln \frac{Y_1 - Y_{e1}}{Y_2 - Y_{e2}}}$$

$$G_A = V \cdot (Y_1 - Y_2)$$

$$V_p = Z \cdot \Omega$$

式中 G_A——单位时间在塔内被吸收氨气的量，kmol/(m³·h)；

V_p——填料层体积，m³；

Z——填料层的高度，m；

Ω——填料塔横截面积，m²；

V——空气的流量，kmol/h；

Y_1——塔底气相浓度比，kmol 氨气/kmol 空气；

Y_2——塔顶气相浓度比，kmol 氨气/kmol 空气；

Y_{e1}——塔底达到气液平衡时的气相浓度比，kmol 氨气/kmol 空气；

Y_{e2}——塔顶达到气液平衡时的气相浓度比，kmol 氨气/kmol 空气；

$K_Y a$——以气相摩尔浓度比为基准的总体积吸收系数，kmol/h。

3. 相关的填料层高度的基本计算式为

$$Z = \frac{V}{K_Y a \cdot \Omega}\int_{Y_1}^{Y_2}\frac{dY}{Y_e - Y} = H_{OG} \cdot N_{OG}$$

即

$$H_{OG} = Z/N_{OG}$$

$$N_{OG} = \int_{Y_1}^{Y_2}\frac{dY}{Y_e - Y} = \frac{Y_1 - Y_2}{\Delta Y_m}$$

$$H_{OG} = \frac{V}{K_Y a \cdot \Omega}$$

四、实验设备与材料

1. 实验试剂

NH_3、空气、自来水等。

2. 实验设备

填料吸收塔实验装置流程，如图1－7所示。

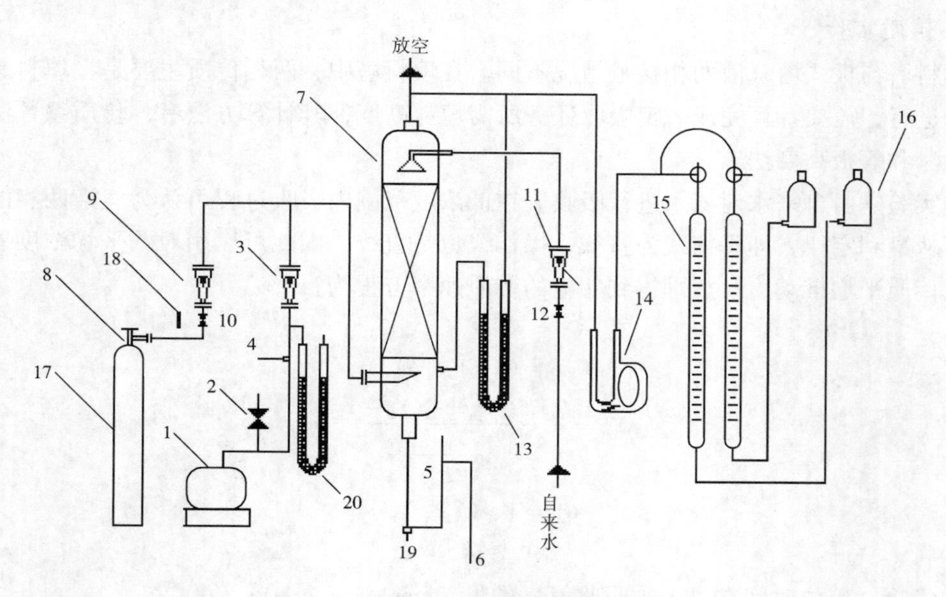

图1－7 填料吸收塔实验装置流程图

1—鼓风机 2—空气流量调节阀 3—空气转子流量计 4—温度计 5—液封管 6—吸收液取样口 7—填料吸收塔 8—氨瓶阀门 9—氨转子流量计 10—氨流量调节阀 11—水转子流量计 12—水流量调节阀 13—U形管压差计 14—吸收瓶 15—量气管 16—水准瓶 17—氨气瓶 18—氨气温度 19—吸收液温度 20—空气进入流量计处压力

设备主要技术数据及其附件如下所述。

(1) 设备参数

①鼓风机。XGB型旋涡气泵，型号2最大压力1176kPa，最大流量$75m^3/h$。

②填料塔。玻璃管，内装10mm×10mm×1.5mm瓷拉西环，填料层高度$Z=0.4m$，填料塔内径$D=0.075m$。

③液氨瓶1个、氨气减压阀1个。

（2）流量测量

①空气转子流量计。型号：LZB－25，流量范围：2.5～25m^3/h，精度：2.5%。

②水转子流量计。型号：LZB－6，流量范围：6～60L/h，精度：2.5%。

③氨转子流量计。型号：LZB－6，流量范围：0.06～0.6m^3/h，精度：2.5%。

（3）浓度测量

①塔底吸收液浓度分析。定量化学分析仪一套。

②塔顶尾气浓度分析。吸收瓶，量气管，水准瓶一套。

（4）温度测量

转换开关。0—空气温度、1—氨气温度、2—吸收液温度。

空气由鼓风机1送入空气转子流量计3计量，空气通过流量计处的温度由温度计4测量，空气流量由放空阀2调节，氨气由氨瓶送出，经过氨瓶总阀8进入氨气转子流量计9计量，氨气通过转子流量计处温度由实验时大气温度代替。其流量由阀10调节，然后进入空气管道与空气混合后进入吸收塔7的底部，水由自来水管经水转子流量计11，水的流量由阀12调节，然后进入塔顶。分析塔顶尾气浓度时靠降低水准瓶16的位置，将塔顶尾气吸入吸收瓶14和量气管15。在吸入塔顶尾气之前，预先在吸收瓶14内放入5mL已知浓度的硫酸来吸收尾气中的氨。

吸收液的取样可由塔底6取样口进行。填料层压降用U形管压差计13测定。

五、实验步骤

1. 测量干填料层（$\Delta P/Z$）—u关系曲线

先全开调节阀2，后启动鼓风机，用阀2调节进塔的空气流量，按空气流量从小到大的顺序读取填料层压降ΔP，转子流量计读数和流量计处空气温度，然后在对数坐标纸上以空塔气速u为横坐标，以单位高度的压降$\Delta P/Z$为纵坐标，标绘干填料层（$\Delta P/Z$）—u关系曲线。

2. 测量某喷淋量下填料层（$\Delta P/Z$）—u关系曲线

用水喷淋量为40L/h时，用上面相同方法读取填料层压降ΔP，转子流量计读数和流量计处空气温度并注意观察塔内的操作现象，一旦看到液泛现象时记下对应的空气转子流量计读数。在对数坐标纸上标出液体喷淋量为40L/h下（$\Delta P/Z$）—u关系曲线，确定液泛气速并与观察的液泛气速相比较。

（1）选择适宜的空气流量和水流量（建议水流量为30L/h）根据空气转子流量计读数为保证混合气体中氨组分摩尔比为0.02～0.03，计算出氨气流量计流量读数。

（2）先调节好空气流量和水流量，打开氨气瓶总阀8调节氨气流量，使其达到需要值，在空气、氨气和水的流量不变条件下操作一定时间，待过程基本稳定后，记录各流量计读数和温度，记录塔底排出液的温度，并分析塔顶尾气及塔底吸收液的浓度。

（3）尾气分析方法

①排出两个量气管内空气，使其中水面达到最上端的刻度线零点处，并关闭三通旋塞。

②用移液管向吸收瓶内装入5mL浓度为0.005mol/L左右的硫酸并加入1～2滴甲基橙指示液。

③将水准瓶移至下方的实验架上，缓慢地旋转三通旋塞，让塔顶尾气通过吸收瓶，旋

塞的开度不宜过大，以能使吸收瓶内液体以适宜的速度不断循环流动为限。

从尾气开始通入吸收瓶起就必须始终观察瓶内液体的颜色，中和反应达到终点时立即关闭三通旋塞，在量气管内水面与水准瓶内水面齐平的条件下读取量气管内空气的体积。

若某量气管内已充满空气，但吸收瓶内未达到终点，可关闭对应的三通旋塞，读取该量气管内的空气体积，同时启用另一个量气管，让尾气继续通过吸收瓶。

④用下式计算尾气浓度 Y_2。

因为氨与硫酸中和反应式为：$2NH_3 + H_2SO_4 = (NH_4)_2SO_4$

所以到达化学计量点（滴定终点）时，被滴物的摩尔数 n_{NH_3} 和滴定剂的摩尔数 $n_{H_2SO_4}$ 之比为：$n_{NH_3} : n_{H_2SO_4} = 2:1$

$$n_{NH_3} = 2n_{H_2SO_4} = 2M_{H_2SO_4} \cdot V_{H_2SO_4}$$

$$Y_2 = \frac{n_{NH_3}}{N_{空气}} = \frac{2M_{H_2SO_4} \cdot V_{H_2SO_4}}{\dfrac{\left(\dfrac{V_{量气管} \cdot T_0}{T_{量气管}}\right)}{22.4}}$$

式中 n_{NH_3}、$N_{空气}$——分别为 NH_3 和空气的摩尔系数；

$M_{H_2SO_4}$——硫酸溶液体积摩尔浓度，mol 溶质/L 溶液；

$V_{H_2SO_4}$——硫酸溶液的体积，mL；

$V_{量气管}$——量气管内空气的总体积，mL；

T_0——标准状态时绝对温度（273K）；

T——操作条件下的空气绝对温度，K。

（4）塔底吸收液的分析方法

①当尾气分析吸收瓶达中点后即用三角瓶接取塔底吸收液样品，约 200mL 并加盖。

②用移液管取塔底溶液 10mL 置于另一个三角瓶中，加入 2 滴甲基橙指示剂。

③将浓度约为 0.05mol/L 的硫酸置于酸滴定管内，用以滴定三角瓶中的塔底溶液至终点。

（5）水喷淋量保持不变，加大或减小空气流量，相应地改变氨流量，使混合气中的 NH_3 浓度与第一次传质实验时相同，重复上述操作，测定有关数据。

六、结果计算

1. 实验结果列表

（1）干填料时 $\Delta P/Z—u$ 关系测定

干填料时 $\Delta P/Z—u$ 关系测定

第 1 套　　$L=0$　　填料层高度（Z）$=0.4$m　　塔径（D）$=0.075$m

序号	填料层压强降 /mmH_2O	单位高度填料层压强降 /（mmH_2O/m）	空气转子流量计读数 /（m^3/h）	空气流量计处空气温度 /℃	对应空气流量 /（m^3/h）	空塔气速 /（m/s）
1						
2						

续表

序号	填料层压强降/mmH_2O	单位高度填料层压强降/(mmH_2O/m)	空气转子流量计读数/(m^3/h)	空气流量计处空气温度/℃	对应空气流量/(m^3/h)	空塔气速/(m/s)
3						
4						
5						
6						
7						
8						
9						
10						
11						
12						

（2）喷淋量为30L/h时 $\Delta P/Z—u$ 关系测定。

湿填料时 $\Delta P/Z—u$ 关系测定

第1套　　$L=30$　　填料层高度（Z）$=0.4m$　　塔径（D）$=0.075m$

序号	填料层压强降/mmH_2O	单位高度填料层压强降/(mmH_2O/m)	空气转子流量计读数/(m^3/h)	空气流量计处空气温度/℃	对应空气流量/(m^3/h)	空塔气速/(m/s)	塔内操作现象
1							
2							
3							
4							
5							
6							
7							
8							
9							
10							
11							
12							

2. 传质实验数据

填料吸收塔传质实验数据表（一）

被吸收的气体混合物：空气 + 氨混合气；吸收剂：水；填料种类：瓷拉西环 填料尺寸：10mm × 10mm × 1.5mm；填料层高度：0.4m；塔内径：75mm			
实验项目		1	2
气流量	空气转子流量计读数（m^3/h）		
	转子流量计处空气温度（℃）		
	流量计处空气的体积流量（m^3/h）		
	氨转子流量计读数（m^3/h）		
	转子流量计处氨温度（℃）		
	流量计处氨的体积流量（m^3/h）		
水流量	水转子流量计读数（L/h）		
塔顶 Y_2的测定	测定用硫酸的浓度 M（mol/L）		
	测定用硫酸的体积（mL）		
	量气管内空气的总体积（mL）		
	量气管内空气的温度（℃）		
塔底 X_1的测定	滴定用硫酸的浓度 M（mol/L）		
	滴定用硫酸的体积（mL）		
	样品的体积（mL）		
相平衡	塔底液相的温度（℃）		
	相平衡常数（m）		

填料吸收塔传质实验数据表（二）

实验项目	1	2
塔底气相浓度 Y_1（kmol 氨/kmol 空气）		
塔顶气相浓度 Y_2（kmol 氨/kmol 空气）		
塔底液相浓度 X_1（kmol 氨/kmol 水）		
Y_1^*（kmol 氨/kmol 空气）		
平均浓度差 ΔY_m（kmol 氨/kmol 空气）		
气相总传质单元数 N_{OG}		
气相总传质单元高度 H_{OG}（m）		
空气的摩尔流量 V（kmol/h）		
气相总体积吸收系数 K_Ya [kmol 氨/(m^3 · h)]		
回收率 ϕ_A		

列出求得：

（1）作出相平衡常数 m 温度图。

（2）氨气吸收传质系数 K_Ya 的计算公式及计算过程。

（3）计算氨气的回收率。

七、注意事项

1. 启动鼓风机前，务必先全开放空阀2。

2. 做传质实验时，水流量不宜超过40L/h，否则尾气的氨浓度极低，影响尾气中氨气浓度分析。

3. 两次传质实验所用的进气氨浓度必须相同。

1. 填料塔在一定喷淋量时，气相负荷应控制在哪个范围内进行操作?
2. 通过实验观察，填料塔的液泛首先从哪一部位开始？为什么?
3. 欲提高传质系数，可以采取哪些措施?

实验五 液—液对流传热综合实验

一、知识准备

在工业生产或实验研究中，经常需要通过两种流体进行热量交换，来实现对流体的加热或冷却的目的。为了加速热量传递过程，往往需要将流体进行强制流动，增强流体的对流传热系数。

对于在强制对流下的液—液热交换过程，有不少学者进行过研究，并拟合得到了不少计算表面传热系数的关联式，这些研究结果都是在实验基础上取得的。对于新的物系或者新的设备，仍需要通过实验来取得传热系数的数据及其计算式。

二、实验目的

本实验测定在套管换热器中进行的液—液热交换过程的总传热系数，流体在圆管内作强制湍流时表面传热系数，以及确立求算传热系数的关联式。同时希望通过本实验，对传热过程的实验研究方法有所了解，并加深对传热过程基本原理的理解。

三、实验原理

冷热流体通过固体壁进行的热交换过程（间壁换热过程），先由热流体把热量传递给固体壁面，然后热量通过固体壁面的一侧传向另一侧面，最后再由壁面把热量传给冷流体。因此，从传热方式上看，间壁换热过程即为对流传热—热传导—对流传热三个串联过程组成。

若热流体在套管热交换器的管内流过，而冷流体在管外流过，设备两端测试点上的温度如图1－8所示。在单位时间内热流体向冷流体传递的热量，可由热流体的热量衡算方程来表示：

$$Q = m_s c_p (T_1 - T_2) \tag{1-1}$$

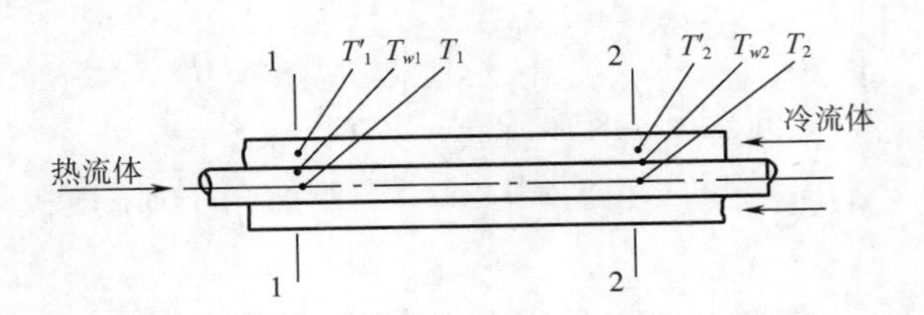

图 1 -8　套管热交换器两端测试点的温度

就整个热交换而言，由传热速率基本方程经过数学处理，可得总的传热方程为

$$Q = KA\Delta T_m \tag{1-2}$$

式中　Q——传热速率，$J \cdot s^{-1}$或 W；

m_s——热流体的质量流量，kg/s；

c_p——热流体的平均比热容，J/kg · K；

T——热流体的温度，K；

T'——冷流体的温度，K；

T_w——固体壁面温度，K；

K——传热总系数，$W/m^2 \cdot K$；

A——热交换面积，m^2；

ΔT_m——两流体间的平均温度差，K（符号下标 1 和 2 分别表示热交换器两端的数值）。

若 ΔT_1和 ΔT_2分别为热交换器两端冷热流体之间的温度差，即

$$\Delta T_1 = T_1 - T'_1 \tag{1-3}$$

$$\Delta T_2 = T_2 - T'_2 \tag{1-4}$$

则平均温度差可按下式计算：

$$\Delta T_m = \frac{\Delta T_2 - \Delta T_1}{\ln \frac{\Delta T_2}{\Delta T_1}}$$

由式（1 -1）和式（1 -2）两式联立求解，可得总传热系数的计算式：

$$K = \frac{m_s c_p (T_1 - T_2)}{A \Delta T_m} \tag{1-5}$$

就固体壁面两侧的给热过程来说，给热速率基本方程为

$$Q = \alpha_1 A_w (T_1 - T_{w_1}) = \alpha_2 A_{w_2} (T_{w_2} - T') \tag{1-6}$$

根据热交换两端的边界条件，经数学推导，同理可得管内给热过程的给热速率计算式

$$Q = \alpha_1 A_w \Delta T_{m_1} \tag{1-7}$$

式中　α_1与 α_2——分别表示固体壁两侧的传热膜系数，$W/m^2 \cdot K$；

A_{w_1}与 A_{w_2}'——分别表示固体壁两侧的内壁表面积和外壁表面积，m^2；

T_{w_1}与 T_{w_2}——分别表示固体壁两侧的内壁面温度和外壁面温度，K；

ΔT_{mw}——热流体与内壁面之间的平均温度差，K。

热流体与管内壁面之间的平均温度差可按下式计算

$$\Delta T_{mw} = \frac{(T_1 - T_{w_1}) - (T_2 - T_{w_2})}{\ln \frac{T_1 - T_{w_1}}{T_2 - T_{w_2}}}$$

由式（1－1）和式（1－7）式联立求解可得管内传热膜系数的计算式为

$$\alpha_1 = \frac{m_s c_P (T_1 - T_2)}{A_{w_1} \Delta T_{mw}} \quad (W/m^2 \cdot K)$$

同理，也可得到管外给热过程的传热膜系数的类同公式：

$$\alpha_2 = \frac{m_s c_P (T'_1 - T'_2)}{A_{w_2} \Delta T'_{mw}} \quad (W/m^2 \cdot K)$$

流体在圆形直管内作强制对流时，对流传热系数 α 与各项影响因素［如管内径 d（m）；管内流速 u（m/s）；流体密度 ρ（kg/m^3）；流体黏度 μ（Pa · s）；定压比热容，c_p（J/kg · K）和流体导热系数 λ（W · m^{-1} · K^{-1}）］之间的关系可关联成如下准数关联式

$$Nu = aRe^m Pr^n \tag{1-8}$$

式中：

$$Nu = \frac{\alpha d}{\lambda} \quad \text{努塞而准数}$$

$$Re = \frac{du\rho}{\mu} \quad \text{雷诺准数}$$

$$Pr = \frac{c_p \cdot \mu}{\lambda} \quad \text{普兰特准数}$$

上列关联式中系数 a 和指数 m，n 的具体数值，需要通过实验来测定。实验测得 a、m、n 数值后，则对流传热系数即可由该式计算。例如，

当流体在圆形直管内作强制湍流时，

$$Re > 10000$$

$$Pr = 0.7 \sim 160$$

$$l/d > 50$$

则流体被冷却时，α 值可按下列公式求算；

$$Nu = 0.023Re^{0.8}Pr^{0.3} \tag{1-9}$$

或者

$$\alpha = 0.023\frac{\lambda}{d}\left(\frac{du\rho}{\mu}\right)^{0.8}\left(\frac{c_p \cdot \mu}{\lambda}\right)^{0.3} \tag{1-10}$$

流体被加热时

$$Nu = 0.023Re^{0.8}Pr^{0.4} \tag{1-11}$$

或

$$\alpha = 0.023\frac{\lambda}{d}\left(\frac{du\rho}{\mu}\right)^{0.8}\left(\frac{c_p \cdot \mu}{\lambda}\right)^{0.4} \tag{1-12}$$

当流体在套管环隙内作强制湍流时，上列各式中 d 用当量直径 de 替代即可。各项物性常数均取流体进出口平均温度下的数值。

四、实验设备与材料

1. 工作流体

自来水。

2. 实验设备

本实验装置主要由套管热交换器、恒温循环水槽、高位稳压水槽以及一系列测量和控制仪表所组成，装置流程如图 1－9 所示。

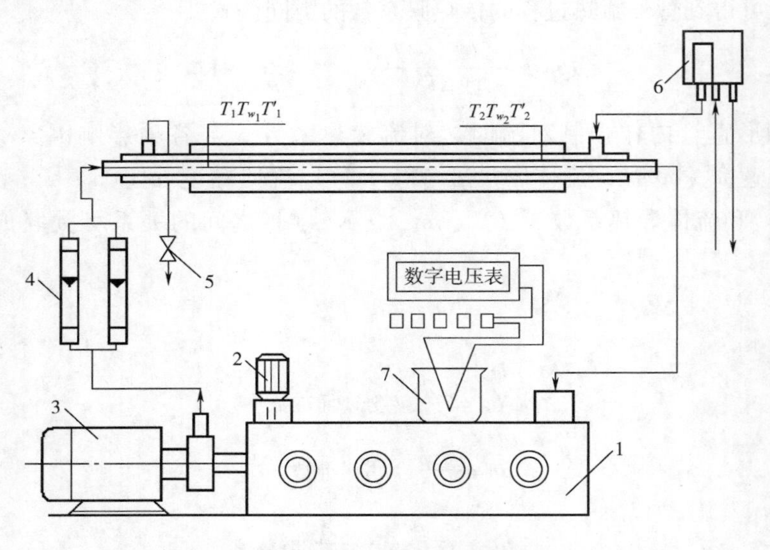

图 1－9　套管换热器液—液热交换实验装置流程图

1—恒温水槽　2—搅拌桨　3—循环水泵　4—转子流量计
5—冷水阀门　6—高位稳压水槽　7—冷阱

套管热交换器由一根 Φ12mm × 1.5mm 的黄铜管作为内管，Φ20mm × 2.0mm 的有机玻璃管作为套管所构成。套管热交换器外面再套一根 Φ32mm × 2.5mm 有机玻璃管作为保温管。套管热交换器两端测温点之间（测试段距离）为 1.0m。每一个检测端面上在管内、管外和管壁内设置三支铜—康铜热电偶，并通过转换开关与数字电压表相连接，用以测量管内、管外的流体温度和管内壁的温度。

热水由循环水泵从恒温水槽送入管内，然后经转子流量计再返回槽内。恒温循环水槽中用电热器补充热水在热交换器中移去的热量，并控制恒温。

冷水由自来水管直接送入高位稳压水槽，再由稳压水槽流经转子流量计和套管的环隙空间。高位稳压水槽排出的溢流水和由换热管排出被加热后的水，均排入下水道。

五、实验步骤

1. 实验前准备工作。

（1）向恒温循环水槽灌入自来水，直至溢流管有水溢出为止。

（2）开启并调节通往高位稳压水槽的自来水阀门，使槽内充满水，溢流管有水流出。

（3）将冰碎成细粒，放入冷阱中并掺入少许自来水，使之呈粥状。将热电偶冷接点插入冰水中，盖严盖子。

（4）设定恒温循环水槽的温度自控装置为 55℃。启动恒温水槽的电加热器，等恒温水槽的水达到预定温度后即可开始实验。

（5）准备好热水转子流量计的流量标定曲线和热电偶分度表。

2. 实验操作步骤。

（1）开启冷水截止球阀，测定冷水流量，冷水流量在实验过程中保持恒定。

（2）启动循环水泵，开启并调节热水调节阀。流量在 60 ~ 250L/h 选取若干流量值（一般要求不少于 5 ~ 6 组测试数据），进行实验测定。

（3）每调节一次热水流量，待流量和温度都恒定后，再通过琴键开关，依次测定各点温度。

六、结果计算

1. 记录实验设备基本参数。

（1）实验设备型式和装置方式：

水平装置套管式热交换器

（2）内管基本参数

材质：黄铜

外径：$d=$ ______ mm

壁厚：$\delta=$ ______ mm

测试段长度：$L=$ ______ mm

（3）套管基本参数

材质：有机玻璃

外径：$d'=$ ______ mm

壁厚：$\delta'=$ ______ mm

（4）流体流通的横截面积

内管横截面积：$S=$ ______ m^2

环隙横截面积：$S'=$ ______ m^2

（5）热交换面积

内管内壁表面积：$A_w=$ ______ m^2

内管外壁表面积：$A'_w=$ ______ m^2

平均热交换面积：$A=$ ______ m^2

2. 实验数据记录

实验测得数据

实验序号	冷水流量 (m'_s) /(kg/s)	热水流量 (m_s) /(kg/s)	温度						备注
			测试截面Ⅰ			测试截面Ⅱ			
			T_1/℃	T_{w1}/℃	T'_1/℃	T_2/℃	T_{w2}/℃	T'_2/℃	

3. 实验数据整理

（1）由实验数据求取不同流速下的总传热系数 K，实验数据可参考下表整理：

实验测得数据

实验序号	管内流速（u）/(m/s)	流体间温度差			传热速率（Q）/W	总传热系数(K)/(W/m²·K)	备注
		ΔT_1/K	ΔT_2/K	ΔT_m/K			

列出上表中各项计算公式。

（2）由实验数据求取流体在圆直管内作强制湍流时的对流传热系数 α，实验数据可参考下表整理：

实验测得数据

实验序号	管内流速（u）(m/s)	流体与壁面温度差			传热速率（Q）/W	管内传热膜系数(α)/(W/m²·K)	备注
		(T_1-T_{w1})/K	(T_2-T_{w2})/K	$\Delta T'_m$/K			

列出上表中各项计算公式。

（3）表1－15由实验原始数据和测得的 α 值，对水平管内传热膜系数的准数关联式进行参数估计。

首先，参考下表整理数据：

实验测得数据

实验序号	管内流体平均温度[$(T_1+T_2)/2$]/K	流体密度(ρ)/(kg/m³)	流体黏度(μ)/(Pa·s)	流体导热系数(λ)/(W/m·K)	管内流速(u)/(m/s)	传热膜系数(α)/(W/m²·K)	雷诺准数(Re)	努塞尔准数(Nu)	普兰特准数(Pr)

列出上表中各项计算公式。

然后，按如下方法和步骤估计参数：

水平管内传热膜系数的准数关联式：

$$Nu = aRe^{m}Pr^{n}$$

在实验测定温度范围内，Pr 数值变化不大，可取其平均值并将 Pr^{n} 视为定值与 a 项合并。因此，上式可写为

$$Nu = ARe^{m}$$

上式两边可取对数，使之线性化，即

$$\lg Nu = m\lg Re + \lg A$$

因此，可将 Nu 和 Re 实验数据，直接在双对数坐标纸上进行标绘，由实验曲线的斜率和截距估计参数 A 和 m，或者用最小二乘法进行线性回归，估计参数 A 和 m。

取 Pr 平均值为定值，且 $n=0.3$，由 A 计算得到 a 值。

最后，列出参数估计值：

$A=$ ______

$m=$ ______

$a=$ ______

七、注意事项

1. 开始实验时，必须先向换热器通冷水，然后再启动热水泵。停止实验时，必须先关停热电器，待热交换器管内存留热水冷却后，再关停水泵并关闭冷水阀门。

2. 先启动循环泵使温水槽内水流动起来后再启动恒温水槽的电热器。

3. 在启动循环水泵之前，必须先将热水调节阀门关闭，待水泵运行正常后，再慢慢开启调节阀。

4. 每改变一次热水流量，务必传热过程达到稳定之后，才能测取数据。每组数据最好重复数次。当测得流量和各点温度数值恒定后，表明传热过程已达稳定状态。

思考题

实验中流体的流向对对流传热系数和总的换热效率有何影响?

第二章

食品化学实验

实验一　食品总酸含量的测定（滴定法）

一、知识准备

总酸存在于果蔬制品、饮料、乳制品、酒、蜂产品、淀粉制品、谷物制品和调味品等。总酸是指最终能释放出的氢离子数量，是一个定数，包括未解离酸的浓度和已解离酸的浓度。酸的浓度以摩尔浓度表示时，称为总酸度。

食品中的酒石酸、苹果酸、柠檬酸、草酸、乙酸等其电离常数均大于10^{-8}，可以用强碱标准溶液直接滴定，用酚酞作指示剂，当滴定至终点（pH = 8.2，溶液呈浅红色，30s不褪色）时，根据所消耗的标准碱溶液浓度和体积，可计算出样品中总酸含量。

二、实验目的

1. 了解一般食品中总酸的测定意义及原理。
2. 掌握一般食品中总酸测定的方法。

三、实验原理

食品中的酒石酸、苹果酸、柠檬酸、草酸、乙酸等其电离常数均大于10^{-8}，可以用强碱标准溶液直接滴定，用酚酞作指示剂，当滴定至终点（pH = 8.2，溶液呈浅红色，30s不褪色）时，根据所消耗的标准碱溶液浓度和体积，可计算出样品中总酸含量。

四、材料与试剂

1. 实验试剂

0.1mol/L NaOH 标准滴定溶液、1% 酚酞溶液、滴定装置、移液管、分析天平、搅拌机、水浴锅等。

2. 实验材料

当季果蔬。

五、实验步骤

1. 取果蔬试样可食部分，切块置于搅拌机中搅碎混匀，称取25g（精确至0.001g）试样于100mL烧杯中，并用约150mL煮沸过的水转移至250mL容量瓶中，置于沸水浴中30min，冷却后，定容至250mL，过滤，收集滤液待用。

2. 称取约25.000g待测滤液于250mL锥形瓶中，加入50mL水稀释，加入1~2滴1%酚酞指示剂，用0.1mol/L NaOH标准滴定溶液滴定至微红色且30s不褪色。记录消耗的NaOH的体积数V。同一待测样做3组平行。

3. 空白实验，用水代替待测样品进行测定，记录消耗的NaOH的体积数V_0。

六、结果计算

食品中总酸度以质量分数X表示，结果保留小数点后两位，计算如下，单位为g/kg：

$$X = \frac{c \times (V - V_0) \times K \times F}{m} \times 1000$$

式中 c——NaOH标准滴定溶液浓度，mol/L；

V——滴定样品消耗标准滴定溶液体积数，mL；

V_0——滴定样品消耗标准滴定溶液体积数，mL；

K——酸的换算系数：苹果酸，0.067；乙酸，0.060；酒石酸，0.075；柠檬酸，0.064；乳酸，0.090；盐酸，0.036；磷酸，0.049；

F——试样稀释倍数；

m——式样的质量数，g。

七、注意事项

1. 注意碱式滴定管滴定前要赶走气泡，滴定过程不要形成气泡。
2. 注意滴定终点的确定，要确保30s不褪色。
3. 样品的处理要尽可能破碎搅匀，尽量溶出样品中所含有机酸。

思考题

1. 样品制备是为何要沸水浴30min?
2. 除了实验中测定方法，还有哪些方法可以用作食品中总酸测定? 各有什么优缺点?

实验二　植物性食品中总糖和还原糖含量的测定

一、知识准备

还原糖是指含有自由醛基或酮基的糖类，单糖都是还原糖，双糖和多糖不一定是还原糖，其中乳糖和麦芽糖是还原糖，蔗糖和淀粉是非还原糖。利用糖的溶解度不同，可将植物样品中的单糖、双糖和多糖分别提取出来，对没有还原性的双糖和多糖，可用酸水解法使其降解成有还原性的单糖进行测定。还原糖的测定是糖定量测定的基本方法，其基本原理是用比色法对还原性的单糖进行测定，再分别求出样品中还原糖和总糖的含量。

二、实验目的

1. 了解还原糖和总糖测定的基本原理。

2. 掌握用3,5－二硝基水杨酸法测定还原糖的方法。

三、实验原理

3,5－二硝基水杨酸是一种具有芳香环结构的分子。还原糖与3,5－二硝基水杨酸在碱性条件下加热时，还原糖将3,5－二硝基水杨酸还原成为棕红色的3－氨基－5－硝基水杨酸，而还原糖本身被还原成糖酸。在一定范围内，还原糖的量与棕红色物质颜色深浅的程度成一定的比例关系，在540nm波长下测定棕红色物质的吸光值，查对标准曲线并计算，就可以分别求出样品中还原糖和总糖的含量。由于多糖水解为单糖时，每断裂一个糖苷键需加入一分子水，所以在计算多糖含量时应乘以0.9。

四、实验设备与材料

1. 实验材料

苹果。

2. 实验试剂

（1）2mg/mL 葡萄糖标准液；

（2）蒸馏水；

（3）3,5－二硝基水杨酸（DNS）；

（4）6mol/L 盐酸；

（5）碘－碘化钾；

（6）6mol/L 氢氧化钠。

3. 仪器设备

（1）电子天平；

（2）恒温水浴锅；

（3）分光光度计。

五、实验步骤

1. 葡萄糖标准曲线的绘制，取6支试管，按下表加入试剂：

实验测得数据

管号	1	2	3	4	5	6
葡萄糖标准液/mL	0	0.2	0.4	0.6	0.8	1
蒸馏水/mL	1	0.8	0.6	0.4	0.2	0
葡萄糖浓度 mg/mL	0	0.4	0.8	1.2	1.6	2
DNS/mL	2.0	2.0	2.0	2.0	2.0	2.0
摇匀，沸水浴2min，冷却至室温						
蒸馏水/mL	9.0	9.0	9.0	9.0	9.0	9.0

摇匀后，540nm 处，测定吸光值，以葡萄糖浓度（mg/mL）为横坐标，吸光值为纵坐标，建立标准曲线。

2. 样品中还原糖的提取

称取 5g 苹果置于研钵中加入 5mL 蒸馏水研磨成匀浆液，用蒸馏水将匀浆液全部转移至 50mL 容量瓶中，定容至 50mL，即为还原糖提取液。

3. 样品中总糖的提取

称取 5g 苹果置于研钵中加入 5mL 蒸馏水研磨成匀浆液，用 15mL 蒸馏水将匀浆液全部转移至锥形瓶中，加入 10mL 6mol/L 盐酸，摇匀，沸水浴 30min，其间注意搅拌。水浴结束，取出 1 滴置于玻璃皿上，加上 1 滴碘 - 碘化钾溶液，若变蓝，则水解不完全，继续水解至水解完全后，过滤，滤液收集于烧杯中，冷却后加入 10mL 6mol/L 氢氧化钠溶液，蒸馏水定容至 100mL，即为总糖提取液。

4. 样品中含糖量测定

分别取还原糖提取液和总糖提取液 1mL 于试管中，加入 DNS 2.0mL，沸水浴 2min，冷却至室温，加入 9.0mL 蒸馏水，混匀，于 540nm 处测定吸光度，从标准曲线上查出对应糖液浓度。用蒸馏水做空白对照。

六、结果计算

通过以下公式计算含糖量。

$$w(\text{还原糖}) = \frac{c \times V}{m \times 1000} \times 100\%$$

$$w(\text{总糖}) = \frac{c \times V}{m \times 1000} \times 0.9 \times 100\%$$

式中 c——还原糖或总糖提取液浓度，mg/mL；

V——还原糖或总糖提取液总体积，mL；

m——样品质量，g。

七、注意事项

1. 匀浆液转移，可用少量蒸馏水多次转移，以确保尽可能将全部的匀浆液转移。
2. 总糖提取要确保水解完全，若水解不完全，则得到的总糖含量偏低。

思考题

1. 总糖提取加氢氧化钠的目的是什么?
2. 总糖含量计算为何要乘以 0.9?
3. 植物组织中还原糖和总糖测定方法还有哪些? 各有什么优缺点?

实验三　食品中淀粉含量的测定（酸水解法）

一、知识准备

淀粉是人类食物的主要能量物质之一，主要来源于玉米、马铃薯、小麦、甘薯等作物。国家标准中对于食品中淀粉的测定方法主要有3种，分别为酶水解法、酸水解法以及肉制品中淀粉含量测定。其中，前两种方法食用于除肉制品外的食品中淀粉的测定，第三法则是针对肉制品中淀粉含量的测定。本实验采取酸水解法测定市售面粉中淀粉的含量。样品经除去脂肪及可溶性糖类后，其中淀粉用酸水解成具有还原性的单糖，然后按还原糖测定，并折算成淀粉。

二、实验目的

1. 了解各类食品中淀粉含量测定的原理与方法。
2. 掌握酸水解法测定食品中淀粉含量。

三、实验原理

样品经乙醚除去脂肪，乙醇除去可溶性糖类后，用酸将淀粉水解为葡萄糖，按还原糖测定方法测定还原糖含量，再折算为淀粉含量。

四、实验设备与材料

1. 仪器设备

电子天平、恒温水浴锅、研钵、皂化装置、锥形瓶等。

2. 试剂与材料

（1）试剂　乙醚、85%乙醇溶液、6mol/L盐酸溶液、40%氢氧化钠溶液、10%氢氧化钠溶液、甲基红指示液、精密pH试纸、20%乙酸铅溶液、10%硫酸钠溶液、乙醚、碱性酒石酸铜甲液［称取34.639g硫酸铜（$CuSO_4 \cdot 5H_2O$）。加适量水溶解，加0.5mL硫酸，再加水稀释至500mL，用精制石棉过滤］、碱性酒石酸铜乙液（称取173g酒石酸钾钠与50g氢氧化钠，加适量水溶解，并稀释至500mL，用精制石棉过滤，储存于橡胶塞玻璃瓶内）、硫酸铁（称取50g硫酸铁，加入200mL水溶解后，加入100mL硫酸，冷后加水稀释至1000mL）、0.1000mol/L高锰酸钾标准溶液。

（2）材料　市售饼干。

五、实验步骤

1. 标准曲线制作

取6支干净试管，分别按下表加入试剂：

实验测得数据

试剂	管号					
	0	1	2	3	4	5
葡萄糖标准液/mL	0	0.1	0.2	0.3	0.4	0.5
蒸馏水/mL	1.0	0.9	0.8	0.7	0.6	0.5
冰浴 5min						
蒽酮试剂/mL	4.0	4.0	4.0	4.0	4.0	4.0
	沸水浴准确煮沸 10min，取出，自来水冷却，室温放置 10min 在 620nm 处比色					

以吸光度 A 为纵坐标，标准液浓度（mg/mL）为横坐标作图得标准曲线。

2. 称取 5.0g 饼干，研钵磨碎过 40 目筛，置于放有慢速滤纸的漏斗中，用 30mL 乙醚分三次洗去样品中的脂肪，弃去滤液。

3. 用 150mL 85% 乙醇溶液分数次洗涤残渣，除去可溶性糖类物质。并滤干乙醇溶液，以 100mL 水洗涤漏斗中残渣并转移至 250mL 锥形瓶中。

4. 加入 30mL 6mol/L 盐酸，接好冷凝管，置沸水浴中回流 2h。回流完毕后，立即置流水中冷却。

5. 待样品水解液冷却后，加入 2 滴甲基红指示液，先以 40% 氢氧化钠溶液调至黄色，再以 6mol/L 盐酸校正至水解液刚变红色为宜。若水解液颜色较深，可用精密 pH 试纸测试，使样品水解液的 pH 约为 7。

6. 加 20mL 20% 乙酸铅溶液，摇匀，放置 10min。

7. 再加 20mL 10% 硫酸钠溶液，以除去过多的铅。摇匀后将全部溶液及残渣转入 500mL 容量瓶中，用水洗涤锥形瓶，洗液合并于容量瓶中，加水稀释至刻度。过滤，弃去初滤液 20mL，滤液供测定用。

8. 吸取 50mL 处理后的样品溶液，于 400mL 烧杯内，加 25mL 碱性酒石酸铜甲液及 25mL 乙液。于烧杯上盖一表面皿加热，控制在 4min 沸腾再准确煮沸 2min，趁热用铺好石棉的古氏坩埚或 G4 垂融坩埚抽滤，并用 60℃ 热水洗涤烧杯及沉淀，至洗液不呈碱性为止。将古氏坩埚或垂融坩埚放回原 400mL 烧杯中，加 25mL 硫酸铁溶液及 25mL 水，用玻棒搅拌使氧化铜完全溶解，以 0.1000mol/L 高锰酸钾标液滴定至微红色为终点。

9. 同时吸取 50mL 水，加与测样品时相同量的碱性酒石酸铜甲乙液、硫酸铁溶液及水，按同一方法做试剂空白试验。

六、结果计算

按以下公式计算样品中淀粉含量 ω。

$$\omega = \frac{(A - A_0) \times 0.9}{m \times \frac{V}{500} \times 100} \times 100\%$$

式中 ω——样品中淀粉含量，%；

A——测定用样品中水解液中还原糖含量，mg；

A_0——试剂空白中还原糖的含量，mg；

m——样品质量，mg；

V——测定用样品水解液体积，mL；

500——样品液总体积，mL；

0.9——还原糖折算成淀粉的换算系数。

七、注意事项

1. 酸水解法不适用于肉制品淀粉含量的测定。
2. 滴定终点的判断，应保证30s不变色。

思考题

1. 酸水解法测定食品中淀粉含量存在哪些局限性？
2. 除了国家标准中规定的三种方法，还有哪些方法用于淀粉含量的测定？简述其原理。

实验四　淀粉的糊化度和老化度的测定

一、知识准备

糊化，一般是指淀粉的糊化（α－化），是将淀粉混合于水中并加热，达到一定温度后，则淀粉粒溶胀、崩溃，形成粘稠均匀的透明糊溶液。老化是糊化的逆过程，老化过程的实质是：在糊化过程中，已经溶解膨胀的淀粉分子重新排列组合，形成一种类似天然淀粉结构的物质。

二、实验目的

1. 了解淀粉糊化、老化原理。
2. 掌握淀粉糊化度、老化度的测定方法。

三、实验原理

淀粉在常温下不溶于水，但当水温至53℃以上时，淀粉的物理性能发生明显变化。淀粉在高温下溶胀、分裂形成均匀糊状溶液的特性，称为淀粉的糊化（Gelatinization）。方便食品中的淀粉质原料进行熟化（糊化）处理，熟化度的高低是检验方便速溶食品生熟程度的一个重要指标。熟化度越大，糊化程度越高，淀粉酶解点增加，用淀粉酶水解产生的还原糖的量相应增加。通过氧化还原反应测定还原糖的含量，计算糊化程度。

“老化”是“糊化”的逆过程，老化过程的实质是：在糊化过程中，已经溶解膨胀的淀粉分子重新排列组合，形成一种类似天然淀粉结构的物质。值得注意的是：淀粉老化的过程是不可逆的，不可能通过糊化再恢复到老化前的状态。老化后的淀粉，不仅口感会变差，消化吸收率也随之降低。淀粉老化度可以60g/L得到淀粉糊化形成凝胶，老化时收缩脱水，经离心后的析水率为评价指标。

四、实验设备与材料

1. 仪器设备

粉碎机、分析天平、离心机、25mL滴定管、索氏提取器、恒温水浴锅、电炉、100mL锥形瓶、100mL容量瓶、250mL碘量瓶、移液管等。

2. 试剂与材料

（1）试剂　1mol/L盐酸、10%硫酸、0.1mol/L氢氧化钠、0.1mol/L硫代硫酸钠、糖化酶。

（2）材料　方便面、生淀粉。

五、实验步骤

1. 淀粉糊化度测定

（1）将方便面放入索氏提取器中提取脂肪，粉碎过60目筛，收集备用。

（2）分别准确称取1.00g样品于两个锥形瓶中，各加入50mL蒸馏水，另外，用蒸馏水作对照组。将其中一个加有样品的锥形瓶，微沸糊化20min，冷却至室温。在各瓶中加入稀释的糖化酶2mL，摇匀后50℃水浴1h，不时摇动。水浴结束，冷却至室温，加入1mol/L盐酸2mL终止糖化，定容至100mL后过滤，滤液备用。

（3）分别取滤液10mL于三个碘量瓶中，准确加入0.1mol/L碘液5mL和0.1mol/L氢氧化钠溶液18mL，密闭15min，迅速加入10%硫酸溶液2mL，用0.1mol/L硫代硫酸钠溶液滴定至无色，记录所消耗的硫代硫酸钠的体积（mL）。

（4）结果计算

2. 淀粉老化度测定

（1）称取60g生淀粉，加入1L水，于沸水浴搅拌30min，使淀粉糊化均匀。

（2）称取一定质量的淀粉糊于离心管中，4℃过夜，3000r/min离心15min。

（3）结果计算。

六、结果计算

1. 糊化度

$$\text{糊化度} = \frac{V_2 - V_1}{V_1 - V_0} \times 100\%$$

式中　V_0——滴定空白溶液所消耗的硫代硫酸钠的体积，mL；

V_1——滴定糊化样品溶液所消耗的硫代硫酸钠的体积，mL；

V_2——滴定未糊化样品溶液所消耗的硫代硫酸钠的体积，mL。

2. 老化度

$$\text{老化度} = \frac{\text{离心前淀粉糊质量} - \text{离心后沉淀质量}}{\text{离心前淀粉糊质量}} \times 100\%$$

七、注意事项

样品脱脂预处理时，样品不可加热至50℃以上，以免样品糊化程度改变。

1. 影响淀粉糊化测定结果的因素有哪些?
2. 简述淀粉糊化与老化的机制。

实验五　果胶的提取和果冻的制备

一、知识准备

果胶可按生产需要适量用于各类食品。果胶可用于果酱、果冻的制造；防止糕点硬化；改进干酪质量；制造果汁粉等。高脂果胶主要用于酸性的果酱、果冻、凝胶软糖、糖果馅心以及乳酸菌饮料等。低脂果胶主要用于一般的或低酸味的果酱、果冻、凝胶软糖以及冷冻甜点，色拉调味酱，冰淇淋、酸乳等。

二、实验目的

1. 掌握提取果胶制备的基本方法。
2. 了解果胶在食品加工中的应用。
3. 学会利用果胶制作果冻的工艺。

三、实验原理

天然果胶类物质以原果胶、果胶、果胶酸的形态广泛存在于植物的果实、根、茎、叶中，是细胞壁的一种组成成分，如苹果含量为0.7%～1.5%（以湿品计），在蔬菜中以南瓜含量最多，为7%～17%。果胶的基本结构是以α-1,4糖苷键连结的聚半乳糖醛酸，其中部分羧基被甲酯化，其余的羧基与钾、钠、钙离子结合成盐，其结构式如下：

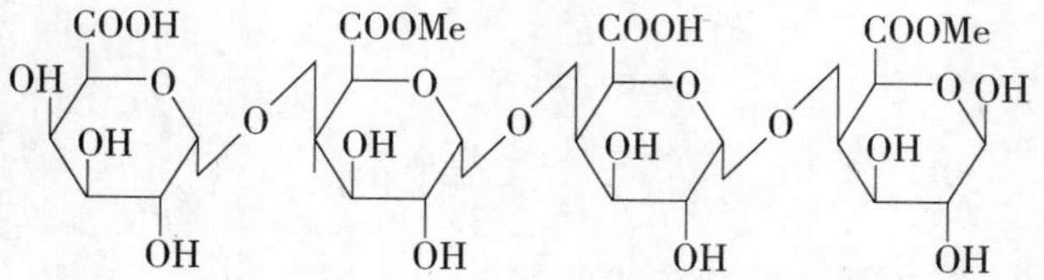

原果胶是不溶于水的物质，但可在酸、碱、盐等化学试剂及酶的作用下，加水分解转变成水溶性果胶。果胶制备通常用酸水解原果胶，生成可溶性的果胶粗产品，再进行脱色、沉淀、干燥，即为商品果胶。柚果皮富含果胶，其含量达6%左右，是制取果胶的理想原料。

果胶主要以不溶于水的原果胶形式存于植物中。当用酸从植物中提取果胶时，原果胶被酸水解形成可溶性果胶。而水解后的果胶不溶于乙醇，在提取液中加入乙醇时，可使果胶沉淀下来与其他杂质分离。

四、实验设备与材料

1. 仪器设备

天平、烘箱、抽滤器、电炉、恒温水浴锅、烧杯、活性炭、硅藻土、精密 pH 试纸、尼龙布或纱布。

2. 试剂与材料

（1）试剂　0.25% HCl、6mol/L 氨水、95%乙醇、蔗糖、柠檬酸、柠檬酸钠、淀粉酶。

（2）材料　柚子皮、市售果胶。

五、实验步骤

1. 果胶的制备

（1）原料预处理　称取新鲜柚子皮 50g，洗净后，切成 3 ~ 5mm 大小的颗粒，放入 500mL 烧杯中，加水 250mL，沸水浴 5 ~ 8min，使酶失活。用 50℃ 左右的热水漂洗，压干汁液，重复数次，直至水为无色、果皮无异味为止。

（2）酸解抽提　将预处理过的果皮粒放入烧杯中，加入约 0.25% 的盐酸，以浸没果皮为度，pH 调整在 2.0 ~ 2.5，95℃ 水浴 60min，趁热过滤得果胶萃取液。

（3）脱色　待滤液冷却至 50℃，加入 1% ~ 2% 淀粉酶以分解其中的淀粉，酶作用终了时，再加热至 80℃ 杀酶。然后加 0.5% ~ 2% 活性炭，在 80℃ 下搅拌 20min，抽滤得脱色滤液。

（4）沉淀　抽滤液冷却后，用稀氨水调节至 pH 为 3 ~ 4，边搅拌边加入等量 95% 乙醇，使酒精浓度达 50% ~ 60%（可用酒精计测定），静置 10min。

（5）干燥　用纱布过滤，果胶用 95% 乙醇洗涤二次，除去醇溶性杂质，再在 60 ~ 70℃ 烘干，包装即为果胶产品。

2. 果冻的制备

（1）分别称取自制果胶与市售果胶 0.4g 浸泡于 40mL 水中，边加热边搅拌至果胶全部溶化。

（2）分别加入柠檬酸 0.2g、柠檬酸钠 0.2g 和蔗糖 14% ~ 28%，边加热边搅拌，沸腾后继续熬煮 5min，冷却后即成果冻。

（3）比较两种果胶形成凝胶态的速度，果冻的色泽、风味、组织形态、杂质、弹性和强度的相对变化。

六、注意事项

1. 鲜果皮应及时处理，以免原料中产生果胶酶类水解作用，使果胶产量或胶凝度下降。

2. 为了提高漂洗的效率和效果，将果皮颗粒转裹在四层纱布里漂洗，每次漂洗都要稍微挤压再进行下一次漂洗。

3. 酸法萃取加热时，水分和盐酸挥发会引起 pH 变化，因而每隔一段时间要补充水分和盐酸，控制 pH 在 2.0 ~2.5。

4. 果冻从制作后的冷却开始到完全形成稳定的胶冻需要较长时间，通常可在 2h 内观察到凝胶态基本形成，但如比较果冻的弹性和强度，通常可在制作的第二天来进行。

思考题

1. 果胶种类有哪些？有什么用途？
2. 原料预处理中，为什么要沸水浴和漂洗？
3. 如何通过果冻品质来判断果胶质量？

实验六　坚果种子类食品中油脂和蛋白质的分离

一、知识准备

食品中脂肪和蛋白质含量是衡量食品营养价值的重要指标。为满足实际生产需要，食品加工过程中，往往需要对食品中脂肪和蛋白质进行分离。如大豆、花生、核桃等坚果类食品，都是蛋白质和脂肪含量丰富的食品，大豆蛋白质还是优质蛋白质。油脂和蛋白质是两类理化性质完全不同的成分，可利用它们的理化性质进行分离。油脂的分离方法常用的有两种，一是物理压榨法，二是溶剂浸提法，生产中常根据产品生产需要采用不同的方法。

二、实验目的

1. 了解食品中蛋白质和脂肪分离的原理。
2. 掌握索氏抽提法提取脂肪的方法。
3. 掌握蛋白质与脂肪的分离方法。

三、实验原理

由于乙醚或石油醚等有机溶剂可以溶解脂肪，而对蛋白质等其他成分几乎不溶，故可用溶剂法分离食品中的脂肪与蛋白质。抽提脂肪后的固体残渣中主要含蛋白质，利用蛋白质可溶于酸或碱的两性性质，可以调节 pH 远离蛋白质的等电点使之溶解，过滤，滤液再调节 pH 至等电点（$pI_{鱼蛋白}=5\sim6$，$pI_{大豆蛋白}=4.3\sim4.5$）附近，即可析出蛋白质。

四、实验设备与材料

1. 仪器设备

索氏脂肪抽提器、恒温水浴锅、电子天平、电热恒温鼓风干燥箱、铁架台（带铁夹）、1000mL 烧杯、玻璃棒、滤纸、pH 试纸、抽滤瓶等。

2. 试剂与材料

（1）试剂　石油醚、1mol/L NaOH、1mol/L HCl。

（2）材料　大豆。

五、实验步骤

1. 大豆破碎为4～8瓣，去除大豆皮后再粉碎为细小颗粒备用。

2. 脂肪的抽提

称取样品5g左右，用滤纸包好，用线扎紧。将滤纸筒放入脂肪抽提器的抽提管中（注意滤纸筒高度要低于虹吸管上端弯曲部位）。连接已知重量的干燥抽提烧瓶（事先将烧瓶洗净烘干并称重），加入石油醚（沸程为60～90℃）至烧瓶的2/3体积左右。接上冷凝管，然后通入冷凝水，在85℃左右水浴中抽提4h以上。然后取出滤纸筒，利用抽提器回收石油醚，烧瓶内残液即为粗脂肪。将烧瓶擦干，于100～105℃烘箱中烘干1～2h，至恒重，将其取出在干燥器中冷却，然后称量可计算脂肪含量。

3. 蛋白质的分离

将抽提脂肪后的滤纸筒内的残渣放入烧杯中，加水500mL左右，用1mol/L NaOH溶液调节pH至8～9。然后80～90℃水浴2h左右，此期间不时搅拌。接着用四层涤纶薄布趁热过滤，滤液置冷，滴加1mol/L HCl溶液至沉淀产生。待沉淀完全后抽滤，烘干即得蛋白质，称量并计算蛋白质含量。

六、计算结果

$$\text{粗脂肪}(\%) = \frac{G_1}{W} \times 100\%$$

$$\text{粗蛋白}(\%) = \frac{G_2}{W} \times 100\%$$

式中　G_1——石油醚抽出脂肪的重量，g；

G_2——分离得蛋白质的重量，g；

W——样品质量，g。

七、注意事项

大豆蛋白的等电点pI4～5，酸沉时注意不要调过。

思考题

1. 简述食品中脂肪与蛋白质分离的原理。
2. 油脂和蛋白质分离时蛋白质是否会变性?
3. 实际生产中，大豆油和大豆蛋白的生产工艺是怎样的?

实验七　植物性食品中蛋白质碱溶酸沉提取实验

一、知识准备

蛋白质的沉淀（Protein Precipitation）是溶液中的溶质由液相变成固相析出的过程。蛋白质从溶液中析出的现象，称为蛋白质的沉淀。蛋白质沉淀常用的方法有盐析、等电点沉淀、有机溶剂沉淀、生物碱试剂与某些酸（如三氯醋酸）沉淀等。

二、实验目的

1. 掌握碱溶酸沉法提取蛋白质的方法。
2. 熟悉粗蛋白的测定方法。

三、实验原理

蛋白质的溶解度一般在等电点时是最低的，此时蛋白质分子以两性离子形式存在，其分子净电荷为零（即正负电荷相等），此时蛋白质分子颗粒在溶液中因没有相同电荷的相互排斥，分子相互之间的作用力减弱，其颗粒极易碰撞、凝聚而产生沉淀，所以蛋白质在等电点时，其溶解度最小，最易形成沉淀物。

本实验采用碱溶酸沉法提取脱脂核桃粕中蛋白质。首先用稀碱溶液溶解核桃蛋白，除去不溶成分。再用酸调溶液 pH 至核桃蛋白等电点使溶液中蛋白质沉淀，除去可溶成分，经分离干燥即得到纯度较高的蛋白质。

四、实验设备与材料

1. 仪器设备

离心机、凯氏定氮仪、真空干燥箱、恒温水浴锅、电动搅拌器、粉碎机、精密 pH 计。

2. 材料试剂

脱脂核桃粕；0.3mol/L NaOH 溶液、0.3mol/L HCl 溶液、4% 硼酸溶液、硫酸铜、硫酸钾、浓硫酸、0.05mol/L 盐酸标准滴定溶液、甲基红－溴酚绿混合指示剂。

五、实验步骤

1. 浸提

将脱脂核桃粕粉碎，过 40 目筛，准确称取 10.0g 核桃粕粉，加入 100mL H_2O 溶解，加 0.3mol/L NaOH 溶液调节浸提液 pH 至 9.0～9.5，以 30～35r/min 速度 50℃搅拌浸提 0.5h，浸提液 4000r/min 离心 20min，分离保存上清液。在残渣相同条件下再浸提 0.5h。合并两次上清液。

2. 酸沉

边搅拌，边在上清液中缓缓加入 0.3mol/L HCl 溶液，使溶液 pH 达到等电点（4.0～4.5），此时应立即停止搅拌，静置 30min，以使蛋白质形成较大的颗粒而沉淀下来。离心，弃去上清液，得到酸沉物。

3. 洗涤

酸沉物用50～60℃温水10mL洗涤三次，离心弃上清液，得到蛋白质沉淀。

4. 干燥

将得到的蛋白质沉淀转入已烘干恒重的称量瓶皿中，并放入真空干燥箱中于70℃干燥至恒重。

5. 测定蛋白含量

按照凯氏定氮仪测定蛋白质方法测定，准确称取0.1000g干燥后的蛋白质样品，加入凯氏定氮仪消煮管中，进行消化、蒸馏和滴定。

六、结果计算

含氮量及粗蛋白含量

$$X = \frac{0.01400 \times c \times (V - V_0)}{m} \times 5.30 \times 100\%$$

式中 X——试样中蛋白质的含量，g/100g；

0.0140——1.0mL硫酸［$c_{1/2H_2SO_4}=1.000mol/L$］或盐酸［$c_{HCl}=1.000mol/L$］标准滴定溶液相当的氮的质量g；

c——标准盐酸浓度，mol/L；

m——样品重量，g；

V_0——空白样滴定标准酸消耗量，mL；

V——样品滴定标准酸消耗量，mL；

5.30——核桃蛋白转换系数。

七、注意事项

1. 在浸提过程中，原料的粒度、加水量、浸提温度、浸提时间及pH都会影响蛋白质的溶出率和浸提效率。

2. 在酸沉过程中加酸和搅拌速度是关键。控制不好则可能出现pH虽然达到等电点，但蛋白质凝集下沉极为缓慢，降低蛋白质酸沉得率。酸沉时的搅拌速度宜慢不宜快，一般控制在3000～4000r/min为宜。

思考题

1. 蛋白质碱溶酸沉的原理是什么？
2. 影响实验的关键步骤是什么？
3. 除了本实验的方法，还有什么方法提取蛋白质？

实验八　蛋白质水解度的测定

一、知识准备

蛋白质水解度是指蛋白质分子中由于生物的或化学的水解而断裂的肽键占蛋白质分子中总肽键的比例。测定蛋白质水解度的方法很多，常用的方法有三氯乙酸沉淀法、三硝基苯磺酸法、茚三酮比色法、甲醛滴定法、pH - stat 法等。甲醛滴定法快速简单，但采用此法测定的结果低于氨基酸理论含量；茚三酮比色法由于采用的是单一氨基酸做标准，而不同的氨基酸对茚三酮的呈色度不同，因此采用茚三酮比色法结果也有偏差；三硝基苯磺酸法测定的结果相对较准确，但由于所用的试剂不易获得且分析方法非常繁杂，通常情况下采用此种方法的还不太多；现在有许多研究采用 pH - stat 法，这种方法也有误差，在工业生产中可用于监控水解终点，但在研究中则需要用其他的方法进行校正。

二、实验目的

1. 了解蛋白质水解度的概念和意义。
2. 掌握蛋白质水解度测定方法。

三、实验原理

食品中的蛋白质经盐酸水解成为游离氨基酸，经离子交换柱分离后，与茚三酮溶液产生颜色反应，再通过可见光分光光度检测器测定氨基酸含量。本方法采用茚三酮比色法，利用待水解原料的完全水解液作为标准，消除了由于不同氨基酸与茚三酮结合产物的呈色度不同对测定结果造成的误差。

四、实验设备与材料

1. 仪器设备

分光光度计。

2. 试剂与材料

（1）茚三酮显色液　2g 茚三酮加入 100mL 蒸馏水，溶解，放棕色瓶中保存，使用前配制。

（2）pH = 8.0 缓冲溶液　0.2mol Na_2HPO_4 94.7mL 与 0.2mol NaH_2PO_4 5.3mL 合并，混匀。

（3）蛋白酶。

（4）核桃蛋白。

五、实验步骤

1. 完全水解蛋白液的制备

取核桃蛋白 100mg，放入 250mL 具塞锥形瓶中，加入 100mL 6mol 盐酸，盖紧，放入 130℃ 烘箱中水解 24h，冷却，过滤，滤液浓缩至 0.5mL 左右，加蒸馏水 90mL，用 1mol NaOH 中和至中性（pH = 6.0），定容至 100mL。

2. 工作曲线的绘制

取完全水解液0.1mL~1.0mL于25mL比色管中，蒸馏水稀释至4.0mL，加pH=8.0缓冲溶液1.0mL，茚三酮溶液1.0mL，混匀，沸水浴加热15min，冷却，蒸馏水稀释至25mL。570nm测光密度（水作参比）。另取100mg蛋白，加水100mL，振荡均匀后过滤，取相应体积的滤液，按上述方法测光密度值。相同体积样品的光密度之差与蛋白质量做工作曲线，取线性部分做标准曲线。

3. 水解液水解度的测定

取水解后灭酶的水解液1mL，稀释至100mL，过滤，取滤液1~4mL（使测定值在工作曲线的线性部分），加水至4mL，加pH=8.0缓冲溶液1.0mL，茚三酮溶液1.0mL，沸水浴加热15min，冷却，蒸馏水稀释至25mL，570nm测光密度（水作参比）。另取相同浓度未水解蛋白溶液1~4mL，按上述方法测光密度，以二者光密度之差从工作曲线上查蛋白质含量。

六、结果计算

按下式计算水解度：

$$DH(\%)=\frac{A}{1000\times W}\times V_1\times\frac{100}{V_2}\times 100\%$$

式中 A——查表得蛋白质的质量，g；

W——称样重，g；

V_1——水解液的总体积，mL；

V_2——显色时所用稀释液的体积，mL。

七、注意事项

工作曲线建立要选取线性部分。

思考题

1. 蛋白质水解度的方法有哪些？有什么不同？
2. 为什么滤液测定值要在工作曲线的线性部分？
3. 本方法与传统的茚三酮比色法测定水解度方法有什么不同？

实验九　蛋白质的起泡能力及稳定性测定

一、知识准备

泡沫是一种气体在液体中的分散体系，气体是分散相、液体是分散介质。许多加工食品是泡沫类型产品，如蛋糕、面包、啤酒、冰激凌、搅打奶油等，这些食品表现出的独特口感和质构与其具有的泡沫性是分不开的。

鸡蛋蛋清由于搅拌而混进气泡，气泡的表面吸附蛋白质分子，形成泡膜，泡硬化而安定，起泡性主要决定于卵蛋白质。起泡力大小可以通过泡的密度测定，起泡性越大，相对密度越小，泡的稳定性可由分离液量测定。

卵白不凝固的情况下，温度越高，起泡性越高。在主要蛋白质的等电点附近，卵的起泡性最大。卵白中加进蔗糖、甘油时，因黏度增加，其起泡性减小，稳定性增加。

二、实验目的

了解蛋白质起泡能力大小的测定方法和影响起泡性和泡的稳定性的因素。

三、实验原理

鸡蛋白中主要含有卵白蛋白、伴白蛋白、卵球蛋白、卵黏蛋白、卵类黏蛋白。蛋白的起泡性取决于伴白蛋白、卵球蛋白，卵黏蛋白起稳定的作用。蛋白搅拌起泡的原因是蛋清蛋白质降低了蛋清溶液的表面张力，溶液蒸气压下降，没有蒸发现象，泡的表面膜彼此不立刻合并，泡沫的表面凝固等。蛋白质起泡特性包括起泡能力和稳泡能力，前者指在一定条件下产生泡沫的量，后者则是所形成泡沫的稳定性。所以在蛋白打发的过程中，除了要控制蛋白产生泡沫的量，蛋白泡沫的稳定性也同样重要，只有两方面同时做到才能保证蛋白泡沫的质量。

四、实验设备与材料

1. 仪器设备

电动搅拌机、电子秤、量筒、刻度烧杯、恒温水浴、酸度计等。

2. 试剂与材料

（1）蔗糖；

（2）HCl（1mol/L）；

（3）NaOH（1mol/L）；

（4）鸡蛋。

五、实验步骤

1. 制备蛋清蛋白溶液，取2g蛋清溶液加98g蒸馏水稀释，过滤，取清液得2%蛋清蛋白溶液。

2. 取3个250mL烧杯，分别加入2%蛋清蛋白溶液50mL，一份用手动搅打1～2min，一份用电动搅拌机搅打1～2min，另一份用玻管不断鼓入空气1～2min，观察泡沫的形成情况以及稳定时间的长短。

3. 取2个250mL烧杯，分别加入2%蛋清蛋白溶液50mL，一份加入蔗糖，另一份不加，用相同的方式搅打1～2min，观察泡沫的形成情况以及稳定时间的长短。

4. 取3个250mL烧杯，分别加入2%蛋清蛋白溶液50mL，用盐酸和氢氧化钠调节pH分别为3.0、5.0、8.0，观察泡沫的形成的情况以及稳定时间的长短。

5. 取2个250mL烧杯，分别加入2%蛋清蛋白溶液50mL，一份放入冷水，另一份保持室温，用相同的方式搅打 1 ~ 2min，观察泡沫的形成情况以及稳定时间的长短。

六、注意事项

手动搅打的时间和力度，要尽量保持一致，以免对实验结果产生影响。

1. 简述蛋白质的起泡能力，如何判断其起泡性的大小?
2. 影响蛋白质发泡性质的因素有哪些?

实验十　食品乳状液的制备及性质测定

一、知识准备

乳状液是一种多相分散体系，在一定条件下，由一相（为分散相，又称内相）以直径 0.1 ~ 50μm 的极小液滴形式分散在另一相（连续相，又称外相）中。一般情况下，在乳状液中一个液相为水或水溶液，称为水相，用符号 W 表示；另一种与水互不相溶的液体统称为“油”相，用符号 O 表示。凡由水和“油”混合生成乳状液的过程，称为乳化。

二、实验目的

1. 了解乳状液的基本原理。
2. 掌握制备乳状液及鉴别其类型的方法。

三、实验原理

乳状液是两种互不溶的液体组成的分散体系，其中一种液体以小液滴分散在另一种液体中，前一种液体称为分散相，最后一种液体称为分散介质。一般情况下，一种液体是水，另一种液体是不溶于水的有机溶剂，如苯、四氯化碳、原油、油等，总称为“油”。假如油分散在水中，即油为分散相，水为分散介质，这种乳状液称为“水包油”型，以符号 O/W 表示之；反之，若水为分散相，油为分散介质，则称为油包水型，以 W/O 表示之。分散相的液滴，一般在 1 ~ 50μm，借助普通显微镜，就可以观察到。

将两种互不溶的液体放在一起，用力振荡，即可得乳状液。但是这种乳状液极不稳定，很快就会分层。要得到稳定的乳状液，必须加入第三种物质——乳化剂。表面活性剂是最常用的乳化剂，它具有极性基团和非极性基团，当它吸附在油水界面时，就能降低界面张力，而且形成一定强度的保护膜，从而使乳状液稳定。

鉴别乳状液类型的方法

乳状液有两种类型：一种为油分散在水中形成的乳状液，称水包油型（O/W，水为连续相)；另一种是水分散在油中形成的乳状液，称为油包水型（W/O，油为连续相）。鉴别两种乳状液类型的方法主要有以下几种。

1. 稀释法

加一滴乳状液于水中，立即散开，说明乳状液的分散介质是水，故乳状液属 O/W 型。如不立即散开，则属于 W/O 型。

2. 电导法

O/W 型乳状液连续相为水，导电能力较强。W/O 型乳状液连续相为油，水为不连续相，导电能力很小。若将两个电极插入乳状液，接通直流电源，并串联电流表，O/W 型乳状液使电流表指针偏转，若电流表指针几乎不偏转（除非分散相的体积超过60%），则为 W/O 型乳状液。

3. 染色法

选择一种能溶于乳状液中两个液相中的一个液相的染料（如水溶性染料亚甲基蓝，油溶性染料苏丹Ⅲ）加入乳状液中。如在乳状液中加入亚甲基蓝，整个溶液呈蓝色，乳状液是 O/W 型，若在乳状液加入苏丹Ⅲ，整个溶液呈红色，则乳状液是 W/O 型，如果只有星星点点液滴带色，则是 O/W 型。

四、实验设备与材料

1. 仪器设备

小烧杯、试管、载玻片、量筒、培养皿、小滴管、电池、毫安表、电极、磁力搅拌器、恒温水浴锅、显微镜。

2. 材料试剂

蛋黄、洗涤剂、吐温 40、植物油。

五、实验步骤

1. 按照表 2 - 1 所示的成分制备不同体系乳状液

表 2 - 1　各类乳状液制备

乳化剂	Ⅰ型乳状液		Ⅱ型乳状液		溶剂
	油/mL	水/mL	油/mL	水/mL	
空白样	10	40	40	10	—
蛋黄，0.5g	10	40	40	10	水
洗涤剂，0.5g	10	40	40	10	水
吐温 40，0.5g	10	40	40	10	油

2. 乳状液的类型鉴别

（1）稀释法　分别用小滴管吸取几滴Ⅰ型和Ⅱ型乳状液滴入盛有蒸馏水的烧杯中，观察其扩散情况。

（2）染色法　分别吸取 1～2mL Ⅰ型和Ⅱ型乳状液于两只干净的试管中，向每支试管中加入一滴亚甲基蓝溶液，振荡，在显微镜下观察乳状液的颜色。同样操作加一滴苏丹Ⅲ溶液，振荡，在显微镜下观察乳状液的颜色。

（3）电导法　分别吸取少许Ⅰ型和Ⅱ型乳状液于两个干净的培养皿中，接通电路，观察电流表指针是否有明显偏转，鉴别两种乳状液的类型。

六、注意事项

根据表中要求用一相先溶解乳化剂后，再添加另一相进行搅拌混匀操作。

1. 乳状液的类型有哪些？有什么不同？
2. 鉴别乳状液的方法有哪些？其原理是什么？

实验十一　热加工温度对果汁中维生素 C 含量的影响

一、知识准备

维生素 C 又称抗坏血酸，是人体不可缺少的营养成分，具有广泛的生理功能。水果蔬菜中含有较为丰富的维生素 C，但在加工过程中，特别是长时间的热加工中，维生素 C 容易氧化分解，失去生理作用，进而造成营养价值的损失。

二、实验目的

1. 掌握用 2,6 - 二氯酚靛酚钠滴定法测定还原型维生素 C 含量的原理及方法。
2. 研究热处理温度对果汁中维生素 C 的影响。

三、实验原理

维生素 C 结构中具有烯二醇的结构，具有较强的还原性，当遇到氧化剂时，还原性维生素 C 被氧化脱氢变成脱氢维生素 C。利用氧化型 2,6 - 二氯靛酚钠滴定果汁中的维生素 C，则氧化型 2,6 - 二氯靛酚钠被维生素 C 还原为还原型 2,6 - 二氯靛酚钠。氧化型 2,6 - 二氯靛酚钠在酸性溶液中呈桃红色，在碱性或中性水溶液中呈蓝色，被还原后变为无色，当 2,6 - 二氯靛酚钠与果汁中的维生素 C 完全反应后，多余半滴都会使溶液呈现桃红色，此时可判定为滴定终点。在没有杂质干扰时，一定量的果汁样品还原型 2,6 - 二氯酚靛酚钠的量与果汁中所含维生素 C 的量成正比，因此可用 2,6 - 二氯靛酚钠滴定法测定果汁中维生素 C 的含量，通过 2,6 - 二氯酚靛酚钠的消耗量计算出果汁中维生素 C 含量，滴定发生的化学反应式如下所示。

（蓝色）

抗坏血酸 + 2,6-二氯酚靛酚（红色） → 脱氢抗坏血酸 + 还原型2,6-二氯酚靛酚（无色）

四、实验设备与材料

1. 仪器设备

烧杯、容量瓶、量筒、滴定管、水浴锅等。

2. 材料试剂

（1）材料　果汁。

（2）试剂　1g/100mL 草酸溶液：将 2. 5g 草酸溶于 250mL 水中。

维生素 C 标准溶液：精确称取维生素 C 20mg，用 1g/100mL 草酸溶液定容至 100mL，混匀，至冰箱中保存。使用时吸取上述维生素标准溶液 10mL，用 1g/100mL 草酸溶液定容至 100mL，则每毫升溶液中含有维生素 C 0. 02mg。

2,6－二氯靛酚钠溶液标定：称取 2,6 二氯靛酚钠 50mg，溶于 50mL 热水中，冷却后定容至 250mL。过滤后转移至棕色瓶内，用配制好的维生素 C 标准溶液标定。吸取维生素 C 标准溶液 2mL，加 1g/100mL 草酸溶液 5mL，以 2,6 二氯靛酚钠溶液滴定至桃红色，15s 不褪色，根据已知维生素 C 标准溶液和 2,6 二氯靛酚钠的用量计算每 1mL 2,6 二氯靛酚钠溶液相当的抗坏血酸质量（mg）。

五、实验步骤

1. 分别吸取 10mL 果汁样品于 5 支试管中，取一支作为对照组，其他 4 组分别于 70℃、80℃、90℃、100℃水浴中加热 30min，用 1g/100mL 草酸溶液定容至 100mL，摇匀。

2. 定容后的样品溶液过滤备用，用白陶土脱色，吸取 10mL 样品液于 50mL 三角烧瓶中，用标定的 2,6 二氯酚靛酚溶液滴定，直至溶液呈桃（粉）红色于 15s 内不褪色为止。另外取 1g/100mL 草酸溶液 10mL 代替果汁样液做空白实验。

六、结果计算

$$维生素\ C(mg/100mL) = \frac{(V_1 - V_0) \times T \times F}{V_2} \times 100\%$$

式中　V_1——滴定果汁样液消耗 2,6 二氯酚靛酚溶液的体积，mL；

V_0——滴定空白液消耗2,6二氯酚靛酚溶液的体积，mL；

T——1mL 2,6二氯酚靛酚溶液相当于维生素C标准溶液的量，mg；

F——果汁定容时的稀释倍数；

V_2——滴定时所取的果汁滤液的体积，mL。

七、注意事项

维生素C标准溶液应防止氧化，临用时需重新配制。

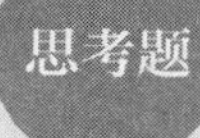

1. 简述热处理对维生素C的影响。
2. 列举其他维生素C的测定方法，简述优缺点。
3. 标准维生素C溶液为什么要用草酸溶液溶解、定容?

实验十二　美拉德（Maillard）反应初始阶段的确定

一、知识准备

1912年法国化学家路伊斯·美拉德发现甘氨酸和葡萄糖混合加热反应形成了褐色物质。后人发现，这种反应不仅对颜色有着显著影响，而且通常会伴随有香气、香味产生，并将此种反应命名为美拉德反应，也称羰氨反应。美拉德反应是发生于食品体系中的一个非常重要的反应，对食品的营养、品质有着重要影响。随着科学的发展，我们对美拉德反应的认识不断加深，美拉德反应中的中间产物和终产物很多，包括对食品色泽和风味有影响的中间或终产物，还有一些有功能作用的成分，如抗氧化成分，此反应也产生一些有害物。

二、实验目的

1. 了解美拉德反应的基本反应过程。
2. 观测温度、pH以及褐变抑制剂对美拉德反应的影响。

三、实验原理

目前认为美拉德反应大致经历3个阶段。起始阶段氨基酸与还原糖加热，氨基与羰基缩合生成席夫碱，席夫碱经环化生成N－取代糖基胺，N－取代糖基胺经Amiadori重排形成Amadori化合物（1－氨基－1－脱氧－2－酮糖）。中间阶段，Amadori化合物在酸性条件下，经1,2－烯醇化反应，生成羰基甲呋喃醛；在碱性条件下，经2,3－烯醇化反应，产生还原酮类和脱氢还原酮类；继续进行裂解反应，形成含羰基和双羰基化合物，以进行最后阶段反应或与氨基进行Strecker分解反应，产生Strecker醛类。最终阶段反应机制尚不是很清楚，中间阶段的产物与氨基化合物经复杂的反应历程，最终生成棕色甚至是黑色的大分子物质类黑素。

美拉德反应起始，反应体系溶液无色，随着反应进行，5－羟甲基糖醛（HMF），以及形成二羰基化合物和色素的初产物增加，溶液颜色逐渐变成黄色，最后生成类黑精色素。本实验将葡萄糖与赖氨酸在一定pH缓冲液中加热反应，一定时间后测定HMF的含量，观察溶液变色快慢及最终颜色深浅。

HMF的测定方法是根据HMF与对氨基甲苯和巴比妥酸在酸性条件下反应，生成最大吸收波长520nm的紫红色物质。

四、实验设备与材料

1. 仪器设备

分光光度计、水浴锅、试管。

2. 试剂材料

巴比妥酸溶液、对氨基甲苯溶液、1.0mol/L葡萄糖溶液、0.1mol/L赖氨酸溶液。

五、实验步骤

1. 分别加入1.0mol/L葡萄糖溶液和0.1mol/L赖氨酸溶液5mL于3支试管中，分别于60℃、80℃、100℃水浴1h，观测溶液颜色变化，测定HMF值，推测温度对美拉德反应的影响。

2. 分别加入1.0mol/L葡萄糖溶液和0.1mol/L赖氨酸溶液5mL于3支试管中，分别调pH至5.0、7.0、9.0，于100℃水浴1h，观测溶液颜色变化，测定HMF值，推测pH对美拉德反应的影响。

3. 分别加入1.0mol/L葡萄糖溶液和0.1mol/L赖氨酸溶液5mL于2支试管中，其中一支试管加入亚硫酸钠溶液，于100℃水浴锅，反应1h，观测溶液颜色变化，测定HMF值，推测褐变抑制剂对美拉德反应的影响。

4. HMF的测定，取反应后的溶液2.0mL于试管中，依次加入对氨基甲苯溶液5mL，巴比妥酸溶液1mL，充分振动，520nm处测定吸光度，以吸光值的高低代替HMF含量的大小。

六、注意事项

HMF测定时，试剂的添加要连续进行，在1～2min加完。

思考题

1. 简述美拉德反应的历程。
2. 影响美拉德的因素有哪些？如何影响？

实验十三　食品中花青素含量的测定

一、知识准备

花青素（Anthocyanidin），又称花色素，属于酚类化合物中的类黄酮类，是一类广泛存在于植物中的水溶性天然色素。花青素为植物二级代谢产物，在生理上扮演重要的角色，是植物花瓣中的主要呈色物质。同时，因其良好的抗氧化性，花青素也具有较高的营养价值和医疗保健作用。

二、实验目的

1. 学习果蔬组织中花青素含量的快速测定方法。
2. 比较不同果蔬中花青素的相对含量。

三、实验原理

果蔬颜色的深浅通常与花青素的含量呈正相关性，故可用分光光度计快速测定。本实验利用盐酸甲醇溶液提取果蔬中的花青素，特定波长下测定其吸光度值，比较不同果蔬中的花青素含量。

四、实验设备与材料

1. 仪器设备

紫外可见分光光度计、研钵、具塞刻度试管、滤纸、漏斗、移液器。

2. 材料试剂

苹果、梨、西蓝花等；1%（体积分数）盐酸 - 甲醇溶液。

五、实验步骤

1. 提取

称取果皮组织 0.5g，加入预冷的 1% 盐酸 - 甲醇溶液，在冰浴中研磨匀浆，转移至 20mL 具塞刻度试管中，并用 1% 盐酸 - 甲醇溶液冲洗研钵，将残余物一并转移到试管中，定容，混匀，于 4℃ 避光提取 20min，期间不时摇动，过滤，收集滤液备用。

2. 测定

取滤液于 600nm 和 530nm 波长处测定吸光值，每组做 3 个平行样品，并以 1% 盐酸 - 甲醇溶液作试剂空白，调零。

六、结果计算

以每克（鲜重）果蔬组织在波长 530nm 和 600nm 处吸光度值之差表示花青素含量（U），即 $U = (OD_{530nm} - OD_{600nm}) / g$。

七、注意事项

1. 提取液中盐酸的作用是沉淀样品溶液中的蛋白质，以减少其对提取液吸光度值的影响。如果样品蛋白质含量较多时，可使用三氯乙酸代替盐酸。

2. 本实验测定的是花青素的相对含量，若需要精确含量测定，可根据所测试果蔬组织中花青素的种类，选用相应的标准物质制作标准曲线进行含量的计算。

利用紫外比色法测定果蔬组织中花青素含量时，如何消除果蔬组织中其他成分的影响?

实验十四　果蔬中β－胡萝卜素含量的测定

一、知识准备

β－胡萝卜素是类胡萝卜素之一，脂溶性化合物，是自然界中最普遍存在并且最稳定的天然色素。β－胡萝卜素是一种良好的抗氧化剂，具有消除自由基、抑制活性氧的产生、提高免疫力等生物活性；在动物体内可转化为维生素 A，故又称维生素 A 原。目前测定β－胡萝卜素的方法主要有分光光度法、柱色谱法和高效液相色谱法等。

二、实验目的

掌握食品中β－胡萝卜素的测定方法。

三、实验原理

本实验用石油醚－丙酮（80：20）混合提取液提取胡萝卜中的β－胡萝卜素，提取液经氧化铝柱纯化，用高效液相法测定。通过与β－胡萝卜素标准品进行对比，以保留时间定性，峰面积定量。

四、实验设备与材料

1. 仪器设备

高效液相色谱仪、离心机、旋转蒸发仪。

2. 材料试剂

①胡萝卜。

②石油醚（沸程 30～60℃）、甲醇（色谱纯）、丙酮、三氯甲烷、BHT、乙腈（色谱纯）。

③氧化铝。色谱分离用，100～200 目，使用前于 140℃ 活化 2h，取出放入干燥器备用。

④β－胡萝卜素标准溶液。精确称取β－胡萝卜素 10.0mg 于烧杯中，先用少量三氯甲

烷溶解，再用流动相溶解并洗涤烧杯数次，溶液转入100mL容量瓶中，用流动相定容，浓度为100μg/mL，分别吸取β－胡萝卜素标准溶液0.5mL、1.0mL、2.0mL、3.0mL、4.0mL、5.0mL于10mL容量瓶中，用流动相定容，混匀，即得β－胡萝卜素标准系列梯度，5μg/mL、10μg/mL、20μg/mL、30μg/mL、40μg/mL、50μg/mL。

五、实验步骤

1. 试样提取

取新鲜胡萝卜切碎，准确称取5.0g于研钵中，加入适量石英砂研磨，并加BHT 100mg作抗氧化剂。充分磨碎后用石油醚－丙酮（80：20）提取液溶解，离心后，转移上层黄色液体至蒸发瓶中，沉淀重复提取数次，至提取液无色。合并提取液，于旋转蒸发器上蒸干溶剂。

2. 纯化

用少量石油醚溶解以上所得提取物，用规格为1.5cm（内径）×4cm（高）的氧化铝柱进行分离纯化。加样前先用洗脱液石油醚－丙酮（95：5）预洗氧化铝柱，加入试样提取液，用石油醚－丙酮（95：5）洗脱，流速为20滴/min，收集于10mL容量瓶中，用洗脱液定容。过0.45μm微孔滤膜，滤液作HPLC分析用。

3. HPLC条件

色谱柱：Spherisorb C_{18}：柱（4.6mm×150mm）。

流动相：甲醇－乙腈（90：10）。

流速：1.2mL/min。

波长：448nm。

4. 制作标准曲线

分别吸取β－胡萝卜素标准系列梯度溶液20μL，进行HPLC分析，以β－胡萝卜素浓度作横坐标，以峰面积为纵坐标制作标准曲线。

5. 试样测定

吸取已纯化的样品20μL上样进行HPLC分析，根据标准曲线β－胡萝卜素的量。

六、结果计算

$$x = \frac{V \times c}{m} \times 100\%$$

式中　x——试样中β－胡萝卜素的含量，μg/100g；

V——定容后的体积，mL；

c——试样中β－胡萝卜素的浓度，μg/mL；

m——试样的质量，g。

七、注意事项

1. 不同类食品，因其组分存在较大差异，样品处理方法有所不同。
2. β－胡萝卜素提取过程中，应注意尽量避免其氧化分解。

思考题

1. HPLC 法与分光光度法测胡萝卜素有何不同?

2. 当试样脂肪含量较高时与通常试样前处理有何不同? 为什么?

实验十五　高效液相色谱法测定食品中维生素 A 和维生素 E 的含量

一、知识准备

维生素 A 化学名为视黄醇，是最早被发现的维生素，属脂溶性维生素，其化学结构中含有 β-白芷酮环不饱和的一元醇，在空气中易氧化。维生素 A 多存在于动物性脂肪或肝脏类食品中，植物性食品中一般含量较少。有些水果和蔬菜中含有胡萝卜素类物质，由于其在人体内可转变为维生素 A，故称其为维生素 A 原。

维生素 E 是一种脂溶性维生素，包括 8 种活性形式，易溶于乙醇等有机溶剂中，不溶于水，对热、酸稳定，对碱不稳定，对氧敏感，是重要的抗氧化剂之一。维生素 E 广泛存在于肉、蛋、乳类食品和麦胚油、大豆油等植物油料中，具有良好的生理活性。

食品中的维生素 A 及维生素 E 经皂化处理后，将其从不可皂化部分提取至有机溶剂中。用带有紫外检测器高效液相色谱仪进行维生素 A 和维生素 E 分离，并用内标法定量分析。

二、实验目的

掌握食品中维生素 A 和维生素 E 的检测方法。

三、实验原理

试样中的维生素 A 及维生素 E 经皂化（含淀粉先用淀粉酶酶解）、提取、净化、浓缩后，用带有紫外检测器高效液相色谱仪进行维生素 A 和维生素 E 分离，并用内标法定量分析。

四、实验设备与材料

1. 仪器设备

恒温水浴锅、紫外分光光度计、高速离心机、旋转蒸发器、高纯氮气、高效液相色谱仪（紫外分光检测器）等。

2. 材料试剂

（1）无水乙醚　不含过氧化物。氧化物检查方法：用 5mL 乙醚加 10% 碘化钾溶液 1mL，振摇 1min，如有过氧化物则放出游离碘，加 4 滴 0.5% 淀粉液，水层呈蓝色。去除过氧化物的方法：重蒸无水乙醚时，瓶中放入铁丝或铁屑少许。弃去10%初馏液和10%残馏液。

（2）无水乙醇　不得含有醛类物质。检查方法：取2mL银氨溶液于试管中，加入少量乙醇，摇匀，加入10%氢氧化钠溶液，加热，放置冷却后，若有银镜反应则表示乙醇中有醛。脱醛方法：取2g硝酸银溶于少量水中，取4g氢氧化钠溶于温乙醇中。将两者倾入1L乙醇中，振摇后，放置暗处两天（不时摇动，促进反应），经过滤，置蒸馏瓶蒸馏，弃去初蒸出的50mL。

（3）重蒸水　水中加少量高锰酸钾，临用前蒸馏。

（4）抗坏血酸溶液（100g/L）　临用前配制。

（5）无水硫酸钠、甲醇（重蒸后使用）、银氨溶液、50%氢氧化钾溶液，氢氧化钠溶液（100g/L），硝酸银溶液（50g/L）。

（6）维生素A标准溶液　用脱醛乙醇溶解皂化处理后的视黄醇（纯度85%）或视黄醇乙酸酯（纯度90%）标准品，使其浓度为1mL相当于1mg视黄醇。临用前标定其准确浓度。

（7）维生素E标准溶液　用脱醛乙醇分别溶解α－生育酚（纯度95%）、γ－生育酚（纯度95%）、δ－生育酚（纯度95%）三种维生素E标准品，使其浓度为1mL相当于1mg维生素E。临用前标定这三种维生素E溶液的准确浓度。

（8）内标溶液　称取苯并（a）芘（纯度98%），用脱醛乙醇配制成每1mL相当10μg苯并（a）芘的内标溶液。

五、实验步骤

1. 试样处理

（1）皂化　准确称取5g试样于三角瓶中，加30mL无水乙醇，搅拌至颗粒物分散均匀为止。依次加10%抗坏血酸5mL、苯并（a）芘标准溶液2mL、50%氢氧化钾溶液10mL，振荡混匀。于沸水浴中回流30min，使其皂化完全，皂化后立即放入冰浴冷却。

（2）提取　将皂化后的试样移入分液漏斗中，用50mL水分2次洗涤皂化瓶，洗液并入分液漏斗中。用约100mL乙醚分2次洗皂化瓶及其残渣，乙醚液并入分液漏斗中。轻轻振摇分液漏斗2min，使两相充分接触，静置分层，保留醚层。用100mL水洗涤醚层4～5次，至洗液中性。

（3）浓缩　将乙醚提取液经过无水硫酸钠（约5g）滤入球形蒸发瓶内，用约100mL乙醚冲洗分液漏斗及无水硫酸钠3次，并入蒸发瓶内，于55℃水浴中减压蒸馏并回收乙醚，待瓶中剩下约2mL乙醚时，取下蒸发瓶，用氮气吹掉乙醚，并加入2mL乙醇溶解提取物。将乙醇液移入离心管中5000r/min离心5min，上清液供色谱分析。

2. 标准曲线的绘制

（1）分光光度法标定维生素A和维生素E标准浓度定　分别取维生素A和维生素E标准液若干微升稀释至3.00mL乙醇中，并分别按表2－2所示给定波长测定各维生素的吸光度。用比吸光系数计算出该维生素的浓度。

表2-2　　维生素A和维生素E标准曲线溶液配制

标准	加入标准液的量 $V/\mu L$	比吸光系数 $E_{cm}^{1\%}$	波长 λ/nm
视黄醇	10.00	1835	325
α-生育酚	100.0	71	294
γ-生育酚	100.0	92.8	298
δ-生育酚	100.0	91.2	298

浓度按下式计算：

$$c_1 = \frac{A}{E} \times \frac{1}{100} \times \frac{3.00}{V \times 10^{-3}}$$

式中　c_1——维生素浓度，g/mL；

A——维生素的平均紫外吸光度；

V——加入标准液的量，μL；

E——某种维生素1%比吸光系数；

$\frac{3.00}{V \times 10^{-3}}$——标准液稀释倍数。

（2）标准曲线的绘制　把一定量的维生素A、维生素E及内标苯并（a）芘液混匀。选择合适灵敏度，使上述物质的各峰高约为满量程的70%为高浓度点。高浓度的1/2为低浓度点［其内标物苯并（a）芘的浓度值不变］，用这种浓度的混合标准进行色谱分析。以维生素浓度为横坐标，维生素峰面积与内标物峰面积之比为纵坐标绘制标准曲线。

3. 色谱条件

预柱：ultrasphere ODS（10μm，4mm×4.5cm）。

分析柱：ultrasphere ODS（5μm，4.6mm×25cm）。

流动相：甲醇-水（98∶2），混匀，临用前脱气。

紫外检测器波长：300nm。

进样量：20μL。

流速：1.7mL/min。

4. 试样分析

吸取试样处理液20μL，上机分析，与标准物色谱峰的保留时间比较定性。根据色谱图求出某种维生素峰面积与内标物峰面积的比值，并在标准曲线上查得其含量。

六、结果计算

$$x = \frac{c}{m} \times V \times \frac{100}{1000}$$

式中　x——维生素的含量，mg/100g；

c——由标准曲线上查到的某种维生素含量，μg/mL；

V——试样浓缩定容体积，mL；

m——试样质量，g。

七、注意事项

1. 实验所用无水乙醚、无水乙醇不应含有过氧化物或醛类物质，试验前应先去除溶剂中所含的这些物质。

2. 维生素A、维生素E标准液不稳定，容易氧化，应在临用前进行标定。

3. 维生素A极易被破坏，实验操作应在微弱光线下进行，或用棕色玻璃仪器。

4. 提取过程中，振摇不应太剧烈，避免溶液乳化而不易分层。

5. 在旋转蒸发时，乙醚溶液不应蒸干，以免被测样品含量有损失。

6. 用高纯氮吹干时，氮气不能开的太大，避免样品吹出瓶外结果偏低。

测定维生素A、维生素E的其他方法有哪些？比较其优缺点。

实验十六 食品中类黄酮含量的测定（HPLC法）

一、知识准备

植物组织中存在着大量类黄酮等植物次生代谢产物，主要以结合态（黄酮苷）或自由态（黄酮苷元）形式存在。槲皮素（Quercetin）是最典型的类黄酮，其在C_3位羟基上结合糖分子即形成植物中普遍的成分——芸香苷（芦丁）。

二、实验目的

学习果蔬组织中类黄酮含量的快速测定方法。

三、实验原理

利用黄酮类化合物在碱性环境下，与亚硝酸钠和硝酸铝发生显色反应，显色物质在波长510nm处具有最大吸收峰，且在一定范围内，黄酮类物质浓度和吸光度成正比，借此测定粗黄酮含量。

四、实验设备与材料

1. 仪器设备

研钵、具塞刻度试管（20mL）、滤纸、漏斗、移液器、容量瓶、紫外可见分光光度计等。

2. 材料试剂

（1）苹果；

（2）乙醇（分析纯）、氢氧化钠（分析纯）、亚硝酸钠（分析纯）、硝酸铝（分析纯）、芦丁标准品（98%）。

五、实验步骤

1. 标准曲线的建立

准确称取干燥至恒重的芦丁标准品20mg，用75%乙醇溶液溶解，定容至50mL容量瓶，混匀，制得芦丁标准品母液，浓度为0.4mg/mL。分别准确吸取芦丁母液0.0mL、1.0mL、2.0mL、3.0mL、4.0mL、5.0mL、6.0mL于7个25mL容量瓶中，然后向每个容量瓶中各加入5%亚硝酸钠溶液1mL，充分振荡混匀，静置6min，依次加入10%硝酸铝溶液1mL，充分振荡混匀，静置6min，向每个容量瓶中加入4%氢氧化钠溶液10mL，用75%乙醇溶液定容至25mL刻度线处，充分振荡混匀，静置15min。75%乙醇溶液作为参比，于波长510nm处测定吸光值。以芦丁浓度c（mg/mL）为横坐标，吸光值A为纵坐标绘制标准曲线，得到类黄酮与吸光值之间的线性量化关系。

2. 提取

称取2g果肉组织，加入少许经预冷的75%乙醇溶液，冰浴中研磨匀浆，转移至20mL具塞刻度试管中，并用75%乙醇溶液冲洗研钵，一并转移到试管中，定容，混匀，4℃保存。

3. 测定

提取液静置过滤，吸取1mL滤液于25mL容量瓶中，加入5%亚硝酸钠溶液1mL，充分振荡混匀，静置6min，加入10%硝酸铝溶液1mL，充分振荡混匀，静置6min，加入4%氢氧化钠溶液10mL，用75%乙醇溶液定容至刻度线处，充分振荡混匀，静置15min。75%乙醇溶液作为参比，于波长510nm处测定吸光值，根据吸光值在标准曲线上查得对应的类黄酮浓度。

六、结果计算

$$X = \frac{c \times 25 \times V}{m} \times \frac{1}{1000} \times 100\%$$

式中 X——类黄酮含量，g/100g；

c——标准曲线上查得类黄酮浓度，mg/mL；

25——稀释倍数；

V——提取液体积，mL；

m——样品质量，g。

七、注意事项

本实验测定的是粗黄酮含量，若要精确测定其中不同类黄酮含量，可使用不同类黄酮标准品混合样品，建立不同类黄酮物质的标准曲线，采用高效液相色谱法进行定量检测。

思考题

1. 植物中类黄酮含量测定的意义？
2. 列举常见的黄酮类化合物，简述其有何生理活性。

实验十七　食用油脂氧化稳定性的测定

一、知识准备

随着人们对油脂的营养与功能作用的深入了解，油脂的贮藏与加工氧化稳定性就成为油脂质量一个重要的评价指标。近年来，已建立了多种测定油脂氧化稳定性的方法，这些方法以油脂暴露在空气中的吸氧速率为基础。吸氧量可以由沃伯格仪器直接测出，也可以通过测定过氧化物或氧化过程中的分解产物而间接测定。间接测定法中活性氧（AOM）是古老的方法，它是根据样品在98.7℃下通气处理测定过氧化值及过氧化值达到100mmol（2kg样品活性氧量）所需时间。油脂的加速氧化稳定性评价就是基于这一原理用于评价油脂氧化稳定性的方法，史卡尔法是实践中较常用、又较简便的一个评价方法。

二、实验目的

1. 了解油脂氧化稳定性的重要意义。
2. 掌握油脂氧化稳定性的测定方法。

三、实验原理

油脂的自动氧化历程，要经过一个诱导期（Induction Period），即经历一个油脂氧化速度缓慢的初期到氧化剧烈的氧化期，此时会生成第二级氧化产物 - 醇类和羰基化合物，过氧化值接近或达到油脂卫生标准的上限值，表明油脂开始劣变，此时为诱导期的终点。通过测定氧化诱导时间（Induction Time）便可以了解油脂氧化稳定性的大小，诱导期越长表明油脂的氧化稳定性越大，反之，油脂氧化稳定性越小。史卡尔法是定期测定处于60℃的油脂过氧化值的变化，通过油脂氧化诱导期的长短来评价油脂氧化稳定性。

四、实验设备与材料

1. 仪器设备

烘箱、电炉、微波炉。

2. 材料试剂

（1）饱和碘化钾溶液　称取14g碘化钾，加10mL水溶解，必要时微热使其溶解，冷却后贮于棕色瓶中。

（2）三氯甲烷 - 冰乙酸混合液　量取40mL三氯甲烷，加60mL冰乙酸，混匀。

（3）硫代硫酸钠标准滴定溶液 [$c_{Na_2S_2O_3}=0.002mol/L$]。

（4）淀粉指示剂（10g/L）　称取可溶性淀粉0.5g，加少许水，调成糊状，倒入50mL沸水中调匀，煮沸。临用时现配。

五、实验步骤

取一定量的油脂存放于广口瓶中，置于60℃恒温烘箱中，每隔1d或2d取一次样品测定过氧化值，直到过氧化值达到食用油脂卫生标准的上限值0.25g/100g，即可得到该测定油脂的诱导期时间。

六、测定方法

过氧化值测定方法参照《国家食品安全标准　食品中过氧化值的测定》（GB 5009.227—2016）。

七、注意事项

脂类物质的氧化反应十分复杂，中间产物多，目前仍没有一种简单的测试方法可立即测定所有的氧化产物，常常需要测定几种指标，方可评价油脂的氧化程度。

1. 评价油脂氧化程度的指标有哪些？
2. 如何较准确的评价油脂的氧化稳定性？

实验十八　植物多糖的提取

一、知识准备

植物多糖是指由许多相同或不同的单糖以 α - 或 β - 糖苷键所组成的聚合物，主要包括淀粉、纤维素、果聚糖和果胶质等，因其葡萄糖残基组成方式与构成形式不同，所以表现的性质有明显的差异。植物多糖具有多种生物活性，经研究发现，它具有抗肿瘤、抗衰老、抗疲劳、抗病毒、抗辐射的功能，还具有降血糖、降血脂、参与免疫调节等作用。

二、实验目的

掌握植物多糖的提取原理与方法。

三、实验原理

多糖具有复杂的生物活性和功能，多糖中的水溶性多糖是人们研究最多，也是活性较大的组分。一般植物多糖需在提取前进行专门的破细胞操作，包括机械破碎（研磨法、组织捣碎法、超声波法、压榨法、冻融法）、溶胀和自胀、化学处理和生物酶降解，因此常用的提取方法有：热水浸提法、酸浸提法、碱浸提法和酶法、超声波、微波等技术辅助提取等。多糖粗提物中，常会有无机盐、蛋白质、色素及其他小分子有机物等杂质，必须分别除去。多糖的纯化就是将粗多糖中的杂质去除而获得单一多糖组分。一般是先脱除非多糖组分，再对多糖组分进行分级。多糖的纯化有分级醇沉法、离子交换柱法、聚酰胺色谱法等多种方法。常用的除蛋白质的方法有 Sevage 法、三氯乙酸法、三氟三氯乙烷法、酶法等，Sevage 法脱蛋白效果较好。多糖的分级纯化可按分子大小和形状分级（如分级沉淀、超滤、分子筛、色谱分离等），也可按分子所带基团的性质分级（如按电荷性质分级的电泳、离子交换色谱等）。

四、材料与试剂

1. 实验原料

枣。

2. 主要试剂

95% 乙醇、氯仿、正丁醇、无水乙醇、半透膜。

五、实验步骤

1. 工艺流程

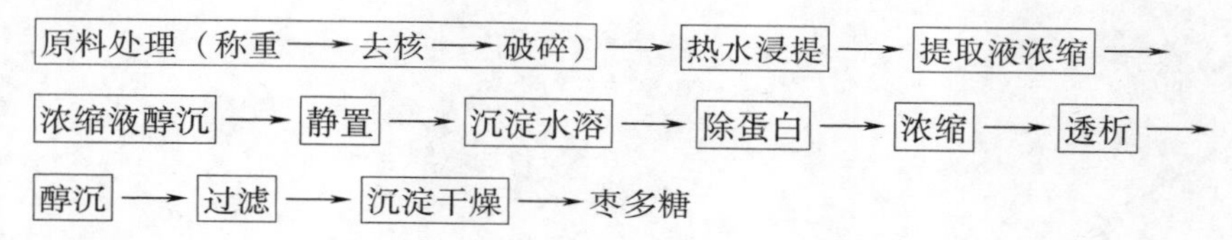

2. 操作要点

（1）原料处理　选用新鲜小枣称重，去核，加 1 倍体积的蒸馏水，用打浆机破碎。

（2）热水浸提　打浆后的枣原料按 1∶10 的料水比加入蒸馏水，设置水浴锅温度 80℃，提取 2h。过滤后将滤渣再重复提取两次，提取时间分别为 30min，合并提取液，用真空管旋转蒸发器浓缩至原体积的 1/2。

（3）醇沉　将浓缩液冷却后缓慢的加入 3 倍体积（温度为 5℃ 预冷）95% 的乙醇，5℃ 静置 3h 以上。转速 3000r/min 下离心 15min 后收集沉淀，上清液继续回收乙醇，沉淀用 1 倍去离子水溶解，混匀静置得粗多糖溶液。

（4）去除蛋白　将粗多糖溶液加入 Sevage 试剂（氯仿∶正丁醇 = 4∶1，混合摇匀）后置恒温振荡器中恒温过夜，使蛋白质充分沉淀，离心（3000r/min）分离，去除蛋白质。

（5）浓缩、透析、醇沉　将上述离心后的液体浓缩至原体积的一半以后，透析，加入 4 倍体积的乙醇沉淀多糖，醇含量 70% 以上，静置过夜。将沉淀抽滤，依次用 95% 乙醇、无水乙醇洗涤沉淀。将沉淀烘干或冷冻干燥，得枣多糖。

六、注意事项

在粗多糖溶液中加入氯仿 - 正丁醇混合溶液进行充分振摇，将游离蛋白变性成为不溶性物质，经离心分离去除，可达到去除的目的。此法的优点是条件温和，不会引起多糖的变性。

思考题

1. 热水浸提多糖的关键条件有哪些?
2. 乙醇沉淀法提取多糖的关键条件及原理是什么?
3. 多糖进一步分离纯化的方法有哪些?
4. 多糖提纯中除蛋白的方法有哪些?

第三章

食品分析实验

实验一 食品水分含量的测定

一、知识准备

食品中水分的测定方法有直接干燥法、减压干燥法、蒸馏法、卡尔·费休法。

直接干燥法适用于在101~105℃下，不含或含其他挥发性物质甚微的谷物及其制品、水产品、豆制品、乳制品、肉制品及卤菜制品等食品中水分的测定，不适用于水分含量小于0.5g/100g的样品。

减压干燥法适用于糖、味精等易分解的食品中水分的测定，不适用于添加了其他原料的糖果，如乳糖、软糖等试样测定，同时该法不适用于水分含量小于0.5g/100g的样品。

蒸馏法适用于含较多挥发性物质的食品，如油脂、香辛料等水分的测定，不适用于水分含量小于1g/100g的样品。

卡尔·费休法简称费休法，是1935年由卡尔·费休（Karl Fischer）提出的。卡尔·费休法适用于食品中水分的测定，卡尔·费休容量法适用于水分含量大于1.0×10^{-3}g/100g的样品，卡尔·费休库仑法适用于水分含量大于1.0×10^{-5}g/100g的样品。

二、实验目的

1. 掌握卡尔费休法测定水分的原理与方法。
2. 掌握卡尔费休法水分测定仪的原理及操作要点。

三、实验原理

实验的基本原理是利用碘氧化二氧化硫时，需要一定量的水参加反应：

$$I_2+SO_2+2H_2O=2HI+H_2SO_4$$

上述反应是可逆的。为了使反应向正方向移动并定量进行，须加入碱性物质。实验证明，吡啶是最适宜的试剂，同时吡啶还具有可与碘和二氧化硫结合以降低二者蒸气压的作用。因此，试剂必须加进甲醇或另一种含活泼—OH的溶剂，使硫酸酐吡啶转变成稳定的甲基硫酸氢吡啶。总反应式如下：

$$C_5H_5N\cdot I_2+C_5H_5N\cdot SO_2+C_5H_5N+H_2O+CH_3OH\longrightarrow 2C_5H_5N\cdot HI+C_5H_6N[SO_4CH_3]$$

以合适的溶剂溶解样品（或萃取出样品中的水），用已知滴定度的卡尔·费休试剂滴定（由碘、二氧化硫、吡啶、甲醇组成），用目测法（对于无色溶液）或永停法（对于带有颜色或呈浑浊状的试液）确定滴定终点，即可测出样品中的水的质量分数。

四、材料与试剂

1. 实验材料

水。

2. 主要试剂

卡尔·费休试剂；无水甲醇。

五、实验步骤

1. 卡尔·费休试剂的标定

于反应瓶中加入30mL无水甲醇（浸没铂电极），在搅拌下用卡尔·费休试剂滴定其中痕量水，滴定至终点。然后用微量注射器准确注入0.01g水，用卡尔·费休试剂滴定到终点，记录卡尔·费休试剂的用量（V）。

卡尔·费休试剂对水的滴定度（T），按下式计算。

$$T=\frac{G\times1000}{V} \tag{3-1}$$

式中 T——卡尔·费休试剂对水的滴定度，mg/mL；

G——水的质量，g；

V——滴定消耗的卡尔·费休试剂体积，mL。

2. 样品中水分的测定

于反应瓶中加30mL无水甲醇（浸没铂电极），用卡尔·费休试剂滴定其中痕量水，滴定至终点，并保持1min不变（不记录试剂用量）。打开加料口迅速将称好的试样加到反应器中，立即盖上，试样被充分摇匀，使其中的水分被甲醇充分萃取后，用卡尔·费休试剂滴定至终点并保持1min不变，记录卡尔·费休试剂的用量。

六、结果计算

样品中水分的质量分数按下式计算：

$$w=\frac{T\times V}{10\times m}\times100\% \tag{3-2}$$

式中 w——样品中水分的质量分数，%；

V——滴定样品时所用卡尔·费休试剂的体积，mL；

T——卡尔·费休试剂对水的滴定度，mg/mL；

m——样品质量，g。

七、注意事项

1. 此法适用于食品中糖果、巧克力、油脂、乳糖和脱水果蔬类等样品。
2. 样品中有强还原性物料，包括维生素C的样品不能测定。
3. 卡尔·费休法不仅可测得样品中的自由水，而且可测出结合水，即此法测得的结果能更客观地反映出样品中总水分含量。

4. 固体样品细度以40目为宜，最好用粉碎机而不用研磨，防止水分损失。

1. 卡尔·费休试剂为什么要标定?
2. 本实验中哪些因素影响实验结果的准确?

实验二 凯氏定氮法测定食品中的蛋白质含量

一、知识准备

食品中蛋白质的测定方法有凯氏定氮法、分光光度法和燃烧法。

凯氏定氮法和分光光度法适用于各种食品中蛋白质的测定，燃烧法适用于蛋白质含量在10g/100g以上的粮食、豆类、乳粉、米粉、蛋白质粉等固体试样的筛选测定。以上方法不适用于添加无机含氮物质、有机非蛋白质含氮物质的食品测定。

凯氏定氮法是测定化合物或混合物中总氮量的一种方法，此法是经典的蛋白质定量方法。

二、实验目的

1. 掌握凯氏定氮法测定食品中蛋白质的原理。
2. 掌握凯氏定氮法中样品消化、蒸馏、吸收、滴定等基本操作。

三、实验原理

食品中的蛋白质在催化加热条件下被分解，产生的氨与硫酸结合生成硫酸铵。碱化蒸馏使氨游离，用硼酸吸收后以硫酸或盐酸标准滴定溶液滴定，根据酸的消耗量乘以换算系数，即为蛋白质的含量。

食品中的蛋白质用浓硫酸消化，使样品中的含氮有机物分解出氨，氨与硫酸化合形成硫酸铵。分解反应进行得很慢，可加入硫酸铜及硫酸钾或硫酸钠来促进该反应，其中硫酸铜为催化剂，硫酸钾或硫酸钠可提高消化液的沸点。氧化剂过氧化氢也能加速反应。消化结束后，在凯氏定氮仪中加入强碱碱化消化液，可使硫酸铵分解，放出氨。用水蒸气蒸馏法，将氨蒸入过量标准无机酸溶液（硼酸）中，用标准盐酸溶液滴定所生成的硼酸铵，从消耗的盐酸标准液计算出总氮量，再折算为粗蛋白含量。

以甘氨酸为例，该过程的化学反应如下：

消化：

$$NH_3CH_2COOH + 3H_2SO_4 = 2CO_2 + 3SO_2 + 4H_2O + NH_3$$

$$2NH_3 + H_2SO_4 = (NH_4)_2SO_4$$

蒸馏：

$$(NH_4)_2SO_4 + 2NaOH = 2H_2O + Na_2SO_4 + 2NH_3$$

吸收：$NH_3 + 4H_3BO_3 = NH_4HB_4O_7 + 5H_2O$

滴定：$NH_4HB_4O_7 + HCl + 5H_2O = NH_4Cl + 4H_3BO_3$

四、材料与试剂

1. 实验材料

黄豆粉。

2. 主要试剂

浓硫酸；30%氢氧化钠溶液；2%～4%硼酸溶液；0.1mol/L盐酸溶液；催化剂：硫酸钾－硫酸铜混合物（K_2SO_4：$CuSO_4 \cdot 5H_2O$＝3.5g：0.4g）。

五、实验步骤

1. 消化

准确称取粉碎均匀的黄豆粉0.5g左右，小心移入干燥的消化瓶中，加入适量催化剂及10mL浓硫酸，按要求安装好消化装置后，设置好消化程序，打开冷凝水，开始消化程序。消化程序结束后，消化至溶液透明呈蓝绿色，冷却至室温。同时做空白对照。

2. 蒸馏及滴定

按要求安装好蒸馏仪，并将蒸馏仪与自动电位滴定仪连接好。将所需试剂装到相应的试剂瓶中。设置好蒸馏程序及滴定程序后，将冷却好的消化管装到蒸馏仪上，打开冷凝水，然后开始程序。

六、结果计算

$$X = \frac{(V_1 - V_2) \times c \times 0.0140}{m} \times F \times 100\%$$

式中　X——试样中蛋白质的含量，g/100g；

c——HCl标准溶液的浓度，mol/L；

V_1——滴定样品吸收液消耗的HCl标准溶液的体积，mL；

V_2——滴定样品空白液消耗的HCl标准溶液的体积，mL；

0.0140——1.0mL盐酸［c_{HCl}＝1.000mol/L］标准滴定溶液相当的氮的质量，g；

m——试样的质量或体积，g或mL；

F——氮换算为蛋白质的系数。一般食物为6.25，乳制品为6.38，面粉为5.70，玉米、高粱为6.24，花生为5.46，米为5.95，大豆及其制品为5.71，肉与肉制品为6.25，大麦、小米、燕麦、裸麦为5.83，芝麻、向日葵5.30。

七、注意事项

1. 用称量纸将样品加入到消化管底部时，勿黏附在瓶壁上。

2. 使用浓硫酸等强腐蚀性试剂时，注意勿沾染皮肤。

1. 测定蛋白质含量时，硫酸铜起到哪些作用?
2. 蒸馏时加入 NaOH 后应出现什么现象? 为什么?

实验三 索氏提取法测定食品中的脂肪含量

一、知识准备

脂肪是食品中重要的营养成分，为人体提供较高的热量，也是脂溶性物质如维生素A、维生素D等人体所需物质的良好溶剂，是预包装食品营养标签中必须标注含量的成分。索氏提取法是食品中脂肪检测的经典方法。

二、实验目的

1. 掌握索氏提取法检测食品中脂肪的原理。
2. 熟悉索氏提取法检测食品中脂肪的步骤。

三、实验原理

索氏提取法利用溶剂回流和虹吸原理，萃取效率较高，萃取前先将样品磨碎，然后将样品置于滤纸套内并放置于萃取室中。用无水乙醚或石油醚等溶剂抽提后，蒸去溶剂所得的物质，除脂肪外，还含有色素、挥发油、树脂等醚溶性物质，称为粗脂肪。抽提法所测得的脂肪为游离脂肪。

四、材料与试剂

1. 实验材料

用于检测的食品材料。

2. 主要试剂

无水乙醚或石油醚；石英砂。

五、实验步骤

1. 试样处理

（1）固体试样　谷物或干燥制品用粉碎机粉碎过40目筛；称取2.00~5.00g，全部移入滤纸筒内。

（2）液体或半固体试样　称取5.00~10.00g，置于蒸发皿中，加入约20g石英砂于沸水浴上蒸干后，在（100±5）℃下干燥，研细，全部移入滤纸筒内。蒸发皿及附有试样的玻棒，均用沾有乙醚的脱脂棉擦净，并将棉花放入滤纸筒内。

2. 抽提

将滤纸筒放入脂肪抽提器的抽提筒内，连接已干燥至恒量的接收瓶，由抽提器冷凝管上端加入无水乙醚或石油醚至瓶内容积的2/3处，于水浴上加热，使乙醚或石油醚不断回流提取（6～8次/h），一般抽提6～12h。

3. 称量

取下接收瓶，回收乙醚或石油醚，待接收瓶内乙醚剩1～2mL时在水浴上蒸干，再于(100±5)℃干燥2h，置于干燥器内冷却0.5h后称重。重复以上操作直至恒重。

六、结果计算

$$X = \frac{m_1 - m_0}{m_2} \times 100\%$$

式中 X——试样中粗脂肪的含量，g/100g；

m_1——接收瓶和粗脂肪的质量，g；

m_0——接收瓶的质量，g；

m_2——试样的质量，g。

计算结果保留到小数点后一位。

实验四　葡萄酒中有机酸含量的测定

一、知识准备

葡萄酒是新鲜葡萄果实经酒精发酵后所获得的酒精饮料，葡萄酒中有机酸的种类和含量会影响葡萄酒的品质和风味，所以对葡萄酒中有机酸种类和含量进行检测具有非常重要的意义。RP－HPLC法常用于葡萄酒有机酸的检测，具有较高的准确性和可靠性。

二、实验目的

1. 了解葡萄酒中有机酸的类型。
2. 掌握HPLC检测有机酸的方法。

三、实验原理

以$(NH_4)_2HPO_4-H_3PO_4$缓冲液为流动相，C18色谱柱分离，于210nm处经紫外检测器检测，用峰高或峰面积标准曲线测定有机酸的含量。

四、材料与试剂

1. 实验材料

葡萄酒。

2. 主要试剂

（1）本方法所用试剂均为分析纯，实验用水为重蒸水或同等纯度的水，经0.45μm膜过滤。

（2）80%乙醇；

（3）1mol/L 磷酸氢二铵溶液；

（4）1mol/L 磷酸；

（5）有机酸标准储备液　称酒石酸、苹果酸、柠檬酸各 0.5000g，丁二酸 0.1000g；用水溶解后，定容至 50mL，得到的酒石酸、苹果酸、柠檬酸的浓度均为 10mg/mL，丁二酸为 2.0mg/mL；

（6）有机酸标准使用液　取 5.00mL 标准储备液于 50mL 容量瓶中，用超滤水稀释至刻度。酒石酸、苹果酸、柠檬酸的浓度分别为 1.0mg/mL，丁二酸为 0.2mg/mL。

五、实验步骤

1. 准确吸取 5.00mL 试样，加热搅拌 10min 除去乙醇，加入 0.2mL 1mol/L 磷酸，用水稀释至 10mL，经 0.45μm 膜过滤，待测。

2. 标准曲线的绘制

取标准使用液 0.50mL、1.00mL、2.00mL、5.00mL、10.00mL，加入 0.2mL 1mol/L 磷酸，用水稀释至 10mL，混匀。进样 20μL，于 210nm 处测量峰高或峰面积，每个浓度重复进样 2 次，取平均值。以有机酸的浓度为横坐标，色谱峰高或峰面积的均值为纵坐标，绘制标准曲线。

3. 试样测定

在与绘制标准曲线相同的色谱条件下，取 20μL 试样注入色谱仪，根据标准曲线求出样液中有机酸的浓度。

色谱条件：

色谱柱：C_{18} 柱，5μm，4.6nm × 250mm；

流动相：0.01mol/L 磷酸氢二铵，用 1mol/L 磷酸调至 pH = 2.70，临用前用超声波脱气；

流速：1mL/min；

进样量：20μL；

紫外检测器波长：210nm。

六、结果计算

$$X = \frac{c \times 10}{5}$$

式中　X——试样中有机酸的含量，mg/L；

c——由标准曲线中求得样液中有机酸的浓度，mg/L；

10——试样的最后定容体积，mL；

5——用于分析的试样体积，mL。

实验五 饮料中山梨酸、苯甲酸含量的测定

一、知识准备

食品添加剂是为了改善食品色、香、味等品质，以及为防腐和加工工艺的需要而加入食品中的人工合成物或者天然物质，这些物质被广泛使用在食品工业中。苯甲酸和山梨酸是常用的防腐剂，在一定的pH下，能够起到抑制细菌、真菌繁殖的作用，从而延长食品的货架期。食品安全法中对防腐剂的使用范围和添加量有严格限制，在其规定范围内使用苯甲酸和山梨酸不会对人体造成危害，因此对其含量进行测定有其重要意义。国家标准中用色谱法进行检测，包括气相色谱、高效液相色谱和薄层色谱法，该实验用气相色谱法对山梨酸和苯甲酸进行检测。

二、实验目的

1. 掌握国家标准气相色谱法测定饮料中山梨酸、苯甲酸的原理及测定方法。
2. 熟悉气相色谱仪的操作方法。

三、实验原理

样品经酸化后，用乙醚提取山梨酸、苯甲酸，用附氢火焰离子化检测器的气相色谱仪进行分离测定，与标准系列比较定量。

四、材料与试剂

1. 实验材料

果汁。

2. 主要试剂

（1）乙醚 不含过氧化物；

（2）石油醚 沸程30~60℃；

（3）盐酸；

（4）无水硫酸钠；

（5）盐酸（1+1） 取100mL盐酸，加水稀释至200mL；

（6）氯化钠酸性溶液（40g/L） 于氯化钠溶液（40g/L）中加少量盐酸（1+1）酸化；

（7）山梨酸、苯甲酸标准溶液 准确称取山梨酸、苯甲酸各0.2000g，置于100mL容量瓶中，用石油醚-乙醚（3+1）混合溶剂溶解后并稀释至刻度，此溶液每毫升相当于2.0mg山梨酸或苯甲酸；

（8）山梨酸、苯甲酸标准使用液 吸取适量的山梨酸、苯甲酸标准溶液，以石油醚-乙醚（3+1）混合溶剂稀释至每毫升相当于20μg、40μg、60μg、80μg、100μg、120μg山梨酸或苯甲酸。

五、实验步骤

1. 样品提取

称取 2.50g 事先混合均匀的样品，置于 25mL 带塞量筒中，加 0.5mL 盐酸（1+1）酸化，用 15mL、10mL 乙醚提取两次，每次振摇 1min，将上层乙醚提取液吸入另一个 25mL 带塞量筒中。合并乙醚提取液。用 3mL 氯化钠酸性溶液（40g/L）洗涤两次，静止 15min，用滴管将乙醚层通过无水硫酸钠滤入 25mL 容量瓶中。加乙醚至刻度，混匀。准确吸取 5mL 乙醚提取液于 5mL 带塞刻度试管中，置 40℃ 水浴挥干，加入 2mL 石油醚 - 乙醚（3+1）混合溶剂溶解残渣，备用。

2. 气相色谱参考条件

（1）色谱柱　玻璃柱，内径 3mm，长 2m，内装涂以 5%（*m/m*）DEGS+1%（*m/m*）H_3PO_4 固定液的 60~80 目 ChromosorbW AW。

（2）气流速度　载气为氮气，50mL/min（氮气和空气、氢气之比按各仪器型号不同选择各自的最佳比例条件）。

（3）温度　进样口 230℃；检测器：230℃；柱温 170℃。

3. 测定

进样 2μL 标准系列中各浓度标准使用液于气相色谱仪中，可测得不同浓度山梨酸、苯甲酸的峰高，以浓度为横坐标，相应的峰高值为纵坐标，绘制标准曲线。

同时进样 2μL 样品溶液。测得峰高值与标准曲线比较定量。

六、结果计算

$$X_1 = \frac{cV}{m \times \frac{5}{25} \times 1000}$$

式中　X_1——样品中山梨酸、苯甲酸的含量，g/kg；

c——测定用样品中山梨酸、苯甲酸的含量，μg/mL；

V——加入石油醚 - 乙醚（3+1）混合溶剂的体积，mL；

m——样品的质量，g；

5——测定时吸取乙醚提取液的体积，mL；

25——样品乙醚提取液的总体积，mL。

由测得苯甲酸的量乘以 1.18，即为样品中苯甲酸钠的含量。计算结果保留两位小数。

七、注意事项

1. 稳压阀、针型阀的调节须缓慢进行，稳压阀不工作时，必须放松调节手柄（顺时针旋转）。针型阀不工作时，应将阀门处于“开”的状态（逆时针旋转）。

2. 使用热导池检测器时，必须先开载气，后开热导池电源；关闭时，则先关电源后关载气，以防烧断钨丝。

3. 进样器的硅橡胶密封垫圈应注意及时更换。

影响外标标准曲线法分析准确度的主要因素有哪些?

实验六　原子吸收法测定食品中的锌含量

一、知识准备

对于生长发育期的儿童和青少年，食品中的微量元素——锌的摄入尤为重要，如果缺乏严重会导致发育不良。

食品中锌含量测定的方法有火焰原子吸收光谱法、电感耦合等离子体发射光谱法、电感耦合等离子体质谱法和二硫腙比色法。适用于各类食品中锌含量的测定。

二、实验目的

1. 掌握原子吸收光谱仪的工作原理及操作方法。
2. 掌握茶叶的消解方法。
3. 掌握数据处理方法。

三、实验原理

原子吸收光谱分析主要用于定量分析，它的基本依据如下所述。

将一束特定波长的光投射到被测元素的基态原子蒸汽中，原子蒸汽对这一波长的光产生吸收，未被吸收的光则透射过去。在一定浓度范围内，被测元素浓度 c，入射光强 I_0，和透射光强 I_t 三者之间的关系符合 Lambeert - Beer 定律：$I_t = I_0$（$10 - abc$）。式中 a 为被测组分对某一波长光的吸收系数，b 为光经过的火焰的长度。根据这一关系可由工作曲线法或标准加入法来测定未知溶液中某元素的含量。

锌是原子化的敏感元素。测定条件的变化、干扰离子的存在等因素都会严重影响它在火焰中的原子化效率，从而影响锌的灵敏度的测定。

四、材料与试剂

1. 实验材料

茶叶：将绿茶于70℃烘箱内烘干1h，保干器中保存待用。

2. 主要试剂

（1）锌标准储备液　10μg/mL；

（2）消解液　浓硝酸与高氯酸按4∶1混合；

（3）浓硝酸　分析纯；

（4）高氯酸　分析纯；

所用玻璃仪器均以（1+5）硝酸浸泡过夜，用自来水反复冲洗后，去蒸馏水洗干净。

五、实验步骤

1. 制作锌标准曲线

准确移取锌标准储备液（10μg/mL）0.00、1.00、2.00、3.00、4.00、5.00mL 于 50mL 容量瓶中，蒸馏水稀释到刻度，配制浓度为：0.20、0.40、0.60、0.80、1.00μg/mL 锌标准溶液，分别在原子吸收光谱仪上测定吸光度。

2. 茶叶中锌的浸出

称取烘干后的茶叶两份各 2g 于两个小烧杯中：

一份茶叶加入 30mL 加热至沸的蒸馏水浸泡，自然冷却至室温。将溶液采用常压过滤，转移到 100mL 容量瓶中，再次在小烧杯中加入 30mL 加热至沸的蒸馏水浸泡，自然冷却至室温，常压过滤，与第一次滤液合并，最后将茶叶全部转移到漏斗中，蒸馏水少量多次洗涤，滤液合并，蒸馏水定容到 100mL 刻度，用原子吸收光谱仪测定吸光度。

另一份茶叶加入 60mL 加热至沸的蒸馏水浸泡，自然冷却至室温，将溶液采用常压过滤，转移到 100mL 容量瓶中，最后将茶叶全部转移到漏斗中，蒸馏水少量多次洗涤，滤液合并，蒸馏水定容到 100mL 刻度，用原子吸收光谱仪测定吸光度。

3. 茶叶的消解

称取 2g 烘干后的茶叶于锥形瓶中，加入 40mL 消解液（$HNO_3 + HClO_4 = 4 + 1$），在电热板上加热消化至瓶内产生浓白烟后蒸干，冷却至室温后，再加入少量蒸馏水，加热蒸干，去除高氯酸。取下冷却后，用蒸馏水将样品转移至 100mL 容量瓶中定容。用原子吸收光谱仪测定吸光度。

4. 原子吸收光谱仪测定锌的实验条件

（1）波长　213.9nm；

（2）灯电流　5mA；

（3）狭缝　0.4nm；

（4）火焰类型　贫焰。

根据实验数据，确定乙炔流速（L/min）、空气流速（L/min）、负高压（mV）、燃烧器高度（mm）。

六、结果计算

1. 以锌浓度为横坐标，吸光度为纵坐标绘制标准曲线，并用最小二乘法计算锌标准曲线的斜率、截距及回归方程：

$$Y = bX + a$$

式中　Y——标准曲线中每份溶液的吸光度；

X——标准曲线中每份溶液的锌含量，μg/mL；

a——标准曲线回归方程式中的截距，

b——标准曲线回归方程式中的斜率，吸光度 mL/μg。

2. 按下式计算出茶叶中锌的浓度

$$c_{Zn} = \frac{(A - A_0 - a) \times B_s}{m} \times 100$$

式中 c_{Zn}——茶叶中锌的浓度，μg/g；

A——样品溶液的吸光度；

A_0——空白溶液的吸光度；

B_s——样品测定时的计算因子，即标准曲线回归方程式中斜率的倒数，μg/mL 吸光度；

m——茶叶的质量，g。

七、注意事项

1. 合理确定原子吸收吸光度的测定条件。
2. 茶叶消解时，加热消化蒸干后，一定要冷却至室温再加入蒸馏水定容。

思考题

1. 如何选择原子吸收光谱仪的分析条件?
2. 简述不同类型的火焰的性质与作用。

实验七 气相色谱法测定核桃中的脂肪酸含量

一、知识准备

脂肪酸是人体主要的能量来源，是机体正常代谢不可缺少的物质。食品中含有多种脂肪酸，其中油酸是最为普遍的一种脂肪酸，几乎存在于所有的植物油和动物脂肪中；亚油酸和亚麻酸是人体不能合成的必需脂肪酸，对人体脂质代谢非常重要。本实验采用石油醚提取核桃中的脂肪，用气相色谱法测定核桃油中油酸、亚油酸、亚麻酸的含量。

二、实验目的

1. 学习从核桃中提取脂肪酸的方法；
2. 掌握气相色谱法测定脂肪酸的原理和方法。

三、实验原理

将经前处理的核桃油脂溶解在正庚烷中，加入氢氧化钾溶液通过酯交换甲酯化，反应完全后，用硫酸氢钠中和剩余的氢氧化钾，以避免甲酯皂化。气相色谱测定其中脂肪酸含量。

四、材料与试剂

1. 实验材料

核桃仁。

2. 主要试剂

（1）石油醚　沸程30～60℃；

（2）KOH－甲醇溶液　将13.1g KOH溶于100mL无水甲醇中，可轻微加热。加入无水硫酸钠，过滤，得澄清溶液；

（3）正庚烷　色谱纯；

（4）硫酸氢钠；

（5）标准品　油酸甲酯、亚油酸甲酯、亚麻酸甲酯。

五、实验步骤

1. 前处理

称取5g粉碎核桃仁，加50mL石油醚（沸程30～60℃），充分混匀，避光浸提30h，普通漏斗过滤，上清用旋转蒸发装置（水温35～40℃，减压）将石油醚蒸干。蒸馏瓶中即得核桃油样品。

2. 标准曲线的制作

（1）母液的配制　分别称取油酸甲酯、亚油酸甲酯、亚麻酸甲酯标准品500mg、1000mg、200mg，分别用正庚烷定溶于5mL容量瓶中。分别得到浓度为100mg/mL油酸甲酯，200mg/mL亚油酸甲酯，40mg/mL亚麻酸甲酯的母液。

（2）梯度标准液的配制　分别量取表3－1中体积数，转移到5mL容量瓶中，加正庚烷定溶至刻度。

表3－1　标准液的配制

编号	油酸甲酯/mL	亚油酸甲酯/mL	亚麻酸甲酯/mL
1	0.25	0.25	0.25
2	0.50	0.50	0.50
3	0.75	0.75	0.75
4	1.00	1.00	1.00
5	1.25	1.25	1.25

（3）气相色谱测定　依次量取（2）中梯度标准液1μL，进气相色谱分析，记录其峰面积。

测试条件：载气为高纯氮气，柱流量3mL/min，分流比50∶1，氢气流量40mL/min，空气流量400mL/min，进样口温度250℃，检测器温度260℃，柱温140℃恒温分析。

以峰面积为纵坐标，梯度标准液浓度为横坐标，分别做出三种脂肪酸甲酯的标准曲线。

3. 核桃油脂肪酸的测定

（1）油样的甲酯化　称取样品油样 0.1500g 于具塞试管中，加入 6mL 正庚烷，振摇使油样溶解。加入 1mL 的 2mol/L 的 KOH－甲醇溶液，盖塞猛烈振摇 30s，静置 10min。加入 1g $NaHSO_4$，振摇 30s，静置 5min，取上层清液待测。

（2）气相色谱测定　按照标准曲线制作（3）中方法进行测定。

六、结果计算

核桃油中油酸、亚油酸、亚麻酸的含量按下式计算：

$$X = \frac{c \times 6}{m}$$

式中　X——核桃油中油酸、亚油酸、亚麻酸的含量，mg/g；

c——油样品的油酸、亚油酸、亚麻酸峰面积对应标准曲线得到的脂肪酸含量，mg/mL；

6——稀释的体积，mL；

m——核桃油样品的实际称量质量，g。

七、注意事项

1. 提取核桃油时，石油醚要蒸发完全。
2. 皂化时要充分混匀，保证脂肪酸完全皂化。

思考题

1. 本实验过程中，确保结果准确的关键点有哪些？
2. 为什么实验用的所有器皿要求是干燥的？

实验八　保健食品中洛伐他汀含量的测定

一、知识准备

洛伐他汀（Lovastatin）具有调整血脂的作用，在保健食品中运用广泛，但对人体肝、肾功能有副作用，所以，监测保健食品中洛伐他汀的含量非常必要。

二、实验目的

1. 了解测定红曲中洛伐他汀含量测定的意义。
2. 掌握高效液相色谱法测定红曲中洛伐他汀方法。

三、实验原理

将红曲样品混合均匀，使用 75% 乙醇超声提取其中的洛伐他汀，离心去除不溶残渣，取上清液用反相高效液相色谱分离出洛伐他汀，并用紫外检测器在238nm波长下检测。利用被测组分与标准品的保留时间定性，利用被测组分峰面积与标准品的峰面积之比进行定量。

四、材料与试剂

1. 实验材料

红曲样品。

2. 主要试剂

（1）流动相　甲醇（色谱纯）：去离子水：磷酸（分析纯）=385：115：0.14（V/V）。

（2）75%乙醇。

（3）洛伐他汀标准储备液　准确称取洛伐他汀（内酯）标准品40.0mg，以流动相定容100mL。此溶液浓度为400μg/mL。

（4）洛伐他汀标准工作液　准确量取洛伐他汀标准储备液1mL，以流动相定容10mL。此溶液浓度为40μg/mL。

五、实验步骤

1. 试样处理

将红曲充分混合均匀。准确称取200.0～300.0mg试样于25mL容量瓶中。加入15mL 75%乙醇摇匀，室温下超声20min（工作频率40kHz）。加75%乙醇至接近刻度，再超声10min，冷却至室温，用75%乙醇定容至25mL，摇匀静置。取上清液过0.45μm孔径微孔滤膜，滤液待测。

2. 液相色谱条件

（1）色谱柱　C_{18}柱，4.6mm×250mm，5μm；

（2）柱温　室温；

（3）紫外检测器　238nm；

（4）流动相　甲醇：水：磷酸=385：115：0.14（V/V），pH=3.0；

（5）流速　1.0mL/min；

（6）进样量　20μL。

3. 色谱分析

将处理好的样品提取液20μL进样，与标准溶液保留时间对照定性，用被测组分洛伐他汀峰面积与标准洛伐他汀的峰面积之比进行定量。

六、结果计算

$$X = \frac{h_1 \times c \times 25}{h_2 \times m}$$

式中　X——试样中洛伐他汀的含量，mg/g；

h_1——样品中洛伐他汀峰面积；

h_2——标准洛伐他汀溶液峰面积；

c——标准洛伐他汀溶液浓度，mg/mL；

25——试样定容体积，mL；

m——试样称取量，g。

计算结果保留小数点后两位有效数字。

实验九　茶叶儿茶素类的 HPLC 检测

一、知识准备

茶叶在我国饮食文化中占有重要地位，经过现代科学的分离和鉴定，发现其中有机化学成分达400种，矿物元素达40多种。茶多酚是绿茶中产生涩味的主要成分，同时也是茶叶中主要的活性物质，对人体健康有一定的作用。儿茶素类物质约占茶多酚总量的70%，其水溶液具有收敛性，其中儿茶素（C）、表儿茶素（EC）、表没食子儿茶素没食子酸酯（EGCG）、表没食子儿茶素（EGC）和表儿茶素没食子酸酯（ECG）对茶叶苦涩味的贡献较大，在茶叶品质的研究中，儿茶素类含量的测定至关重要。通过HPLC可以同时检测这几类物质。

二、实验目的

1. 掌握HPLC同时检测多种物质的定性定量方法。
2. 了解茶叶中儿茶素类物质的种类。

三、实验原理

茶叶磨碎试样中的儿茶素类物质用70%的甲醇溶液提取，采用C18柱、检测波长278nm、梯度洗脱、HPLC分析，用儿茶素类标准物质外标法直接定量。

四、材料与试剂

1. 实验材料

（1）茶叶；

（2）色谱柱　C_{18}（粒径5μm，250mm×4.6mm）。

2. 主要试剂

（1）乙腈（色谱纯）、甲醇（色谱纯）、乙酸；

（2）EDTA溶液　10mg/mL（现配）；

（3）70%甲醇（V/V）；

（4）标准品储备溶液　分别准确称取标准品C、EC、EGC、ECG和EGCG各1.00mg于10mL容量瓶中，用适量70%甲醇溶剂溶解，用水定容至刻度，放于4℃冰箱中备用；

（5）流动相A　将90mL色谱纯乙腈、1mL乙酸、2mL EDTA加入1000mL容量瓶中，用水定容至刻度，摇匀，用0.45μm过滤；

（6）流动相B　将800mL色谱纯乙腈、20mL乙酸、2mL EDTA加入1000mL容量瓶中，用水定容至刻度，摇匀，用0.45μm过滤。

五、实验步骤

1. 儿茶素提取

称取0.2g（精确至0.0001g）均匀磨碎的试样于10mL离心管中，加入5mL于70℃预热的70%甲醇溶液，用玻璃棒充分搅拌均匀，在70℃水浴中浸提10min（5min搅拌1次）浸提后冷却至室温，转入离心机在3500r/min转速下离心10min，将上清液转移至10mL容量瓶。残渣重复提取1次。合并提取液，定容至10mL。取2mL过滤后的提取液至10mL容量瓶，用70%甲醇定容至刻度，摇匀，过0.45μm膜，待测。

2. 测定

待流速和柱温稳定后，进行空白运行。准确吸取10μL混合标准系列工作液注射入HPLC。在相同的色谱条件下注射10μL测试液。以峰面积定量。

色谱条件：流动相流速：1mL/min；　柱温：35℃；

上样量：10μL；紫外检测器：$\lambda = 278$nm；

洗脱梯度：

时间	流动相
0min	95% A
5min	90% A
15min	90% A
20min	80% A
25min	90% A
30min	95% A

六、结果计算

以儿茶素类标准物质定量，按下式计算：

$$X = \frac{A \times F \times V \times d}{m \times 10^6} \times 100\%$$

式中　X——所测样品中某儿茶素的含量，%；

A——所测样品中被测成分的峰面积；

F——所测成分的校正因子（浓度/峰面积，浓度单位μg/mL）；

V——样品提取液的体积，mL；

d——稀释因子（由2mL稀释至10mL，等于5）；

m——样品称取量，g。

实验十　鸡蛋中胆固醇含量的测定

一、知识准备

胆固醇存在于人体的所有组织中，是人类维持正常生理活动所必需的。但人体内胆固醇含量过高将引起高血脂，并进而引发动脉粥样硬化、高血压、冠心病等一系列心血管疾病。鸡蛋是人们公认的营养食品，也是胆固醇富集的食品之一，来源于鸡蛋中的胆固醇与来源于其他食品的胆固醇相比更易导致人体血清胆固醇水平的提高。胆固醇的定量分析方法，主要有比色法、酶法、气相色谱法和高效液相色谱法。比色法测定胆固醇创立于20

世纪50年代初期，最先用于血液胆固醇水平的检测，后来逐渐食品中胆固醇测定的经典方法。

二、实验目的

1. 理解并掌握比色法测定胆固醇的原理。
2. 熟悉比色法测定胆固醇的方法与步骤。

三、实验原理

胆固醇类化合物与酸作用时，可脱水并发生聚合反应，产生有色物质。因此可先对食品样品进行提取和皂化，用硫酸铁铵试剂作为显色剂，测定食品中胆固醇的含量。

四、材料与试剂

1. 实验材料

新鲜鸡蛋。

2. 主要试剂

（1）石油醚；

（2）无水乙醇；

（3）浓硫酸；

（4）冰乙酸　优级纯；

（5）磷酸；

（6）胆固醇标准储备液（1mg/mL）　精确称取胆固醇100mg，溶于冰乙酸中，并定容至100mL。此液2个月内稳定。

（7）胆固醇标准常备液（100μg/mL）　吸取胆固醇标准储备液10mL，用冰乙酸定容至100mL。此液临用时配制。

（8）铁矾储备液　溶解4.463g硫酸铁铵［$FeNH_4(SO_4)_2 \cdot H_2O$］于100mL 85%磷酸中，储于干燥器内，此液在室温中稳定。

（9）铁矾显色液　吸取铁矾储备液10mL，用浓硫酸定容至100mL。储于干燥器内，以防吸水。

（10）50%氢氧化钾溶液　称取50g氢氧化钾，用蒸馏水溶解，并稀释至100mL。

（11）5%氯化钠溶液　称取5g氯化钠，用蒸馏水溶解，并稀释至100mL。

（12）钢瓶氮气　纯度99.99%。

五、实验步骤

1. 胆固醇标准线

吸取胆固醇标准常备液0.0mL、0.5mL、1.0mL、1.5mL、2.0mL分别置于10mL试管内，在各管内加入冰乙酸使总体积皆达4mL。沿管壁加入2mL铁矾显色液，混匀，15～90min在560～575nm波长下比色。以胆固醇标准浓度为横坐标，吸光度值为纵坐标做标准曲线。

2. 样品测定

取鲜蛋黄 100mg 置于 25mL 试管内，准确记录其重量。加入 4mL 无水乙醇，0.5mL 50%氢氧化钾溶液，在 65℃恒温水浴中皂化 1h。皂化时每隔 20～30min 振摇一次使皂化完全。皂化完毕，取出试管，冷却。加入 3mL 5%氯化钠溶液，10mL 石油醚，盖紧玻璃塞，在电动振荡器上振摇 2min，静置分层（一般约需 1h 以上）。

取上层石油醚液 2mL，置于 10mL 具玻塞试管内，在 65℃水浴中用氮气吹干，加入 4mL 冰乙酸，2mL 铁矾显色液，混匀，放置 15min 后在 560～575nm 波长下比色，测得吸光度，在标准曲线上查出相应的胆固醇含量。

六、结果计算

$$X = \frac{m \times V \times c}{V_1 \times m_1} \times \frac{1}{1000}$$

式中 X——样品中胆固醇含量，mg/100g；

m——测得的吸光度值在胆固醇标准线上显示的胆固醇含量，μg；

V——石油醚总体积，mL；

V_1——取出的石油醚体积，mL；

m_1——称取食品油脂样品量，g；

c——食品样品油脂含量，g/100g。

七、注意事项

1. 检测样品选用新鲜蛋黄，不宜使用冷冻蛋黄样品，蛋黄冷冻后会发生凝胶化而很难均匀分散。

2. 皂化时要不时振摇，皂化一定要彻底。

试分析比色法测定胆固醇的优缺点。

第二篇

食品专业课程类实验

第四章

肉制品工艺学实验

实验一　牦牛肉干的加工

一、知识准备

1. 肉干的分类

因烘焙的工艺、原料和辅料选择的不同，各有不同的风味，所以肉干的种类很多。

（1）肉干按所用的原料分，有牛肉干、猪肉干、羊肉干等。

（2）按形状分，有颗粒状、丝状、片状（薄片为脯）、条状等。

（3）按味道分，有五香、咖喱、果汁、麻辣、蚝油等。

（4）按品种分，有金丝牛肉干、软酥牛肉干、烟熏牛肉干，干牛肉等。

（5）按产地分，有江苏靖江牛肉干、上海猪肉干、武汉猪肉干、天津五香猪肉干和哈尔滨五香牛肉干等。

2. 肉干的特点

肉干的特点是柔韧甘美，耐人咀嚼；卤汁紧裹，入口鲜香；肉香浓郁，瘦不塞牙；回味悠长，慢品为佳。

3. 肉干产品国家标准

《肉干》（GB/T 23969—2009）。

（1）感官要求

表4－1　感官要求（GB/T 23969—2009）

项　目	指标	
	肉干	肉糜干
形态	呈片、条、粒状，同一品种大小基本均匀，表面可带有细小纤维或香辛料	呈片、粒状或其他规则形状，同一品种大小基本均匀
色泽	呈棕黄色、褐色或黄褐色，色泽基本均匀	呈棕黄色、棕红色或黄褐色，色泽基本均匀
滋味与气味	具有该品种特有的香气和滋味，甜咸适中	
杂质	无肉眼可见杂质	

（2）理化指标

表4-2 理化指标（GB/T 23969—2009）

项目		指标					
		肉干			肉糜干		
		牛肉干	猪肉干	其他肉干	牛肉糜干	猪肉糜干	其他肉糜干
水分/(g/100g)	≤	20					
脂肪/(g/100g)	≤	10	12	12	10	10	
蛋白质/(g/100g)	≥	30	28	26	23	20	
氯化物（以NaCl计）/(g/100g)	≤	5					
总糖（以蔗糖计）/(g/100g)	≤	35					
铅（Pb）/(mg/kg)		符合GB 2726的规定					
无机砷/(mg/kg)							
镉（Cd）/(mg/kg)							
总汞（以Hg计）/(mg/kg)							

（3）微生物指标

表4-3 微生物指标（GB/T 23969—2009）

项目	指标
菌落总数/(CFU/g)	符合GB 2726的规定
大肠菌群/(MPN/100g)	
致病菌（沙门氏菌、金黄色葡萄球菌、志贺氏菌）	

（4）净含量　应符合《定量包装商品计量监督管理办法》的规定。

（5）生产加工过程的卫生要求　应符合《熟肉制品企业生产卫生规范》（GB 19303—2003）的规定。

二、实验目的

1. 掌握肉干的制作工艺流程和方法。
2. 根据要求制作出不同种类和不同风味的肉干，并达到肉干国家标准的相关要求。

三、实验设备与材料

1. 设备

烤箱、天平、烤盘、刀具、电磁炉、案板。

2. 原材料

牦牛肉、盐、白砂糖、酱油、白酒、味精、咖喱粉、葱、姜等。

四、实验配方

牦牛肉50kg、白糖5～7kg、酱油1.5～2kg、白酒500g、味精100～150g、咖喱粉100～150g、精盐1.5～2kg。

五、实验步骤

1. 工艺流程

原料选择与修整 → 第一次煮制 → 第二次煮制 → 焖煮 → 收汤 → 烘烤 → 成品

2. 操作要点

（1）原料选择与修整　选用经卫生检验合格的牦牛肉，修净肥膘、筋、衣膜等，将肉切成0.3～0.5kg的肉块。

（2）第一次煮制　将肉块放入煮锅内加水煮沸后撇去血沫，用小火焖煮30～45min，肉块有些发硬即可捞出，冷却后切成肉片或肉丁。切片规格为长3cm、宽0.6cm左右，切肉丁规格为1.2cm左右见方。剩余的肉汤，撇去浮油，捞清杂质，作为加工猪肉干的辅料。

（3）第二次煮制　把熟肉丁或肉片放进第一次煮制留下的肉汤里，加入盐、酱油、白酒。咖喱粉有两种加法：一种是与盐、酱油、白酒一起加入；另一种是在收汤时与糖、味精一起加入，但加入时要均匀地撒在上面。

（4）焖煮　汤煮沸后，改成小火，先把肉丁或肉片堆叠在一起，再用中火、撇去红汤里的油脂后用铲翻炒、然后再把肉丁或肉片堆叠起来，撇去油脂。这样反复几次，时间1h左右，接着用中火、慢慢烧煮肉丁或肉片，并不断翻动，使辅料全部吸进肉丁或肉片里。

（5）收汤　翻炒15min后，汤已收干，即可放入白糖和味精，经30min翻炒，即为半成品。

（6）烘烤　把半成品肉丁或肉片摊盘上架送烘房烘烤，烘房温度为50～60℃，每隔一段时间翻动几下，目的是使肉丁或肉片的每个侧面都能受热，加速水分的蒸发。烘烤时间在4～6h，手摸制品无潮湿感觉即为成品。含水量不超过10%。

六、注意事项

1. 尽量修净原料肉上的肥膘、筋、衣膜等，否则会影响肉干嫩度。
2. 切块的肉干不能太大，否则会影响煮制和烧烤效果。
3. 收汤时要不停翻炒，以免煳锅。

思考题

1. 要想使牦牛肉干具备良好的嫩度，应注意哪些问题？
2. 国家标准对肉干有哪些感官要求？
3. 牦牛肉干在烘烤时要注意哪些问题？

实验二　黑猪肉脯的制作

一、知识准备

1. 肉脯的分类

（1）按产地分，有江苏靖江猪肉脯、天津牛肉脯、浙江黄岩肉脯、鞍山枫叶肉脯等。

（2）按所用的原料分，有猪肉脯、牛肉脯等。

（3）按味道分，有五香肉脯、果汁肉脯、广式肉脯和麻辣肉脯等。

肉脯的品种虽多，但加工方法大同小异，只是配料有所不同。

2. 肉脯的特点

肉脯的特点是成品呈片状，棕红色，有光泽，甜咸适中，味道鲜香，无异味，组织紧密，薄厚均匀，无焦斑，无杂质。

3. 肉脯产品国家标准

《肉脯》（GB/T 31406—2015）。

（1）感官要求

表 4－4　　感官要求（GB/T 31406—2015）

项目	要求	
	肉脯	肉糜脯
形态	片型整齐，厚薄均匀，可见肌纹，无焦片、生片	片型整齐，厚薄均匀，允许有少量脂肪析出及微小空洞，无焦片、生片
色泽	呈棕红、深红、暗红色、色泽均匀，油润有光泽	
滋味与气味	滋味鲜美、醇厚、香味纯正，具有该产品特有的风味	
杂质	无正常视力可见杂质	

（2）理化指标

表 4－5　　理化指标（GB/T 31406—2015）

项　目		指　标			
		肉　脯			肉　糜　脯
		特级	优级	普通级	
蛋白质/(g/100g)	≥	35	30	28	25
脂肪/(g/100g)	≤	12	14	16	18
水分/(g/100g)	≤	18	20		20
氯化物（以 NaCl 计）/(g/100g)	≤	5			
总糖（以蔗糖计）/(g/100g)	≤	30	35		38

（3）卫生指标　应符合 GB 2726—2016 的规定。

表4-6　　微生物指标（GB/T 31406—2015）

项目	采样方案[a]及限量				检验方法
	n	c	m	M	
菌落总数[b]/(CFU/g)	5	2	10^4	10^5	GB 4789.2
大肠菌群/(CFU/g)	5	2	10	10^2	GB 4789.3

a　样品的采样和处理按 GB 4789.1 执行。

b　发酵肉制品类除外。

（4）净含量　应符合《定量包装商品计量监督管理办法》的规定。

二、实验目的

1. 掌握肉脯的制作工艺流程和方法。
2. 根据要求制作出不同种类和不同风味的肉脯，并达到肉脯国家标准的相关要求。

三、实验设备与材料

1. 设备

烤箱、天平、烤盘、刀具、电磁炉、案板。

2. 原材料

黑猪肉、鸡蛋、盐、白砂糖、酱油、白酒、味精、白胡椒粉、葱、姜等。

四、实验配方

鲜黑猪后腿肉50kg、特级黄豆酱油4kg、白糖6.5kg、鸡蛋2.5kg、白酒250g、白胡椒粉50g、味精250g。

五、实验步骤

1. 工艺流程

原料选择、整理 → 拌料 → 烘烤 → 切片 → 包装

2. 操作要点

（1）原料选择、整理　选用合格的新鲜黑猪后腿瘦肉为原料，修净肥膘、筋膜、瘀血、杂物，将其装模，送入冷库冷冻，使肉的中心温度降到0℃左右，取出切片，肉片厚2cm。

（2）拌料　先将配料搅匀溶解，再与肉片拌匀腌制50min，然后平铺在用植物油擦过的不锈钢丝筛上。

（3）烘烤　将铺好肉片的筛子送进烘烤炉内，烘烤温度一般控制在60～65℃，烘烤5～6h，冷却后移入烘房内，用较高温度烤至肉片出油，呈棕红色，即为成熟。

（4）切片　将烘烤成熟后的肉片放入压平机压平，再转入切片机内切成薄片，片型长12cm、宽8cm，然后进行包装。

六、注意事项

1. 尽量修净原料肉上的肥膘、筋膜、瘀血、杂物等，否则会影响肉脯质量。

2. 切片的肉片不能太厚，否则会影响烧烤效果。

思考题

1. 原料肉切片的厚度对肉脯有什么影响？
2. 国家标准对肉脯有哪些感官要求？
3. 肉脯在烘烤时要注意哪些问题？

实验三　猪肉松的制作

一、知识准备

1. 肉松的分类

（1）肉松按加工方法分，有太仓式肉松和福建式肉松两种。

（2）按畜、禽、鱼等原料分，主要有猪肉松、牛肉松、兔肉松、鱼肉松等。

2. 肉松的特点

肉松的特点是成品色泽金黄，有光泽，呈絮状，纤维疏松，无杂质，无焦点，入口松软柔和，适宜作为老年人、患者、产妇和婴儿的营养食品。

3. 肉松产品国家标准

《肉松》（GB/T 23968—2009）。

（1）感官要求

表 4－7　　感官要求（GB/T 23968—2009）

项　目	指　标	
	肉　松	油 酥 肉 松
形态	呈絮状，纤维柔软蓬松，允许有少量结头，无焦头	呈疏松颗粒状或短纤维状，无焦头
色泽	呈浅黄色或金黄色，色泽基本均匀	呈棕褐色或黄褐色，色泽基本均匀，稍有光泽
滋味与气味	味鲜美，甜咸适中，具有肉松固有的香味，无其他不良气味	具有酥、香特色，味鲜美，甜咸适中，油而不腻，具有油酥肉松固有的香味，无其他不良气味
杂质	无肉眼可见杂质	

(2) 理化指标

表4-8 理化指标 (GB/T 23968—2009)

项　目		指　标	
		肉　松	油酥肉松
水分/(g/100g)	≤	20	符合 GB 2726 的规定
脂肪/(g/100g)	≤	10	30
蛋白质/(g/100g)	≥	32	25
氯化物(以 NaCl 计)/(g/100g)	≤	7	
总糖(以蔗糖计)/(g/100g)	≤	35	
淀粉/(g/100g)	≤	2	
铅(Pb)/(mg/kg)		符合 GB 2726 的规定	
无机砷/(mg/kg)			
镉(Cd)/(mg/kg)			
总汞(以 Hg 计)/(mg/kg)			

(3) 微生物指标

表4-9 微生物指标 (GB/T 23968—2009)

项　目	指　标	
	肉　松	油酥肉松
菌落总数/(CFU/g)	符合 GB 2726 的规定	
大肠菌群/(MPN/100g)		
致病菌(沙门氏菌、志贺氏菌、金黄色葡萄球菌)		

(4) 净含量　应符合《定量包装商品计量监督管理办法》的规定。

(5) 生产加工过程的卫生要求　应符合《熟肉制品企业生产卫生规范》(GB 19303—2003) 的规定。

二、实验目的

1. 掌握肉松的制作工艺流程和方法。

2. 根据要求制作出不同种类和不同风味的肉松,并达到肉松国家标准的相关要求。

三、实验设备与材料

1. 设备

烤箱、天平、烤盘、炒松机、擦松机、刀具、电磁炉、案板。

2. 原材料

牛肉、盐、白砂糖、酱油、黄酒、花椒、大料、小茴香、桂皮、葱、姜等。

四、实验配方

酱油5kg、精盐1.5kg、大葱1kg、味精0.3kg、鲜姜1kg、白糖5kg、黄酒2kg、大料0.1kg、花椒0.1kg、小茴香0.1kg、桂皮0.2kg。

五、实验步骤

1. 工艺流程

原料选择 → 原料修整 → 浸泡 → 煮制 → 撇油 → 收汤 → 炒干 → 搓松 → 成品

2. 操作要点

（1）原料选择　选用经卫生检验合格的新鲜有机瘦猪肉（通常取后腿肉），去骨、去皮、去脂肪、去筋键，并用清水冲洗干净。

（2）原料修整　顺着肌肉束纹理切成厚3~4cm、长8~9cm的肉块，以保持纤维的长度。

（3）浸泡　用凉水浸泡6~7h，除去肉中残留的血。

（4）煮制　先往锅里放适量的水，将肉块倒入，水以浸没肉块为准，同时加入桂皮、花椒、大料、小茴香、大葱、鲜姜。煮肉时要用铲刀上下左右翻动，待肉块煮至发硬后将锅盖盖上，汤沸腾后再煮2.5~3h。锅开后约20min，火要逐渐减小，约30min后即转用微火烧煮。

（5）撇油　肉煮好后，先将锅内的油汤舀出，用铲刀将肉块全部铲开，然后将舀出的油汤重新倒入锅内，同时加水至满锅，进行烧煮。开始时火力要大，煮沸后可用中火煮制。当油浮出汤面时，进行撇油，当大部分油撇去后，再将酱油，黄酒、盐、味精放入，继续撇油；待油撇清后再放糖。在整个撇油阶段，要不断用铲刀上下左右翻动，防止将肉烧焦，并将筋膜、碎骨等拣出。

（6）收汤　油撇清后，用旺火将锅内的汤大部分收干后，再减弱火力，使用微火，待肉汤及辅料全部吸收后，即可盛起送入炒松机炒松或人工翻炒。

（7）炒干　用炒松机烘炒过程中，火力要稳定。应使炉膛温度保持在300℃左右，在40~50min的烘炒过程中，应不断测试、检查，不使水分超过16%，包装之前水分不超过17%。如人工炒，可将半制品倒入锅内加急翻炒，至肉质全干为止，约2h，注意不要煳锅。

（8）搓松　用搓松机使肉松纤维变疏松，注意挑出遗留的骨渣和筋块。一般搓1~2遍，然后摊开晾透即为成品。

六、注意事项

1. 尽量修净原料肉上的肥膘、筋膜、杂物等，否则会影响肉松品质。

2. 收汤时要不停翻炒，以免煳锅。

思考题

1. 有机牛肉松制备的关键点有哪些?
2. 国家标准对肉松有哪些感官要求?
3. 肉松质量的影响因素有哪些?

实验四 北京烤鸭的制作

一、知识准备

1. 北京烤鸭的特点

北京烤鸭是北京特产，历史悠久。北京烤鸭以优良的品质和独特的风味闻名国内外。属于烧烤制品，它的特点是色泽红润，鸭体丰满，皮酥肉嫩，肥而不腻。

2. 质量标准

北京烤鸭的肌肉切面有光泽，微红色，指压无血水，脂肪呈浅黄色，皮脆肉嫩，鲜香味美、肥而不腻。

二、实验目的

1. 掌握北京烤鸭的制作工艺流程和方法。
2. 了解北京烤鸭与市场上其他肉类产品的区别。

三、实验设备与材料

1. 设备

烤箱、天平、刀具、刷子、电磁炉、案板。

2. 原材料

北京鸭、盐等。

四、实验配方

鸭 2.5～3.0kg、0.1～0.15kg、葱（两棵）、甜面酱（适量）、酒（适量）、薄饼（适量）。

五、实验步骤

1. 工艺流程

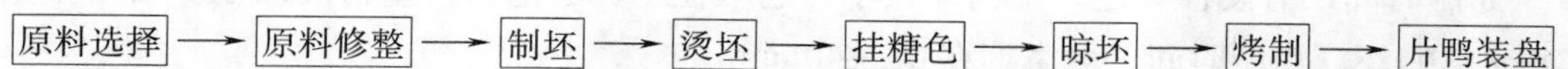

2. 操作要点

（1）原料选择　北京烤鸭对于原料的选择要求十分严格，必须是使用经过填肥的北京鸭，体重在2.5～3.0kg。北京鸭体型丰腴、皮薄，肉质均匀、鲜嫩，脂肪均匀地分布在肌肉的纤维组织之间和皮下。

（2）制坯

①宰杀。将鸭倒挂宰杀放血。要求割断食道和气管，放血干净。

②去毛、去脚和翅尖。采用水温浸烫去毛。水温以62～65℃为宜。要求去毛干净，摘去细小绒毛，剁掉脚和翅尖。

③打气。从颈部开口处拉出食道，剥离食道周围的结缔组织，将脖颈伸直，用打气工具气嘴对准刀口处，徐徐打气，让气体充满鸭的全身，把鸭皮绷紧，使鸭子保持膨大的外形。要求打气要适度，既要让鸭体鼓起，又不能破皮。打气后，不能用手接触鸭身，只能拿头颈、翅膀或腿。

④开膛。用锋利尖刀，从鸭的右腋下划开4cm左右的月牙形口，用中、食指取出全部内脏。再用7cm长（直径1.5cm左右）的高粱秆，塞进鸭腹，顶在三叉骨上，支撑胸膛，使鸭体造型美观，在烤制过程中不会变瘪。

⑤清洗。将鸭坯放入清水，让水从腋下刀口处灌进，用手指深入鸭的肛门，掏尽肠子，肛门就通了。从刀口处进水，然后从肛门流出，重复数次即可达到清洗胸腹腔的目的。

⑥挂钩。将鸭坯用铁钩挂起。挂钩的位置应在离鸭肩3cm的鸭颈处。

⑦烫皮。用100℃开水烫皮，先烫刀口处，再烫其他处，防止刀口跑气。一般情况下，三勺水能将鸭坯烫好。烫皮的目的是使鸭皮发紧，便于刷糖和易于烤熟。要求烫皮要均匀，使鸭皮发紧程度一致。

⑧刷糖。刷糖即用麦芽糖水均匀刷遍鸭坯的周身。烤制时，容易上色，使表面成为诱人的枣红色，同时也增强表皮的酥脆性。要求刷糖均匀，否则，上色不匀，烤制后会形成花斑。

⑨晾皮。烫皮、刷糖后，将鸭坯吊挂在通风处，晾干鸭坯身上的水分。要求水分要晾干，鸭坯身上带有水分，烤制时不易酥脆，影响质量。

⑩灌汤。灌汤即先用木塞将鸭肛门塞住，然后从右腑刀口处向鸭坯体腔内灌入沸水，灌入量以七八成满为宜。灌汤的目的是在烤制时，使之内煮外烤，使烤鸭外焦里嫩。

（3）烤制

①烧炉。烤鸭能否烤好，很重要的一点是控制好炉温，即火候。鸭坯进炉之前，一定要把炉烧热，把炉壁烧热，使炉温达到250℃才入炉内烤制。

②挂料。挂在炉的四周，并与火保持适当的距离。鸭头朝上，鸭腿朝下。烤到一定时间要变换位置。

③烤制温度和时间。烤制炉温控制在230～250℃。

烤制时间没有硬性规定，由鸭坯大小、老嫩程度、上色和失重情况而定。对于重量在1.8kg的鸭坯，烤制时间一般掌握在30～40min。

烤制是否成熟可依据着色和失重来判断。鸭坯在烤制过程中，颜色将逐渐变深，烤熟时变成均匀的枣红色。因鸭坯各部位接触火的距离不同，为了达到色泽均匀，需通过观察，随时调整位置。鸭坯由生变熟，由于失去一部分水分和油，会有一定的重量损失，一般在10%左右，根据失重的情况可判断其是否成熟。因烤制过程中不能拿秤来称，一般用手掂量，通过手的感觉全凭经验来判断。

六、注意事项

1. 时间

一般烤制30~40min。

2. 颜色

鸭体全身呈均匀的枣红色，同时皮肤由里向外反油，有油淋光泽，胸脯略陷。

3. 炉温

炉膛内温度要保持在230~250℃，最好选用果木中的枣木为原料，烤出的鸭子会具有淡淡的枣香。

1. 北京烤鸭制备的关键点有哪些?
2. 北京烤鸭与市场上其他同类产品相比，有哪些特点?
3. 北京烤鸭烤制过程中要注意哪些问题?

实验五　右玉熏鸡的制作

一、知识准备

1. 熏鸡的种类

因各地所用鸡的品种和辅料不同，熏鸡有许多地方品种，如内蒙古的“卓资山熏鸡”、辽宁省丹东市的“百乐熏鸡”、山西省的“右玉熏鸡”、河北省唐山市的“义盛永熏鸡”。但不管是哪种熏鸡，其加工的工艺大致相同。

2. 质量标准

熏鸡的形状美观，色泽枣红、明亮，味道芳香，肉质细嫩，烂而连丝，风味独特。

二、实验目的

1. 掌握熏鸡的制作工艺流程和方法。
2. 了解熏鸡的品质控制方法。

三、实验设备与材料

1. 设备

烟熏炉、天平、刀具、刷子、案板。

2. 原材料

鸡、白糖、香油、丁香、肉桂、草果、桂皮、陈皮、白芷、砂仁、豆蔻、山柰、胡椒粉等。

四、实验配方

白糖2kg、香油1kg、味精200g、胡椒粉、辣椒粉、五香粉各50g、丁香、肉桂、草果、桂皮、陈皮、白芷各150g、砂仁、豆蔻、山柰各50g。

五、实验步骤

1. 工艺流程

原料宰杀 → 修整 → 卤煮 → 熏烤 → 涂油

2. 操作要点

（1）原料选择　根据产品需要，选用适当的品种，要求健康无病的活鸡，体重适中，不宜过大过肥，也不宜过小过瘦。

（2）宰杀　从鸡的喉头底部切断颈动脉血管，把血放净，并要求无血污。

（3）煺毛　先干拔，公鸡先拔脖毛、背毛和尾毛；母鸡先拔脖毛和背毛。拔完干毛后再用65℃左右的热水浸烫，烫毛的时间约1min。如有老鸡，又有仔鸡，浸烫的时间可适当增减。煺毛要干净，腿、爪、嘴等处的老皮也要煺净，硬壳须刮掉。

（4）取嗉囊　从鸡背两膀根中间开口，然后用大拇指顶住鸡嗉，再用另一只手拽出。

（5）开膛　开膛是从鸡的莲花底部下刀，刀口大小以能伸进手为宜。将手伸进膛内，将全部内脏掏出。

（6）打大腿骨　去内脏、洗净鸡体后，再用刀背将鸡两侧大腿与躯体连接处的骨头节敲断，并敲打各部位肌肉，使其松软。

（7）剪骨　用剪刀剪断鸡胸部的软骨，然后再将鸡腿交叉插入胸腔内。

（8）折膀子　先将鸡的右翼从刀口插入口腔，从嘴里穿出，然后再将右翼弯到脖子底部，同时再将左翼折回。

（9）捆扎　经过整形后，用马兰草叶将两小腿骨与开膛刀口底部连同莲花、尾脂部分捆在一起。捆扎要求鸡体绷直，不歪不斜。

（10）投料打沫　将各种辅料装袋后放入老汤中煮沸，并撇净浮沫，放入处理好的白条鸡。

（11）卤煮　将鸡入锅后，用旺火煮沸后改为小火煮制2h左右，煮到半熟时加盐，继续卤煮至肉烂而连丝时，即可出锅。

（12）熏烤　煮鸡出锅后，要趁热熏烤。熏前先刷上一层香油，再放入带有铁箅子的锅内，锅底用急火，待锅底微红时将白糖放入锅底，迅速将锅盖严，约2min后，揭盖，将鸡只逐个翻身，再熏2～3min后即可出锅。

（13）涂油　熏好的鸡，出锅后立即涂抹一次香油即为成品。

六、注意事项

1. 烟熏炉要严格按照操作要求进行使用。

2. 熏制过程中保持烟熏炉的温度恒定，不要将鸡熏黑。

思考题

1. 熏鸡制备的关键点有哪些?
2. 熏制过程中要注意哪些问题?

实验六　香糟酱牛肉的制作

一、知识准备

1. 定义

酱牛肉是指以牛肉为主要原料，经过多种调味料的腌制而制成的一种肉制品。

香糟是生产黄酒后所得残渣，含有丰富的酯类成分（如乙酸乙酯、丙酸乙酯、异丁酸乙酯等），故它带有一种独特的酒香气。

香糟酱牛肉是以牛肉为主要原料，以香糟为主要调味料，原料经糟盐腌码、糟卤浸泡，或者是加糟汁滑熘等工艺制成的一种肉制品。有补中益气、滋养脾胃、强健筋骨、化痰息风、止渴止涎的功效。

2. 特点

香糟酱牛肉色泽酱红，油润光亮，肌肉中的少量牛筋色黄而透明，鲜味浓厚，口感丰厚，肉质紧实，糟香浓郁，酥嫩爽口。香糟酱牛肉保留了牛肉补中益气、强健筋骨、滋养脾胃等多重功效，能提高机体抗病能力，适合筋骨酸软、面黄目眩、气短体虚以及贫血者食用。

二、实验目的

1. 掌握香糟酱牛肉的制作工艺流程和方法。

2. 了解香糟酱牛肉的品质控制方法。

三、实验设备与材料

1. 设备

煮锅、天平、刀具、案板、压锅板。

2. 原材料

牛肉、香糟、花雕酒、干黄酱、精盐、白糖、味精、花椒、桂皮、小茴香、丁香、豆蔻、砂仁、白芷、花椒、大料、姜、葱。

四、实验配方

1. 香糟卤配方

香糟500g、花雕酒200g、精盐70g、白糖50g、味精10g、花椒20g、桂皮20g、小茴香10g、丁香5g、姜和葱适量。

2. 香糟酱牛肉配方

牛肉100g、香糟卤5～8g、干黄酱6g、食盐2.5g。

五、实验步骤

1. 工艺流程

原料选择 → 修整 → 香糟卤制作 → 煮制 → 压锅 → 翻锅 → 出锅

2. 操作要点

（1）原料选择、修整　选用经兽医卫生检验合格的优质牛肉，除去血污、淋巴等，再切成500g左右的肉块，用清水冲洗干净，沥干血水待用。

（2）香糟卤制作　在锅中放入500g清水，依次加入花椒、桂皮、丁香、小茴香、姜葱、花雕酒、白糖、精盐和味精后，烧开片刻关火，捞去锅里的香料和姜葱，将汤汁倒入容器内，待其冷却后，倒入香糟油，用手勺搅匀即得香糟卤，最后把它装进瓶子里，放冰箱里冷藏待用。

（3）煮制　煮锅内放少量清水，把香糟卤和黄酱加入调稀，再兑入足够清水，用旺火烧开，捞净酱沫后，将牛肉放入锅内。用旺火把汤烧开后投入辅料，煮制1h后进行压锅。

（4）压锅　先用压锅板压住牛肉，再加入老汤和回锅油。回锅油是指上次煮完牛肉撇出的牛浮油，可起到锅盖作用，使牛肉不走味，调料能充分渗入。加好回锅油后，改用文火焖煮。

（5）翻锅　每隔1h翻锅一次。

（6）出锅　酱牛肉经6～7h煮制后即可出锅。出锅时，一手拿盘，一手拿筷子或钩子，把酱牛肉搭在盘上，再用小勺舀起锅里的汤油，泼在搭出的酱牛肉上，如此反复几次，以冲掉酱牛肉上的料渣，将酱牛肉放在屉上，最后再用汤油在放好的牛肉上烧淋一遍，然后控净汤油，晾凉即为成品。

六、注意事项

1. 严格按照操作步骤进行香糟卤的制作。
2. 制作酱牛肉最好选择牛腰窝或牛前腱，不要焯肉，以免肉质变紧，不易入味。

思考题

1. 香糟酱牛肉制作的关键点有哪些？
2. 香糟酱牛肉制作过程中要注意哪些问题？

实验七 湘味毛氏红烧肉的制作

一、知识准备

1. 定义

红烧肉是一道著名的大众菜肴，其以五花肉为制作主料，做法多达二三十种。南方习惯用酱油（老抽）调色，而北方则偏爱炒糖色儿。原料一般选用上好五花肉（所谓上好五花肉要层次分明，一般五层左右为佳，故名“五花肉”），或者“坐臀肉”（即后臀尖）。

湘味毛氏红烧肉是“毛家菜”最有代表性的菜品之一，源于韶山，以湖南韶山地域饮食风俗为底蕴、毛主席的个人饮食习惯为特色风格，并以其姓氏命名的原生态的地方老百姓家常风味湘菜。

2. 特点

红烧肉的烹饪技巧以砂锅为主，肥瘦相间，香甜松软，口感肥而不腻、入口即化。同时，红烧肉还富含胶原蛋白，是美容养颜保持肌肤弹性的好菜。红烧肉在我国各地流传甚广，具有一定的营养价值。

二、实验目的

1. 掌握湘味毛氏红烧肉的制作工艺流程和方法。
2. 了解湘味毛氏红烧肉的品质控制方法。

三、实验设备与材料

1. 设备

笼、天平、刀具、案板、煮锅、炒锅。

2. 原材料

带皮五花腩、豆豉、葱头、生姜、八角、桂皮、蒜、辣椒、精盐、味精、老抽、腐乳汁、冰糖、绍酒等。

四、实验配方

带皮五花腩750g、豆豉10g、葱头10g、生姜10g、八角1个、桂皮2g、蒜10g、整干辣椒10g、肉汤1000g、精盐5g、味精1g、老抽2g、糖色3g、腐乳汁2g、冰糖、绍酒少许。

五、实验步骤

1. 工艺流程

原料选择 → 笼蒸 → 炸制 → 烧制 → 出锅

2. 操作要点

（1）将五花腩原料加清水煮沸捞出，洗净，滤干，切成五寸见方的大块，与八角、桂皮、姜、冰糖一起放入碗中上笼蒸八成熟。

（2）将油放入炒锅，烧热至六成热时，将肉放入锅内小火炸出香味成焦黄色时捞出控干油。

（3）在锅内烧油50g，分别下入豆豉、葱头、生姜、八角、桂皮、整干辣椒炒香，然后放入肉块，加肉汤，下精盐，味精、糖色、老抽、腐乳汁用小火慢慢煨1h。

（4）至肉酥烂时，下蒜稍煨，收汁撒少许葱花即可出锅。

六、注意事项

1. 炖肉时最好用冰糖，比白糖做出来的颜色要亮，好看，而且口感也更好。

2. 烧制是红烧的关键步骤，一定要用小火慢烧1h以上。烧的火候不够，肉硬；烧的火候过了，肉又太软，不成形，严重影响最后的收汁和卖相。

1. 湘味毛氏红烧肉制作的关键点有哪些?
2. 湘味毛氏红烧肉制作过程中要注意哪些问题?

实验八　圆火腿的制作

一、知识准备

1. 圆火腿的特点

北京圆火腿是用大口径人造纤维肠衣灌制而成。肉质细嫩，有烟熏味，外形似圆柱体，亦称“熏圆腿”。圆火腿是我国南北方都有生产的大众产品。

2. 质量标准

北京圆火腿肉质细嫩，外形似圆柱体，外表呈棕红色，切面结构致密，指压有弹性，咸淡适中，风味独特。

二、实验目的

1. 掌握火腿肠的制作工艺流程和方法。
2. 了解火腿肠的品质控制方法。

三、实验设备与材料

1. 设备

烟熏炉、滚揉机、盐水注射机、天平、刀具、蒸煮锅、案板。

2. 原材料

猪肉、腌制液、淀粉、盐、亚硝酸钠。

四、实验配方

配方（以100kg原料肉计）：混合腌制液1.5kg、淀粉2.5kg、食盐2.5kg、亚硝酸钠15g。

五、实验步骤

1. 工艺流程

原料选择 ⟶ 修整 ⟶ 盐水注射 ⟶ 滚揉 ⟶ 充填 ⟶ 烟熏 ⟶ 煮制

2. 操作要点

（1）原料选择和修整　选择经兽医卫生检验合格的猪前腿和猪后腿肉为原料，修去筋腱、脂肪、碎骨、淤血、浮毛等杂物，再按其原生长的块型结构大体分成4块。

（2）盐水注射　用盐水泵经过导管和多针头注射器，把盐水强行注入肉块内，大的肉块可分多处多次注射，以达到均匀的效果。注射工作应在4～7℃的室内进行，若在常温下注射，则应把注射好盐水的肉迅速送入2～4℃的腌制间内。注射前应对原料肉计量，以便计算注射量。将肉块均匀地放在输送板上，每批次原料肉可根据要求注射1～3次。注射完成后，将剩余的盐水计量，由此最终计算出每批次肉的盐水注射量。

（3）滚揉　滚揉工作宜在2～4℃的腌制间内进行，肉温控制在5～8℃，滚揉时间视肉块大小而定，一般在16～24h。其间滚揉20min，间歇20～30min，循环往复。辅料的添加方法是以边滚揉边添加为好，同时加入经过3～40h腌制的粗肉糜，加入量通常为15%左右。

（4）充填　把将要使用的人造纤维肠衣，预先截成75cm长的小段，一端用专用结扎机封口，然后在水中浸泡约30min，即可使用。

充填时，首先进行定量称重，每根火腿约2kg（可根据肠衣的容量变动），然后把称好的肉通过漏斗或设定定量充填机灌装入肠衣内，用细钢针在肠体周围稀疏地扎些小孔，以排除混入肉内的空气，再送至结扎机进行结扎封口。

（5）烟熏　灌好的火腿，用绳吊挂在串杆上，火腿之间保持一定距离，以互不相碰为原则。串杆在熏架上，火腿的下端距离地面1m以上，以免火苗烧坏肠衣，即可送入专用熏房或烟熏炉内进行熏制，熏制时间一般需2h左右。

（6）煮制　煮制可在煮锅或在蒸煮烟熏炉内进行。在煮锅内水煮的方法是把锅内的水预热至85℃左右，再把熏制后的圆火腿投入水中，水温会下降至78～80℃，煮制2.5h左右。出锅前需进行测温，以火腿中心温度达到68～70℃为标准。出锅后应迅速放入冰水（0～5℃）中或用冷水喷淋冷却，使其中心温度尽快降至27℃以下，即为成品。

六、注意事项

1. 烟熏炉要严格按照操作要求进行使用。
2. 熏制过程中保持烟熏炉的温度恒定，不要将火腿熏黑。

思考题

1. 圆火腿制备的关键点有哪些？
2. 影响圆火腿产品安全的因素有哪些？

实验九　台湾烤香肠的制作

一、知识准备

1. 台湾烤香肠的特点

台湾烤香肠是运用现代西式肉制品加工技术生产的具有中国传统风味的低温肉制品，是一种以猪肉、牛肉、鸡肉为主要原料，经绞切、添加辅料腌制、灌肠后，经或不经热处理，速冻保存，食用前先解冻，用电烤炉烤的肉制品。

2. 质量标准

台湾烤香肠肠体饱满而有弹性，色泽诱人，经热加工后香气袭人，口感外酥内嫩，风味独特，深受消费者喜爱。

二、实验目的

1. 掌握台湾烤香肠的制作工艺流程和方法。
2. 了解台湾烤香肠的品质控制方法。

三、实验设备与材料

1. 设备

烤箱、天平、刀具、蒸煮锅、案板。

2. 原材料

猪肉、香肠配料、白酒、白糖、淀粉、肠衣等。

四、实验配方

配方（以100kg原料肉计）：香肠配料5kg、冰水35kg、淀粉6kg、白糖5kg。

五、实验步骤

1. 工艺流程

原料整修 → 绞制 → 腌制 → 灌装 → 干燥 → 蒸煮 → 晾制 → 包装

2. 操作要点

（1）选择新鲜猪肉或冷冻猪肉，脂肪含量为20%～30%，将原料肉绞碎、备用。

（2）腌制　每100g原料肉中加入6g台式香肠配料及36g冰水。先将香肠配料与冰水混匀溶解后，再将其与原料肉混合均匀。在腌制过程中，可加入适量的白酒。

（3）准备好22～24mm的肠衣进行灌制，使用漏斗直接套在肠衣上人工灌制。灌制的长度在10～12cm，灌制的肠衣口端打结。灌好的肠体，用小针扎若干个小孔，便于烘肠时空气和水分的排除。

（4）灌制好的香肠可放入冰箱冷冻保存，随吃随取，也可直接蒸煮、煎制后食用。

（5）将香肠放入蒸煮锅内，在75℃条件下，蒸煮时间为15min左右，晾制后进行包装即可。

六、注意事项

1. 灌好的肠体，用小针扎若干个小孔，便于烘肠时空气和水分的排除。
2. 蒸煮时以香肠中心温度达到工艺温度为准。

思考题

1. 台湾烤香肠的制备关键点有哪些？
2. 影响台湾烤香肠产品质量和安全的因素有哪些？

实验十　金华发酵火腿的制作

一、知识准备

1. 火腿的定义

火腿是我国的一大传统肉制品，它是猪后腿用食盐等辅料腌制后，经晾晒和发酵等加工而成的具有浓郁风味的肉制品。它因其颜色、香气、味道独特而著称于世，它是中国乃至世界珍贵饮食文化的重要组成部分。火腿肉质细嫩、皮薄爪细、精多肥少、色泽美丽、香味浓郁、不仅是馈赠亲友的珍贵礼品，还是出口的主要食品之一。

2. 金华火腿的特点

我国的火腿品种繁多，各具特色，其中以浙江的金华火腿、云南的宣威火腿和江苏的如皋火腿这三大火腿最负盛名。

金华火腿用金华两头乌猪的后腿精制而成，皮色黄亮、形似竹叶、肉色红润、香气浓郁、营养丰富、鲜美可口，是馈赠珍品、佐食佳肴，也是滋补良品。

二、实验目的

1. 掌握金华火腿的制作工艺流程和方法。
2. 了解金华火腿的品质控制方法。

三、实验设备与材料

1. 设备

天平、刀具、晾晒间、发酵库等。

2. 原材料

鲜后腿猪肉、盐等。

四、实验配方

上盐量为鲜后腿肉重的8%～13%。

五、实验步骤

1. 工艺流程

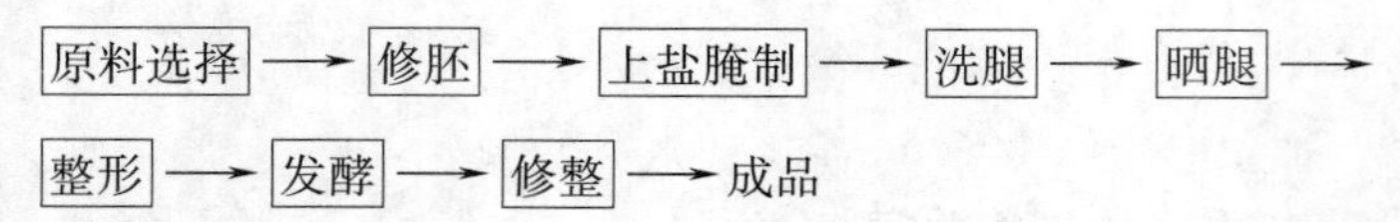

2. 操作要点

（1）原料选择　原料必须选择检疫检验合格的健康猪的后腿，切下的鲜猪腿一般不立即进行腌制，而应在6～10℃的通风良好的条件下经12～18h的冷却，使腿肉的温度较快下降，以抑制致病菌和腐败菌的活动。

（2）修坯　修坯时先用刀刮去皮面的残毛和污物，使皮面光洁。然后用削骨刀削平耻骨，修整坐骨斩去脊骨，削去腿面皮层使肌肉外露，再将周围过多脂肪和附着肌肉表面的碎肉割去，将鲜猪腿修整为琵琶形，腿面平整。在修坯时还必须注意将血管中的淤血用大拇指挤出。在选料和修坯阶段中，主要依靠冬季的低温对致病菌和腐败菌等有害微生物的生长繁殖进行抑制。

（3）上盐腌制　腌制采用干腌法，也就是把食盐撒在猪腿上，食盐慢慢溶化并渗入腿肉。整个腌制过程约需一个月，一般擦盐6～7次。

（4）洗腿　将腌好的火腿放入清水中浸泡一段时间并进行洗涮。洗腿中浸泡时间的长短要依据气候情况和水温高低而定。如气温在10℃以下，需浸泡10h左右；如平均气温高于10℃，则只能浸泡2～4h，否则容易引起肉质腐败。

（5）晒腿　浸泡洗刷完毕，将火腿挂在室外的晾腿架上晾晒干燥，晾晒时间根据气候情况而定，如为晴好天气，4～6d即可。

（6）发酵　晾晒之后，腌腿需进行发酵。发酵前期，由于水分蒸发，火腿逐渐变干，相应的盐分含量上升。发酵后期，在火腿肉中固有的酶的作用下，肌肉中蛋白质和脂肪等各种成分发生分解和其他一系列变化，产生火腿风味，腌腿转化为火腿。

（7）成品　金华火腿具有较高的盐含量和较低的水分含量，可抑制致病菌和腐败菌的生长繁殖。因而，成品金华火腿可以在室温条件下长期保存（一年以上），仍能够保证其食用的安全卫生，也能够保存其风味品质。

六、注意事项

1. 腌制必须在10℃以下的低温中进行，以抑制有害微生物的活动，防止腿肉在腌制过程中腐败变质。

2. 传统金华火腿生产一般采用干腌，上盐次数6～7次。

1. 金华火腿制作的关键点有哪些?
2. 影响金华火腿质量和安全的因素有哪些?

第五章

乳品工艺学实验

实验一　巴氏杀菌杏仁乳的加工

一、知识准备

1. 巴氏杀菌乳的种类

巴氏杀菌是采用较低温度（一般60～82℃），在规定的时间内对食品进行加热处理，达到杀死微生物营养体的目的，是一种既能达到杀菌目的又不损害食品品质的方法。

巴氏杀菌乳是仅以生牛（羊）乳为原料，经巴氏杀菌等工序制得的液体产品。

目前常用的巴氏杀菌乳有两种。

（1）低温长时间巴氏杀菌乳　热处理温度为63℃、30min。

（2）高温短时间巴氏杀菌乳　热处理温度72～75℃，保持15～20s。

2. 巴氏杀菌乳的特点

巴氏杀菌是一种较温和的热处理方式，它能够杀死牛乳中可能存在的、已知的致病菌和大部分的腐败菌，而对牛乳的营养成分和风味的破坏很小。

3. 巴氏杀菌乳国家标准

《食品安全国家标准　巴氏杀菌乳》（GB 19645—2010）。

（1）感官要求

表5－1　感官要求（GB 19645—2010）

项　目	要　求	检验方法
色泽	呈乳白色或微黄色。	取适量试样置于50mL烧杯中，在自然光下观察色泽和组织状态。闻其气味，用温开水漱口，品尝滋味。
滋味、气味	具有乳固有的香味，无异味。	
组织状态	呈均匀一致液体，无凝块、无沉淀、无正常视力可见异物。	

（2）理化指标

表5－2　理化指标（GB 19645—2010）

项　目		指　标	检验方法
脂肪[a]/(g/100g)	≥	3.1	GB 5413.3

续表

项　目		指　标	检验方法
蛋白质/(g/100g)			
牛乳	≥	2.9	GB 5009.5
羊乳	≥	2.8	
非脂乳固体/(g/100g)	≥	8.1	GB 5413.39
酸度/(°T)			
牛乳		12～18	GB 5413.34
羊乳		6～13	
[a]仅适用于全脂巴氏杀菌乳。			

(3) 污染物限量　应符合《食品安全国家标准　食品中污染物限量》(GB 2762—2017)。

(4) 真菌毒素限量　应符合《食品安全国家标准　食品中真菌毒素限量的规定》(GB 2761—2017)。

(5) 微生物限量

表5-3　　微生物限量 (GB 19645—2010)

项　目	采样方案[a]及限量 (若非指定，均以 CFU/g 或 CFU/mL 表示)				检验方法
	n	c	m	M	
菌落总数	5	2	50000	100000	GB 4789.2
大肠菌群	5	2	1	5	GB 4789.3 平板计数法
金黄色葡萄球菌	5	0	0/25g (mL)	—	GB 4789.10 定性检验
沙门氏菌	5	0	0/25g (mL)	—	GB 4789.4
[a]样品的分析及处理按 GB 4789.1 和 GB 4789.18 执行。					

二、实验目的

1. 学习巴氏杀菌的概念和方法。
2. 操作巴氏杀菌机完成对牛乳的杀菌工序。

三、实验设备与材料

1. 设备

天平、榨汁机、过滤净化机、杀菌机、均质机、灌装机。

2. 原材料

鲜牛乳、杏仁汁。

四、实验配方

鲜牛乳 100kg、杏仁汁 10kg。

五、实验步骤

1. 工艺流程

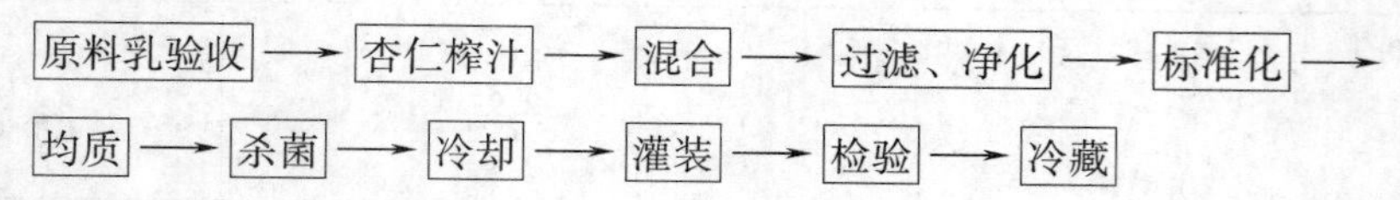

2. 操作要点

（1）原料乳验收　消毒乳的质量决定于原料乳。因此，对原料乳的质量必须严格管理，认真检验，只有符合标准的原料乳才能生产消毒乳。

（2）杏仁榨汁　选择无污染、无霉变的杏仁放入榨汁机中，将榨好的杏仁汁放入冷藏条件下备用。

（3）过滤、净化　目的是除去乳中的尘埃、杂质。

（4）标准化　目的是保证牛乳中含有规定的最低限度的脂肪。各国牛乳标准化的要求有所不同，一般说来低脂乳含脂率为0.5%，普通乳为3%，凡不合标准的乳都必须进行标准化。

（5）均质　通常进行均质的温度为65℃，均质压力为10～20MPa。如果均质温度太低，有可能发生黏滞现象。

（6）杀菌　巴氏杀菌鲜乳处理过程中往往受许多微生物的污染（其中80%为乳酸菌），因此，当利用牛乳生产消毒牛乳时，为了提高乳在储存和运输中的稳定性、避免酸败、防止微生物传播造成危害，最简单而有效的方法就是利用加热进行巴氏杀菌处理，温度为72～75℃，时间为15～20s。

（7）冷却　为了抑制牛乳中细菌的发育，延长保存性，仍需及时进行冷却，通常将乳冷却至4℃左右。

（8）灌装　灌装的目的主要为便于零售，防止外界杂质混入成品中，防止微生物再污染，保存风味和防止吸收外界气味而产生异味，以及防止维生素等成分受损失等。灌装容器主要为玻璃瓶、乙烯塑料瓶、塑料袋和涂塑复合纸袋包装。

六、注意事项

1. 原料乳应验收达到国家标准要求。

2. 巴氏杀菌很难杀死细菌的芽孢和牛乳中的耐热菌，因此，巴氏杀菌乳必须在适当的冷藏条件下储藏，一般要求温度在0～4℃。

3. 严格按照实验步骤完成，控制好操作顺序、温度，时间等参数。

思考题

1. 巴氏杀菌乳的产品标准?
2. 均质的目的?
3. 如何生产巴氏杀菌乳?

实验二　牦牛酸乳的加工

一、知识准备

1. 发酵乳的种类

以生牛（羊）乳或乳粉为原料，经杀菌、发酵后制成的 pH 降低的产品。

发酵乳的种类如下所述。

（1）酸乳　以生牛（羊）乳或乳粉为原料，经杀菌、接种嗜热链球菌和保加利亚乳杆菌（德氏乳杆菌保加利亚亚种）发酵制成的产品。

（2）风味发酵乳　以 80% 以上生牛（羊）乳或乳粉为原料，添加其他原料，经杀菌、发酵后 pH 降低，发酵前或后添加或不添加食品添加剂、营养强化剂、果蔬、谷物等制成的产品。

（3）风味酸乳　以 80% 以上生牛（羊）乳或乳粉为原料，添加其他原料，经杀菌、接种嗜热链球菌和保加利亚乳杆菌（德氏乳杆菌保加利亚亚种）发酵前或后添加或不添加食品添加剂、营养强化剂、果蔬、谷物等制成的产品。

2. 发酵乳的特点

发酵乳是指乳在发酵剂（特定菌）的作用下发酵而成的乳制品。经微生物的代谢，产生 CO_2、醋酸、双乙酰等物质，赋予最终产品独特的风味、质构和香气。在保质期内，大多数该类产品中的特定菌必须大量存在，并能继续存活和具有活性。

发酵乳中所含的乳酸菌，对人体健康大有裨益。大量研究结果表明：经乳酸菌发酵后的乳制品，不仅可以缓解乳糖不耐症，还可以改善和平衡肠道菌群，抑制腐败菌的生长，降低胆固醇和血氨，还具有护肝、抗衰、抗肿瘤作用。

3. 发酵乳国家标准

《食品安全国家标准　发酵乳》（GB 19302—2010）。

（1）感官要求

表 5－4　感官要求（GB 19302—2010）

项　目	要　求		检验方法
	发酵乳	风味发酵乳	
色泽	色泽均匀一致，呈乳白色或微黄色。	具有与添加成分相符的色泽。	取适量试样置于 50mL 烧杯中，在自然光下观察色泽和组织状态。闻其气味，用温开水漱口，品尝滋味。
滋味、气味	具有发酵乳特有的滋味、气味。	具有与添加成分相符的滋味和气味。	
组织状态	组织细腻、均匀，允许有少量乳清析出；风味发酵乳具有添加成分特有的组织状态。		

（2）理化指标

表5-5　理化指标（GB 19302—2010）

项　目		指　标		检验方法
		发酵乳	风味发酵乳	
脂肪[a]/(g/100g)	≥	3.1	2.5	GB 5413.3
非脂乳固体/(g/100g)	≥	8.1	—	GB 5413.39
蛋白质/(g/100g)	≥	2.9	2.3	GB 5009.5
酸度/(°T)	≥	70.0		GB 5413.34

[a]仅适用于全脂产品。

（3）污染物限量　应符合《食品安全国家标准　食品中污染物限量》（GB 2762—2017）的规定。

（4）真菌毒素限量　应符合《食品安全国家标准　食品中真菌毒素限量》（GB 2761—2017）的规定。

（5）微生物限量

表5-6　微生物限量（GB 19302—2010）

项目	采样方案[a]及限量（若非指定，均以CFU/g或CFU/mL表示）				检验方法
	n	c	m	M	
大肠菌群	5	2	1	5	GB 4789.3 平板计数法
金黄色葡萄球菌	5	0	0/25g（mL）	—	GB 4789.10 定性检验
沙门氏菌	5	0	0/25g（mL）	—	GB 4789.4
酵母≤	100				GB 4789.15
霉菌≤	30				

[a]样品的分析及处理按GB 4789.1和GB 4789.18执行。

（6）乳酸菌数

表5-7　乳酸菌数（GB 19302—2010）

项　目		限量［CFU/g（mL）］	检验方法
乳酸菌数[a]	≥	1×10^6	GB 4789.35

[a]发酵后经热处理的产品对乳酸菌数不作要求。

二、实验目的

1. 学习发酵乳的生产过程。

2. 掌握发酵剂的制备。

三、实验设备与材料

1. 设备

天平、三角瓶、培养箱、过滤净化机、杀菌机、均质机、发酵罐、灌装机。

2. 原材料

牦牛乳、糖、发酵剂。

四、实验配方

牦牛乳 100kg、糖 3kg、发酵剂 3%。

五、实验步骤

1. 工艺流程

以全脂加糖凝固型发酵乳为例

发酵剂制备 → 牦牛乳验收 → 均质 → 杀菌 →

接菌 → 灌装 → 发酵 → 冷却 → 包装

2. 操作要点

（1）发酵剂的制备

步骤 1：母发酵剂制备

母发酵剂的调制：将充分活化的菌种接种于盛有灭菌脱脂乳的三角瓶中，混匀后，放入恒温箱中进行培养。凝固后再移入灭菌脱脂乳中，如此反复 2 ~ 3 次，使乳酸菌保持定活力，然后再制备生产发酵剂。纯菌种活化或母发酵剂制备工艺流程如下：

复原脱脂乳（总固形物 10% ~ 12%）→ 灭菌，115℃/15min → 冷却至 43℃ →

接种（接种 1% ~ 3%）→ 培养至凝乳（42℃）→ 冷却至 4℃ → 冰箱保存

步骤 2：工作发酵剂的制备

工作发酵剂室最好与生产车间隔离，要求有良好的卫生状况，最好有换气设备。每天要用 200mg/L 的次氯酸钠溶液喷雾，在操作前操作人员要用 100 ~ 150mg/L 的次氯酸钠溶液洗手消毒。氯水由专人配制并每天更换。

工作发酵剂制备可在小型发酵罐中进行，整个过程可全部自动化，并采用 CIP 清洗。工作发酵剂的制备流程如下：

原料乳预处理 → 预热 → 均质 → 杀菌 → 冷却（42 ~ 45℃）→

接种 → 检验菌种活力 → 冷却（4℃）→ 工作发酵剂

为了不影响生产，发酵剂要提前制备，可在低温条件下短时间储藏。

（2）牦牛乳验收　用于制作发酵剂和生产酸乳的原料乳必须是高质量，要求杂菌数不高于 500000 个/mL，乳中全乳固体不低于 11.5%。

（3）均质　均质处理可使原料充分混匀，有利于提高酸乳的稳定性和稠度，并使酸乳质地细腻，口感良好。均质压力为 20 ~ 25MPa。

（4）杀菌　杀菌目的在于杀灭原料乳中的杂菌，确保乳酸的正常生长和繁殖；钝化原料乳中对发酵菌有抑制作用的天然抑制物；使牛乳中的乳清蛋白变性，以达到改善组织状态，提高黏稠度和防止成品乳清析出的目的。杀菌条件为：90～95℃，5min。

（5）接种　杀菌后的乳应马上降至45℃左右，以便接种发酵剂。接种量按菌种活力、发酵方法、生产时间安排和混合菌种配比不同而定。一般生产发酵剂，产酸活力在0.7%～1.0%，此时接种量应为2%～4%。加入的发酵剂应事先在无菌操作条件下搅拌成均匀细腻的状态，不应有大凝块，以免影响成品质量。

（6）灌装　凝固型酸乳罐装时，可据市场需要选择玻璃瓶或塑料杯，在装瓶前需对玻璃瓶进行蒸汽灭菌，一次性塑料杯可直接使用。搅拌型酸乳罐装时，注意对果料杀菌，杀菌温度应控制在能抑制一切有生长能力的细菌，而又不影响果料的风味和质地的范围内。

（7）发酵　用保加利亚乳杆菌与嗜热链球菌的混合发酵剂时，温度保持在41～42℃，培养时间2.5～4.0h（2%～4%的接种量）。达到凝固状态时即可终止发酵。

发酵终点可依据如下条件来判断：①pH低于4.6；②表面有少量水痕；③乳变黏稠。发酵应注意避免震动，否则会影响组织状态；发酵温度应恒定，避免忽高忽低；掌握好发酵时间，防止酸度不够或过度以及乳清析出。

（8）冷却　发酵好的凝固酸乳，应立即移入0～4℃的冷库中，迅速抑制乳酸菌的生长，以免继续发酵造成酸度过高。在冷藏期间，酸度仍会有上升，同时风味物质双乙酰含量也会增加。试验表明冷却24h，双乙酰含量达到最高，超过24h又会减少。因此，发酵凝固后须在0～4℃储藏24h再出售，该过程也称为后成熟。一般最大冷藏期为7～14d。

（9）包装　酸乳在出售前，其包装物上应用清晰的商标、标识、保质期限、产品名称、主要成分的含量、食用方法、储藏条件以及生产商和生产日期。

六、注意事项

1. 原料乳应验收达到国家标准要求。
2. 严格控制交叉污染，防止杂菌污染。
3. 严格按照工艺操作完成，控制好操作顺序、温度，时间等参数。

1. 发酵乳与杀菌乳的区别?
2. 如何制备发酵剂?
3. 如何生产发酵乳?

实验三　配方乳粉的加工

一、知识准备

1. 乳粉的种类

乳粉是以生牛（羊）乳为原料，或以生牛（羊）乳为主要原料，添加定量的植物或动物蛋白质、脂肪、维生素、矿物质等配料，采用冷冻法或加热法除去乳中几乎全部水分加工而成，是呈均匀的粉末状而又非常干燥的乳制品。

乳粉的种类包括以下几类。

（1）乳粉　以生牛（羊）乳为原料，经加工制成的粉状产品。

（2）调制乳粉　以生牛（羊）乳或及其加工制品为主要原料，添加其他原料，添加或不添加食品添加剂和营养强化剂，经加工制成的乳固体含量不低于70%的粉状产品。

2. 乳粉的特点

乳粉中几乎保留了鲜乳的全部营养成分，营养价值高，而且由于乳粉中水分很低，产品中的微生物不能生长繁殖，乳粉储藏期长。另外，乳粉中除去了几乎全部水分，大大减轻了重量、减小了体积，为储藏与加工带来了方便，而且冲调容易，只要加入热水溶开，即可饮用。

3. 乳粉国家标准

《食品安全国家标准　乳粉》（GB 19644—2010）。

（1）感官要求

表5-8　感官要求（GB 19644—2010）

项　目	要　求		检验方法
	乳　粉	调制乳粉	
色泽	呈均匀一致的乳黄色。	具有应有的色泽。	取适量试样置于50mL烧杯中，在自然光下观察色泽和组织状态。闻其气味，用温开水漱口，品尝滋味。
滋味、气味	具有纯正的乳香味。	具有应有的滋味、气味。	
组织状态	干燥均匀的粉末。		

（2）理化指标

表5-9　理化指标（GB 19644—2010）

项　目		指　标		检验方法
		乳　粉	调制乳粉	
蛋白质/(%)	≥	非脂乳固体[a]的34%	16.5	GB 5009.5
脂肪[b]/(%)	≥	26.0	—	GB 5413.3
复原乳酸度/(°T)				GB 5413.34
牛乳	≤	18	—	
羊乳		7～14	—	
杂质度/(mg/kg)	≤	16	—	GB 5413.30
水分/(%)	≤	5.0		GB 5009.3

[a]非脂乳固体（%）=100%－脂肪（%）－水分（%）。

[b]仅适用于全脂乳粉。

（3）污染物限量　应符合《食品安全国家标准　食品中污染物限量》（GB 2762—2017）的规定。

（4）真菌毒素限量　应符合《食品安全国家标准　食品中真菌毒素限量》（GB 2761—2017）的规定。

（5）微生物限量　如表5－10所示。

表5－10　微生物限量（GB 19644—2010）

项目	采样方案[a]及限量（若非指定，均以CFU/g表示）				检验方法
	n	c	m	M	
菌落总数[b]	5	2	50000	200000	GB 4789.2
大肠菌群	5	1	10	100	GB 4789.3平板计数法
金黄色葡萄球菌	5	2	10	100	GB 4789.10平板计数法
沙门氏菌	5	0	0/25g	—	GB 4789.4

[a]样品的分析及处理按GB 4789.1和GB 4789.18执行。

[b]不适用于添加活性菌种（好氧和兼性厌氧益生菌）的产品。

二、实验目的

1. 学习全脂乳粉生产工艺及质量控制要点、喷雾干燥的原理。
2. 掌握浓缩设备和喷雾工作设备的操作方法。

三、实验设备与材料

1. 设备

天平、过滤净化机、杀菌机、均质机、蒸发器、喷雾干燥器、包装机等。

2. 原材料

鲜牛乳、乳清蛋白、油酸、亚油酸、亚麻酸、EPA、DHA、维生素A、维生素D、铁、锌、钙、磷等。

四、实验配方

依据实际情况进行原材料选择，按标准进行配方。

五、实验步骤

1. 工艺流程

原料乳的验收 → 标准化 → 加糖、预热、均质 → 杀菌 →

真空浓缩 → 喷雾干燥 → 冷却 → 称量、包装

2. 操作要点

（1）原料乳的验收及预处理　只有优质的原料乳才能生产出高质量的乳粉。原料乳必须符合国家标准规定的各项要求，严格的进行感官检验、理化性质检验和微生物检验。原料乳经过验收后应及时进行过滤、净化、冷却和储存等预处理。

（2）标准化　脂肪标准化是在离心净乳机净乳时同时进行的。如果净乳机没有分离乳油的功能，则要单独设置离心分离机。当原料乳中含脂率高时，可调整净乳机或离心分离机分离出一部分稀乳油；如果原料乳中含脂率低，则要加入稀乳油，使成品中含有25%～30%的脂肪。因这个含量范围较大，所以生产全脂乳粉时，一般不用对脂肪含量进行调整。但要经常检查原料乳的含脂率，掌握其变化规律，以便于适当调整。

（3）加糖、预热、均质　当产品中蔗糖含量低于20%时，可在预热时加糖或将灭菌糖浆加入浓缩好的待喷雾的浓缩乳中；若超过20%，则应该将超过部分以蔗糖细粉的形式在乳粉包装时加入。

生产全脂乳粉、全脂甜乳粉以及脱脂乳粉时，一般不必经过均质操作，但若乳粉中加入了稀乳油、脱脂乳、植物油或其他不易混匀的物料时，就要进行均质。这样制成的乳粉冲调后复原性更好。均质之前，要先将原料乳预热，使乳温达到60～65℃，均质时压力一般控制在14～21MPa。

（4）杀菌　乳粉中不允许存在病原菌，一般的腐败性细菌是引起产品变质的主要因素。乳中含有酯解酶和过氧化物酶，对产品的保藏不利，必须在杀菌过程中将其钝化。因此，乳粉生产中杀菌的主要目的是杀灭各种病原菌，杀死并破坏乳中的各种酶的活力，如杀死金黄色葡萄球菌大部分的腐败菌及其他微生物破坏蛋白酶、酯酶、过氧化物酶等。

原料乳的杀菌方法需根据成品的特性进行选择，目前最常用的方法是高温短时杀菌，因为该方法可使牛乳的营养成分损失较小，乳粉的理化特性较好。

（5）真空浓缩　一般要求原料乳浓缩至原体积的1/4，乳干物质达到45%左右。浓缩后的乳温一般47～50℃。

真空浓缩设备种类繁多，有单效循环式升膜蒸发器、单效降模式蒸发器、双效降膜蒸发器和板式蒸发器等。多效蒸发器已达到四效、五效，可以充分利用能源。我国乳粉加工厂目前使用双效和三效者居多。双效降膜式蒸发器，第一效保持在70℃左右，第二效为45℃左右。真空度一般保持在8.533×10^4～8.933×10^4Pa，可连续操作，设备的有效时间利用率高，热能消耗少，占地面积小，洗刷方便，大大降低了工人的劳动强度，容易自动控制，便于生产连续化。

（6）喷雾干燥　喷雾干燥包括压力喷雾法、离心喷雾法和二流体喷雾法，生产中主要采用前两种方法。压力喷雾法是采用高压泵将浓缩乳通过雾化器，使之克服表面张力而雾化成微乳滴，在干燥室内与热空气接触在瞬间获得干燥。离心喷雾法与压力喷雾法不同。浓缩乳不用高压泵的压力雾化，而利用雾化器（离心盘）的高速旋转的离心力的作用，将其喷成微乳滴，同时与热空气接触达到瞬间干燥的目的。

为了保证乳粉中含水量的标准，一般将排风湿度控制为10%～13%，即排风的干球温度达到75～85℃。

（7）冷却　喷雾干燥结束后，应立即将乳粉送至干燥室外并及时冷却，避免乳粉受热时间过长，造成脂肪分离，严重影响乳粉的质量，使之在保存中容易引起脂肪氧化变质，乳粉的色泽、滋气味、溶解度也会受到影响。筛粉的目的是将粗粉和细粉混合均匀，并除去乳粉团块、粉渣，使乳粉均匀、松散，便于凉粉冷却。

（8）称量、包装　乳粉储藏一段时间后，表观密度可提高15%，有利于包装。根据乳粉的用途，有大罐、小罐，大袋和小袋等包装形式。小包装称量要求精确迅速，通常有容量法和重量法等称量机。包装要求称量准确，排气彻底，封口严密，装箱整齐，打包牢固。

六、注意事项

1. 原料乳验收应达到国家标准要求。

2. 若乳粉储存于温度高、湿度大的环境，当乳粉中的水分含量增高至一定值时，乳粉的色泽将加深，最终将产生褐色，之后，乳粉也开始变质，伴随着产生异味。

3. 严格按照工艺操作完成，控制好操作顺序、温度，时间等参数，防止乳粉变色、变味、结块等现象出现。

思考题

1. 乳粉的生产工艺与产品标准?
2. 真空浓缩的特点?
3. 喷雾干燥的特点?

实验四　玫瑰干酪的加工

一、知识准备

1. 干酪的种类

成熟或未成熟的软质、半硬质、硬质或特硬质、可有涂层的乳制品，其中乳清蛋白/酪蛋白的比例不超过牛乳中的相应比例。干酪可由下述方法获得。

（1）在凝乳酶或其他适当的凝乳剂的作用下，使乳、脱脂乳、部分脱脂乳、稀奶油、乳清稀奶油、酪乳中一种或几种原料的蛋白质凝固或部分凝固，排出凝块中的部分乳清而得到。这个过程是乳蛋白质（特别是酪蛋白部分）的浓缩过程，即干酪中蛋白质的含量显著高于所用原料中蛋白质的含量。

（2）加工工艺中包含乳和（或）乳制品中蛋白质的凝固过程。

干酪的种类如下所述。

（1）成熟干酪　生产后不能马上使（食）用，应在一定温度下储存一定时间，以通过生化和物理变化产生该类干酪特性的干酪。

（2）霉菌成熟干酪　主要通过干酪内部和（或）表面的特征霉菌生长而促进其成熟的干酪。

（3）未成熟干酪　未成熟干酪（包括新鲜干酪）是指生产后不久即可使（食）用的干酪。

2. 干酪的特点

干酪的营养成分丰富，含有丰富的蛋白质、脂肪等有机成分和钙、磷等无机盐类，以及多种维生素及微量元素。

传统的天然硬质干酪制作中，使用8~10kg乳才能制得1kg乳酪，所以干酪浓缩了原料乳中的精华，具有很高的营养价值。干酪中的脂肪和蛋白质含量较原料乳中的脂肪和蛋白质提高了将近10倍。干酪所含的钙、磷等无机成分，不仅能满足人体的营养需要外，还具有重要的生理功能。干酪中的维生素类主要是维生素A，其次是胡萝卜素、B族维生素和尼克酸等。

在干酪的发酵成熟过程中，乳蛋白质在凝乳酶和乳酸菌发酵剂产生的蛋白酶的作用下分解，形成胨、肽、氨基酸等小分子物质，易被人体消化吸收，干酪蛋白质的消化率高达96%~98%。

3. 干酪国家标准

《食品安全国家标准　干酪》(GB 5420—2010)。

(1) 感官要求　如表5-11所示。

表5-11　感官要求 (GB 5420—2010)

项　目	要　求	检验方法
色泽	具有该类产品正常的色泽。	取适量试样置于50mL烧杯中，在自然光下观察色泽和组织状态。闻其气味，用温开水漱口，品尝滋味。
滋味、气味	具有该类产品特有的滋味和气味。	
组织状态	组织细腻，质地均匀，具有该类产品应有的硬度。	

(2) 污染物限量　应符合《食品安全国家标准　食品中污染物限量》(GB 2762—2017) 的规定。

(3) 真菌毒素限量　应符合《食品安全国家标准　食品中真菌毒素限量》(GB 2761—2017) 的规定。

(4) 微生物限量

表5-12　微生物限量 (GB 5420—2010)

项　目	采样方案[a]及限量（若非指定，均以CFU/g表示）				检验方法
	n	c	m	M	
大肠菌群	5	2	100	1000	GB 4789.3 平板计数法
金黄色葡萄球菌	5	2	100	1000	GB 4789.10 平板计数法
沙门氏菌	5	0	0/25g	—	GB 4789.4
单核细胞增生李斯特氏菌	5	0	0/25g	—	GB 4789.30
酵母[b]　≤	50				GB 4789.15
霉菌[b]　≤	50				

[a]样品的分析及处理按GB 4789.1和GB 4789.18执行。

[b]不适用于霉菌成熟干酪。

二、实验目的

1. 掌握干酪的概念。

2. 学习玫瑰干酪的生产工艺。

三、实验设备与材料

1. 设备

天平、过滤净化机、杀菌机、均质机、干酪槽等。

2. 原材料

鲜牛乳、发酵剂、玫瑰汁、凝乳酶等。

四、实验配方

依据实际情况进行原材料选择，按标准进行配方。

五、实验步骤

1. 工艺流程

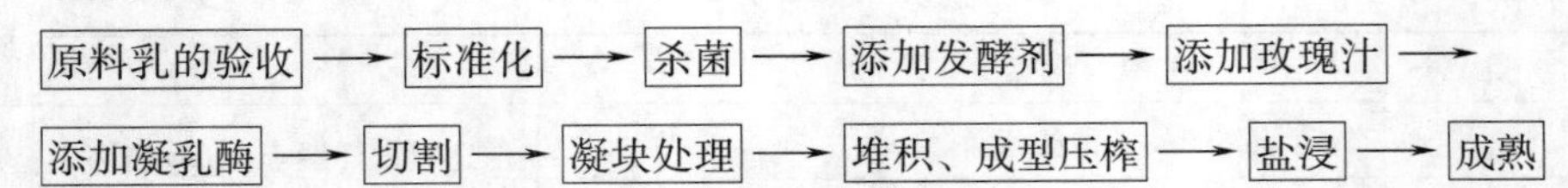

2. 操作要点

（1）原料乳的验收与标准化　原料乳经感官、理化及微生物检验合格后，进行过滤、净化，按乳脂率为2.5%～3.0%进行标准化。

（2）杀菌　在干酪槽内，采用63～65℃、30min的条件对原料乳进行杀菌处理，而后冷却至29～31℃。

（3）添加发酵剂　向原料乳中添加2%的发酵剂，搅拌均匀后，加入0.02%的$CaCl_2$（事先配成10%溶液）。调整酸度至0.18%～0.20%。

（4）添加玫瑰汁　将玫瑰汁灭菌处理后，添加至添加发酵剂的牛乳中，搅拌混匀。

（5）添加凝乳酶　加凝乳酶（用1%的食盐水配成2%的溶液）搅拌均匀，保温静置25～40min进行凝乳。凝乳酶的添加量应按其效价进行计算，当效价为7万单位时，一般加入原料乳量的0.003%。

（6）切割及凝块处理　首先应用温度计插入法检查凝乳的状态。如果裂口整齐，平滑光亮，有均匀的乳清渗出，此时即可用干酪横刀和纵刀分别进行切割，使切割后的凝块大小为1.0～1.5cm。然后用干酪耙搅拌25min。当凝块达到一定硬度后排出全乳清量的1/3，再加温搅拌，在25min内使温度由31℃升至38℃，并在此温下继续搅拌30min。当凝块收缩，达到规定硬度时排除全部乳清。

（7）堆积、成型压榨　将凝块在干酪槽内进行堆积，彻底排除乳清。此时乳清的酸度应为0.13%～0.16%。然后，切成大小适宜的块并装入成型器内，置于压榨机上预压榨约30min，取下整形后反转压榨，最后进行3～6h的正式压榨。取下后进行整理。

（8）盐浸　将干酪放在温度为10～15℃、浓度为20%～22%的盐水中浸盐2～3d，每天翻转一次。

（9）成熟　将浸盐后的干酪擦干放入成熟库中进行成熟。条件为：温度10～15℃，相对湿度80%～85%。每天进行擦拭和反转。至10～15d后，上色挂蜡。最后放入成熟库中进行后期成熟（5～6个月）。

六、注意事项

1. 原料乳应验收达到国家标准要求。
2. 严格按操作规范生产，并控制卫生，预防杂菌污染。
3. 严格按照工艺操作完成，控制好操作顺序、温度，时间等参数。

思考题

1. 干酪的标准与加工？
2. 成熟的作用？
3. 添加凝乳酶和发酵剂的作用？

实验五　冰淇淋的加工

一、知识准备

1. 冰淇淋的种类

冰淇淋以饮用水、乳和（或）乳制品、蛋制品、水果制品、豆制品、食糖、食用植物油等的一种或多种为原辅料，添加或不添加食品添加剂和（或）食品营养强化剂，经混合、灭菌、均质、冷却、老化、冻结、硬化等工艺制成的体积膨胀的冷冻饮品。

冰淇淋的种类包括：

（1）全乳脂冰淇淋　主体部分乳脂质量分数为8%以上（不含非乳脂）的冰淇淋。

①清型全乳脂冰淇淋。不含颗粒或块状辅料的全乳脂冰淇淋，如奶油冰淇淋、可可冰淇淋等。

②组合型全乳脂冰淇淋。以全乳脂冰淇淋为主体，与其他种类冷冻饮品和（或）巧克力、饼坯等食品组合而成的制品，其中全乳脂冰淇淋所占质量分数大于50%，如巧克力奶油冰淇淋、蛋卷奶油冰淇淋等。

（2）半乳脂冰淇淋　主体部分乳脂质量分数大于等于2.2%的冰淇淋。

①清型半乳脂冰淇淋。不含颗粒或块状辅料的半乳脂冰淇淋，如香草半乳脂冰淇淋、橘味半乳脂冰淇淋、香芋半乳脂冰淇淋等。

②组合型半乳脂冰淇淋。以半乳脂冰淇淋为主体，与其他种类冷冻饮品和（或）巧克力、饼坯等食品组合而成的制品，其中半乳脂冰淇淋所占质量分数大于50%，如脆皮半乳脂冰淇淋、蛋卷半乳脂冰淇淋、三明治半乳脂冰淇淋等。

（3）植脂冰淇淋　主体部分乳脂质量分数低于2.2%的冰淇淋。

①清型植脂冰淇淋。不含颗粒或块状辅料的植脂冰淇淋，如豆奶冰淇淋、可可植脂冰淇淋等。

②组合型植脂冰淇淋。以植脂冰淇淋为主体，与其他种类冷冻饮品和（或）巧克力、饼坯等食品组合而成的食品，其中植脂冰淇淋所占质量分数大于50%，如巧克力脆皮植脂

冰淇淋、华夫夹心植脂冰淇淋等。

2. 冰淇淋的特点

冰淇淋是一种冻结的乳制品，属于固体冷饮食品类，具有轻滑而细腻的组织、紧密而柔软的形体、醇厚而持久的风味、营养丰富、冷凉甜美等特点，有“冷饮之王”之美称，深受广大消费者欢迎。

3. 冰淇淋国家标准

《冷冻饮品　冰淇淋》（GB/T 31114—2014）。

（1）感官要求

表 5－13　感官要求（GB/T 31114—2014）

项　目	要　求					
	全乳脂		半乳脂		植脂	
	清型	组合型	清型	组合型	清型	组合型
色泽	主体色泽均匀，具有品种应有的色泽					
形态	形态完整，大小一致，不变形，不软塌，不收缩					
组织	细腻滑润，无气孔，具有该品种应有的组织特征					
滋味气味	柔和乳脂香味，无异味		柔和淡乳香味，无异味		柔和植脂香味，无异味	
杂质	无正常视力可见外来杂质					

（2）理化指标

表 5－14　理化指标（GB/T 31114—2014）

项　目	指　标					
	全乳脂		半乳脂		植脂	
	清型	组合型	清型	组合型	清型	组合型
非脂乳固体/(g/100g)　≥	6.0					
总固形物/(g/100g)　≥	30.0					
脂肪/(g/100g)　≥	8.0		6.0	5.0	6.0	5.0
蛋白质/(g/100g)　≥	2.5	2.2	2.5	2.2	2.5	2.2
注 1：组合型产品的各项指标均指冰淇淋主体部分。 注 2：非脂乳固体含量按原始配料计算。						

二、实验目的

1. 熟练掌握冰淇淋加工设备。

2. 能自己设计冰淇淋配方，并能够做出合格产品。

三、实验设备与材料

1. 设备

天平、过滤净化机、杀菌机、均质机、老化缸、成型机、包装机等。

2. 原材料

水、脱脂乳粉、蔗糖、无盐奶油、明胶等。

四、实验配方

水 63. 3kg、脱脂乳粉 11. 6kg、蔗糖 15kg、无盐奶油 9. 6kg、明胶 0. 5kg。

五、实验步骤

1. 工艺流程

配料准备与混合 → 杀菌 → 均质 → 冷却 → 老化 → 凝冻 → 成型 → 硬化 → 储藏

2. 操作要点

（1）配料准备与混合　在配制冰淇淋混合原料时，首先应根据配方比例将各种原料称量好，然后在配料缸内进行配制。

（2）杀菌　通过杀菌可以杀灭料液中的一切病原菌和绝大部分非病原菌，以保证产品的安全性和卫生指标，延长冰淇淋的保质期。杀菌温度和时间的确定，主要看杀菌的效果，过高的温度与过长的时间不但浪费能源，而且还会使料液中的蛋白质凝固、产生蒸煮味和焦味、维生素受到破坏而影响产品的风味及营养价值。

冰淇淋混合料一般采用巴氏杀菌法，杀菌的条件一般为：间歇式巴氏杀菌的温度和时间为68℃、30min，高温短时巴氏杀菌的温度和时间为80℃、25s，超高温巴氏杀菌的温度和时间为100～128℃，3～40s。近年来，适用于冰淇淋配料杀菌的高温巴氏杀菌设备被广泛使用。应用最多的是80℃、25s高温，短时巴氏杀菌法。

（3）均质　压力的选择应适当，因压力过低时，脂肪粒没有被充分粉碎，乳化不良，影响冰淇淋的形体；而压力过高时，脂肪粒过于微小，使混合料黏度过高，凝冻时空气难以混入，给膨胀率带来影响。合适的压力，可以使冰淇淋组织细腻、形体松软润滑。一般来说，选择压力第一段为15～20MPa，第二段为2～5MPa。

均质温度对冰淇淋的质量也有较大的影响。当均质温度低于52℃时，均质后混合料黏度高，对凝冻不利，形体不良；而均质温度高于70℃时，凝冻时膨胀率过大，也有损于形体。一般较合适的均质温度是65～70℃。

（4）冷却　冷却是使物料降低温度的过程。温度的迅速降低能使混合料黏度增大，可有效防止脂肪球的聚集和上浮，避免混合料酸度的增加，阻止香味物质的逸散和延缓细菌的繁殖。这对于提高成品的膨胀率、稳定产品的质量至关重要。混合料经过均质处理后，温度在60℃以上，应将其通过片式换热器迅速冷却至老化温度（2～4℃）。

（5）老化　老化是将经均质、冷却后的混合料置于老化缸中，在2～4℃的低温下使混合料在物理上成熟的过程。其实质在于脂肪、蛋白质和稳定剂的水合作用，稳定剂充分吸收水分使料液黏度增加，有利于凝冻搅拌时膨胀率的提高。

老化操作的参数主要为温度和时间。随着温度的降低，老化的时间也将缩短。如在2～4℃时，老化时间需4h；而在0～1℃时，只需2h。若温度过高，如高于6℃，则时间再长也难有良好的效果。混合料的组成成分与老化时间有一定关系，干物质越多，黏度越高，老化时间越短。一般说来，老化温度控制在2～4℃，时间为6～12h为佳。

（6）凝冻　在冰淇淋生产中，凝冻过程是将混合料置于低温下，经强制搅拌下进行冰冻，使空气以极微小的气泡状态均匀分布于混合料中，使水分呈微细的冰结晶的过程。

冰淇淋料液的凝冻过程大体分为以下三个阶段。

①液态阶段。料液经过凝冻机凝冻搅拌一段时间（2～3min）后，料液的温度从进料温度（4℃）降低到2℃。由于此时料液温度尚高，未达到使空气混入的条件，故称这个阶段为液态阶段。

②半固态阶段。继续将料液凝冻搅拌2～3min，此时料液的温度降至－2～－1℃，料液的黏度也显著提高。空气得以大量混入，料液开始变得浓厚而体积膨胀，这个阶段为半固态阶段。

③固态阶段。此阶段为料液即将形成软冰淇淋的最后阶段。经过半固态阶段以后，继续凝冻搅拌料液3～4min，此时料液的温度已降低到－6～－4℃，在温度降低的同时，空气继续混入，并不断的被料液层层包围，这时冰淇淋料液内的空气含量已接近饱和。整个料液体积的不断膨胀，料液最终成为浓厚、体积膨大的固态物质，此阶段即是固态阶段。

（7）成型　冰淇淋成型分为浇模成型、挤压成型和灌装成型三大类。

①浇模成型。浇模成型的特点是冰淇淋注入特制的模具成型，随同模具进入低温盐水槽（一般低于－28℃）进行速冻硬化，载冷剂通常为氯化钙。硬化后的冰淇淋产品从模具中脱模送入下道工序。

②挤压成型。挤压成型是一种较新的冰淇淋成型技术，它必须建立在连续式凝冻的基础上。挤压成型冰淇淋生产线的特点是：连续凝冻、挤压成型、速冻硬化、自动包装。

③灌装成型。灌装类的冰淇淋产品，典型的如蛋筒、塑杯等，经速冻后随容器一起进行销售。

（8）硬化　将经成型灌装机灌装和包装后的冰淇淋迅速置于－25℃以下的环境中，经过一定时间的速冻，品温保持在－18℃以下，使其组织状态固定、硬度增加的过程称为硬化。

硬化的目的是固定冰淇淋的组织状态、完成形成细微冰晶的过程，使其组织保持适当的硬度以保证冰淇淋的质量，便于销售与储藏运输。速冻硬化可用速冻库（－25～－23℃）、速冻隧道（－40～－35℃）或盐水硬化设备（－27～－25℃）等。一般硬化时间为：速冻库10～12h、速冻隧道30～50min、盐水硬化设备20～30min。

（9）储藏　硬化后的冰淇淋产品，在销售前应将制品保存在低温冷藏库中。冷藏库的温度为－20℃，相对湿度为85%～90%，储藏库温度不可忽高忽低，储存温度及储存中温度变化往往导致冰淇淋中冰的再结晶。使冰淇淋质地粗糙，影响冰淇淋品质。

六、注意事项

1. 原辅料应验收达到国家标准要求。

2. 按设备操作步骤规范使用相关设备。

3. 严格按照工艺操作完成，控制好操作顺序、温度、时间等参数，防止冰淇淋变味、收缩等现象出现。

1. 冰淇淋的生产工艺与产品标准?
2. 冰淇淋的形体缺陷及其预防措施?
3. 冰淇淋的组织缺陷及其预防措施?

实验六　奶油的加工

一、知识准备

1. 奶油的种类

（1）稀奶油　以乳为原料，分离出的含脂肪的部分，添加或不添加其他原料、食品添加剂和营养强化剂，经加工制成的脂肪含量为10.0%～80.0%的产品。

（2）奶油（黄油）　以乳和（或）稀奶油（经发酵或不发酵）为原料，添加或不添加其他原料、食品添加剂和营养强化剂，经加工制成的脂肪含量不小于80.0%产品。

（3）无水奶油（无水黄油）　以乳和（或）奶油或稀奶油（经发酵或不发酵）为原料，添加或不添加食品添加剂和营养强化剂，经加工制成的脂肪含量不小于99.8%的产品。

2. 奶油的特点

乳脂奶油由天然鲜牛乳提炼，无任何人工添加剂，营养成分极高。其中乳脂属于中性脂肪。乳脂中饱和脂肪酸如棕榈酸、硬脂酸及肉豆蔻酸占50%，油酸约占32%，亚油酸和亚麻酸只占3%，低级挥发性脂肪酸（碳原子数在14个以上）高达14%左右，这类脂肪酸决定了乳脂特有的香味、柔润及易消化的特性。乳脂奶油最大的营养价值就在于它的纯天然，奶油中富含的钙、铁、锌等微量元素可以最大限度地被人体所吸收。

3. 奶油国家标准

《食品安全国家标准　稀奶油、奶油和无水奶油》（GB 19646—2010）。

（1）感官要求

表5－15　感官要求（GB 19646—2010）

项　目	要　求	检验方法
色泽	呈均匀一致的乳白色、乳黄色或相应辅料应有的色泽。	取适量试样置于50mL烧杯中，在自然光下观察色泽和组织状态。闻其气味，用温开水漱口，品尝滋味。
滋味、气味	具有稀奶油、奶油、无水奶油或相应辅料应有的滋味和气味，无异味。	
组织状态	均匀一致，允许有相应辅料的沉淀物，无正常视力可见异物。	

（2）理化指标

表5－16　理化指标（GB 19646—2010）

项　目		指　标			检验方法
		稀奶油	奶油	无水奶油	
水分/（%）	≤	—	16.0	0.1	奶油按GB 5009.3的方法测定； 无水奶油按GB 5009.3中的卡尔·费休法测定
脂肪/（%）	≥	10.0	80.0	99.8	GB 5413.3[a]
酸度[b]/（°T）	≤	30.0	20.0	—	GB 5413.34
非脂乳固体[c]/（%）	≤	—	2.0	—	—

[a]无水奶油的脂肪（%）＝100%－水分（%）。

[b]不适用于以发酵稀奶油为原料的产品。

[c]非脂乳固体（%）＝100%－脂肪（%）－水分（%）（含盐奶油还应减去食盐含量）。

（3）污染物限量　应符合《食品安全国家标准　食品中污染物限量》（GB 2762—2017）的规定。

（4）真菌毒素限量　应符合《食品安全国家标准　食品中真菌毒素限量》（GB 2761—2017）的规定。

（5）微生物限量

①以罐头工艺或超高温瞬时灭菌工艺加工的稀奶油产品应符合商业无菌的要求，按《食品安全国家标准　食品微生物学检验　商业无菌检验》（GB 4789.26—2013）规定的方法检验。

②其他产品应符合下表的规定。

表5－17　微生物限量（GB 19646—2010）

项　目	采样方案[a]及限量（若非指定，均以CFU/g或CFU/mL表示）				检验方法
	n	c	m	M	
菌落总数[b]	5	2	10000	100000	GB 4789.2

续表

项　目	采样方案[a]及限量（若非指定，均以 CFU/g 或 CFU/mL 表示）				检验方法
	n	c	m	M	
大肠菌群	5	2	10	100	GB 4789.3 平板计数法
金黄色葡萄球菌	5	1	10	100	GB 4789.10 平板计数法
沙门氏菌	5	0	0/25g（mL）	—	GB 4789.4
霉菌　≤	90				GB 4789.15

[a]样品的分析及处理按 GB 4789.1 和 GB 4789.18 执行。

[b]不适用于以发酵稀奶油为原料的产品。

二、实验目的

1. 学习奶油的概念和方法。
2. 熟悉奶油的生产工艺。

三、实验设备与材料

1. 设备

天平、过滤净化机、奶油分离机、杀菌机、均质机、压炼机、成型机、包装机等。

2. 原材料

鲜牛乳、盐、发酵剂、色素。

四、实验配方

鲜牛乳 100kg、盐 2.5kg、发酵剂 1 ~ 5kg、色素 0.01kg。

五、实验步骤

1. 工艺流程

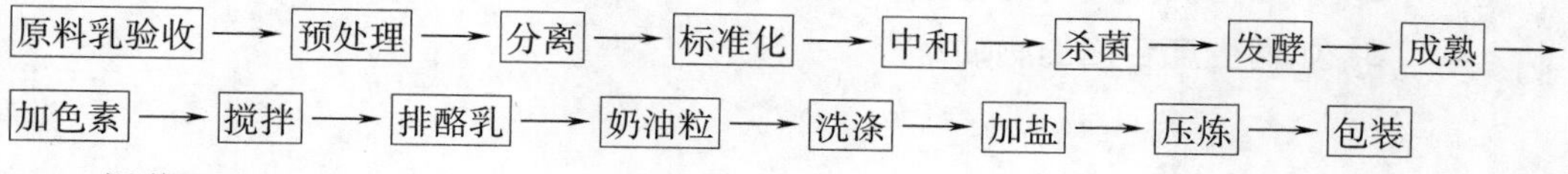

2. 操作要点

（1）原料乳验收　选择在滋味、气味、组织状态、脂肪含量及密度等各方面都正常的乳。

（2）预处理分离、标准化　用于生产奶油的原料乳要经过过滤、净乳，而后冷藏并标准化。生产奶油时必须将牛乳中的稀奶油分离出来，工业化生产采用离心法分离。为了在加工时减少乳脂的损失和保证产品的质量，在加工前必须将稀奶油进行标准化处理。

（3）中和　稀奶油的中和直接影响奶油的保存性和成品质量。中和的目的是防止高酸度稀奶油在杀菌时造成脂肪损失，改善奶油的香味，防止奶油在储藏期间发生水解和氧化。一般使用的中和剂为石灰或碳酸钠，中和至0.15%～0.25%，以防止产生特殊气味和稀奶油变稠。

（4）杀菌　通过杀菌可以消灭能使奶油变质及危害人体健康的微生物，破坏各种酶以增加奶油的保存性，除去稀奶油中特异的挥发性物质。一般采用85～90℃的高温巴氏杀菌。

（5）发酵　发酵剂必须是高活力的，发酵剂菌种为丁二酮链球菌、乳脂链球菌、乳酸链球菌和柠檬明串珠菌。发酵剂的添加量为1%～5%，一般发酵7h左右。

（6）成熟　稀奶油经加热杀菌融化后，要冷却至奶油脂肪的凝固点，以使部分脂肪变为固体结晶状态，这一过程称之为稀奶油的物理成熟。成熟通常需要12～15h。

（7）加色素　为使奶油颜色稳定一致，当奶油颜色太淡时，需添加色素，通常添加量为稀奶油的0.01%～0.05%。

（8）搅拌、排酪乳　将成熟后的稀奶油转入搅拌器中，使脂肪球膜破坏而形成奶油颗粒，同时，将分离出的酪乳排掉。

（9）洗涤　通过用净水洗涤可以除去残留的酪乳，调整奶油的酸度。

（10）加盐　加盐量通常为2.5%～3.0%，目的是为了增加风味，提高奶油的货架期。

（11）压炼、包装　通过压制将奶油粒变为特定结构的奶油层，使水滴分布均匀，使食盐完全溶解，并均匀分布于奶油中。将压炼后的奶油根据不同标准进行包装。

六、注意事项

1. 原料乳应验收达到国家标准要求。
2. 含脂率过高时，容易堵塞分离机，因此，加前必须将稀奶油进行标准化。
3. 严格按照工艺操作完成，控制好操作顺序、温度、时间等参数。

思考题

1. 奶油的产品标准?
2. 奶油在储藏期间会发生哪些变化?
3. 如何生产合格的奶油?

第六章

蛋品工艺学实验

实验一　洁蛋的加工

一、知识准备

1. 洁蛋的定义

选用符合国家标准的鲜禽蛋经过清洗、干燥、杀菌、分拣（散黄、异物、裂纹蛋）、分级、喷码、涂膜、包装等加工处理后的产品。

2. 洁蛋的特点

美国食品蛋卫生标准规定，带有沙门氏菌的食品蛋视为不合格产品，不能食用，所有食品蛋必须通过清洗消毒、保鲜处理，才能上市销售，才能保证广大消费者食用安全、卫生的食品蛋。洁蛋虽然经过一系列的工艺处理，但仍然属于鲜蛋类。洁蛋品质安全可靠，具有较长的保质期，可直接上市销售。

3. 洁蛋产品地方标准

《洁蛋（保洁蛋）》（DB42/T 547—2009）。

（1）感官要求

表 6－1　感官指标（DB42/T 547—2009）

项目	指　标
外观	蛋壳表面洁净，无粪便、无羽毛、无饲料等污物粘附；蛋形正常；蛋壳外观完整，色泽光亮，无破损、裂纹；蛋壳表面有涂膜、喷码。
气室	完整，气室高度不超过9mm、无气泡
蛋白	浓稠，透明
蛋黄	蛋黄完整、圆紧、凸起，有韧性，轮廓清晰，胚胎未发育
杂质	内容物不得有血块和其他组织异物
气味	具有产品固有的气味、无异味
破损率	≤2%

（2）理化指标

表6－2　理化指标（DB42/T 547—2009）

项　目		指　标
无机砷，mg/kg	≤	0.05
总汞（以Hg计），mg/kg	≤	0.05
铅（Pb），mg/kg	≤	0.2
镉（Cd），mg/kg	≤	0.05
六六六，mg/kg	≤	0.1
滴滴涕，mg/kg	≤	0.1
土霉素，mg/kg	≤	0.2
磺胺类（以磺胺类总量计），mg/kg	≤	0.1
恩诺沙星		不得检出
注：兽药、农药最高残留和其他有毒有害物质限量应符合国家相关标准及有关规定。		

（3）微生物指标

表6－3　微生物指标（DB42/T 547—2009）

项　目		指　标
菌落总数，cfu/g	≤	5×10^4
大肠菌群，MPN/100g	≤	100
致病菌（沙门氏菌、志贺氏菌）		不得检出

二、实验目的

1. 掌握清洁鸡蛋的生产工艺技术。
2. 学会鸡蛋的清洗消毒方法和操作。

三、实验设备与材料

1. 设备

天平、缸、清洗机、烘箱、打码机或喷码机、涂膜装置等。

2. 原材料

禽蛋、水、蜂蜡、蔗糖脂肪酸酯、卵磷脂、清蛋白、椰子油等。

四、实验配方

蜂蜡涂膜剂的配方：蜂蜡350g，蔗糖脂肪酸酯3g，卵磷脂4g，清蛋白3g，椰子油60mL，水580mL。

五、实验步骤

1. 工艺流程

原料选择 → 清洗 → 干燥 → 杀菌 → 喷码 → 涂膜 → 包装

2. 操作要点

（1）原料选择　在养殖车间收集的鲜蛋，经过传送带送至鲜蛋处理车间，在传送的过程中进行检验，将异常蛋、血斑蛋、肉斑蛋、异物蛋、过大蛋、过小蛋、破壳蛋、裂纹蛋等剔除。

（2）清洗　洗净用水要符合卫生标准，并注意水温和水质。当洗净水温度低于蛋温时，会因蛋气孔的毛细管现象或蛋内部的冷却收缩所引起的吸力，而使微生物随着水渗透入蛋内，当洗净水的温度过高时则可能使蛋因热膨胀而破裂。因此，洗净水的温度一般控制在比蛋温高10℃为宜（约为40℃）。洗净水的水质，要求含微生物少、不含杂质。

（3）干燥　禽蛋经过清洗后要及时烘干，烘干过程十分重要，温度不能太高，温度过高则会改变鸡蛋的质量，时间较长会使鸡蛋破裂，而污染设备。烘干过程中，空间温度一般保持在40～45℃，并且蛋在整个过程中是一直处于旋转，易于发生磕碰，所以蛋品从烘干流程的起端到水分完全被烘干要尽量控制在5s内。

（4）杀菌　鸡蛋的杀菌是指抑制或杀灭蛋壳表面上的微生物，使其达到无害化的处理。国内外鲜蛋常用的消毒方法有：过氧乙酸消毒、高锰酸钾消毒、热水杀菌处理等。

（5）喷码　采用计算机打码机或喷码机在每个蛋体或包装盒上进行无害化贴签或喷码标识（包括分类、商标和生产日期），所用喷墨必须是食品级的。

（6）涂膜、包装　将清蛋白浸泡在温水中，加热溶解后加入卵磷脂和蔗糖脂肪酸酯。将蜂蜡融化后加入椰子油，混合均匀。两种液体混合搅拌充分乳化即可。将鸡蛋浸入该乳液中，取出晾干后形成一层薄膜，包装装箱储藏。

六、注意事项

1. 原料蛋检查要求逐个进行，将异常蛋、血斑蛋、肉斑蛋、异物蛋、过大蛋、过小蛋、破壳蛋、裂纹蛋等剔除。

2. 严格按照工艺流程操作，严格控制工艺参数，做好相应的记录工作。

思考题

1. 如何制备涂膜材料?
2. 如何进行清洗消毒生产符合要求的洁蛋?
3. 洁蛋的感官要求?

实验二　松花蛋的加工

一、知识准备

1. 松花蛋的种类

以鲜蛋为原料，经用氢氧化钠（烧碱）、食盐、茶叶（添加或不添加）、水等辅料和食品添加剂（含食品加工助剂硫酸铜等）配成的料液或料泥腌制、包装等工艺制成的产品。

松花蛋的种类很多，不同的分类方法，可以得到不同的名称。就其加工方法而言可分为浸泡法和包泥法；就其质地而言，可分为糖心与硬心；就其用蛋品种而言，可分为鸭松花蛋、鸡松花蛋、鹌鹑松花蛋；按风味还可以分为五香及其他，总之，松花蛋是我国人民非常喜爱的一种再制蛋。

2. 松花蛋的特点

成品松花蛋，蛋壳易剥不粘连，蛋白呈半透明的褐色凝固体，蛋白表面有松枝状花纹，蛋黄呈深绿色凝固状，有的具有糖心。切开后蛋块色彩斑斓。食之清凉爽口，香而不腻，味道鲜美。

3. 松花蛋产品国家标准

《皮蛋》（GB/T 9694—2014）。

（1）感官要求

表6－4　　感官要求（GB/T 9694—2014）

项目		等级		
		优级	一级	二级
外观		包泥蛋的泥层和稻壳薄厚均匀，微湿润。涂膜蛋的涂膜均匀。真空包装蛋封口严密，不漏气。涂膜蛋、真空包装蛋及光头蛋无霉变，蛋壳应清洁完整	包泥蛋的泥层和稻壳薄厚均匀，微湿润。涂膜蛋的涂膜均匀。真空包装蛋封口严密，不漏气。涂膜蛋、真空包装蛋及光头蛋无霉变，蛋壳应清洁完整	包泥蛋的泥层和稻壳要求基本均匀，允许有少数露壳或干枯现象。涂膜蛋、真空包装蛋及光头蛋无霉变，蛋壳应清洁完整
蛋内品质	形态	蛋体完整，有光泽，有明显振颤感，松花明显，不粘壳或不粘手	蛋体完整，有光泽，略有振颤，有松花，不粘壳或不粘手	部分蛋体允许不够完整，允许有轻度粘壳和干缩现象
	颜色	蛋白呈半透明的青褐色或棕褐色，蛋黄呈墨绿色并有明显的多种色层	蛋白呈半透明的青褐色或棕褐色或棕色，蛋黄呈墨绿色，色层允许不够明显	蛋白允许呈不透明的深褐色或透明的黄色，蛋黄允许呈绿色，色层可不明显
	气味与滋味	具有皮蛋应有的气味与滋味，无异味，不苦、不涩、不辣，回味绵长	具有皮蛋应有的气味与滋味，无异味	具有皮蛋的气味与滋味，无异味，可略带辛辣味
破损率/%	≤	3	4	5

（2）理化指标

表 6－5　理化指标（GB/T 9694—2014）

项目	指标
pH（1：15 稀释）	≥9.0

（3）污染物指标　应符合《食品安全国家标准　食品中污染物限量》（GB 2762—2017）的规定。

（4）微生物指标　应符合《食品安全国家标准　蛋与蛋制品》（GB 2749—2015）规定的要求。

（5）食品添加剂　使用范围和使用量应符合《食品安全国家标准　食品添加剂使用标准》（GB 2760—2014）规定的要求。

（6）净含量　应符合《定量包装商品计量监督管理办法》的规定。

二、实验目的

1. 掌握松花蛋的制作工艺流程和方法。
2. 根据要求制作出达到国家标准的松花蛋。

三、实验设备与材料

1. 设备

天平、缸、竹箅子等。

2. 原材料

鸭蛋、食盐、纯碱、生石灰、红茶末等。

四、实验配方

鸭蛋 100kg，水 83kg，纯碱 5.5kg，生石灰 23kg，食盐 3.3kg，红茶末 1.7kg。

五、实验步骤

1. 工艺流程

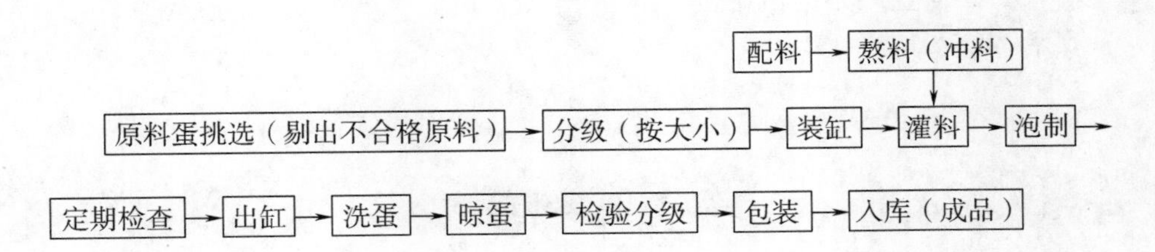

2. 操作要点

（1）熬料　按配方计算好食盐、红茶、松柏枝条用量，称量后放入锅中，加 40 ~ 50kg 水煮沸（或者用沸水冲调），趁热倒入预先放好生石灰、纯碱等辅料的缸中并用木棍不断搅拌，最后用凉水补足水量达到要求，冷却后备用。

（2）装缸、灌料　将选好的鸭蛋，放到事先铺好垫草的清洁缸中，轻轻按层次平放，距缸口15cm处即可，用竹箅子（其他编织物或塑料制品）别住鸭蛋，以免灌料时鸭蛋上浮。将冷却后的料液再次搅拌，沿缸壁徐徐倒入缸内，直到鸭蛋被料液淹没。测量料液温度并记录，盖好缸盖。将书写好的生产日期、温度等相关信息资料挂在指定位置以备检查。环境温度控制在22～25℃。

（3）泡制　料液温度控制在20～24℃，最初两周内，不能移动蛋缸，以免影响蛋的凝固。装缸后冬天9～10d，夏天6～7d，进行第一次质量检查。取样蛋经照蛋器观察，发现基本似黑贴皮，说明一切正常。如果全部发黑，说明料液浓度偏高，需要用水或凉茶汁进行调节。第二次检查在下缸20d左右进行。

（4）按时出缸、洗蛋　经过检查，再腌制35～45d，蛋即成熟。成熟的标志是，蛋抛到空中，落回手时有明显的震动感，弹性十足。灯光照射，内容物呈现茶红色；剥壳检查，蛋呈现墨绿色，不黏壳，凝固良好，蛋黄呈绿褐色，中心呈淡黄色，并有饴糖状核心。检查达到要求后，立即出缸，以免松花蛋老化。

出缸后及时用清水进行漂洗，沥干水分并晾干。

（5）包装　将晾干后的松花蛋分级存放，将同一级别放入塑料模具中，封盖贴标装箱。

六、注意事项

1. 原料蛋检查要求逐个进行，尤其注意裂纹蛋的挑拣。只有合格的原料才能生产合格的产品。

2. 避免清洗不彻底，蛋表面有粪便等污物；在清洗环节中，避免蛋壳破裂；清洗用水要清洁。

3. 严格按照工艺操作完成，控制好操作顺序、温度，挪动。

1. 松花蛋的配方如何设计?
2. 国家标准对松花蛋有哪些感官要求?
3. 如何生产无铅松花蛋?

实验三　咸蛋的加工

一、知识准备

1. 咸蛋的定义

咸蛋又称盐蛋、腌蛋、味蛋等，是指以鸭蛋为主要原料经腌制而成的一种具有特殊风味、食用方便的再制蛋。

2. 咸蛋的特点

咸蛋的生产极为普遍，全国各地均有生产，其中尤以江苏高邮咸蛋最为著名，个头大且具有鲜、细、嫩、松、沙、油六大特点。

二、实验目的

1. 掌握咸蛋的制作工艺流程和方法。
2. 掌握提浆裹灰法生产咸蛋的关键工序。

三、实验设备与材料

1. 设备

天平、缸、篓等。

2. 原材料

鸭蛋、食盐、稻草灰、香辛料等。

四、实验配方

鸭蛋1000枚，稻草灰15～25kg，食盐5～7kg，清水13～15kg。

五、实验步骤

咸蛋的加工方法很多，主要有草灰法、盐泥涂布法和盐水浸渍法等。

草灰法又分为提浆裹灰法和灰料包蛋法两种，提浆裹灰法是我国出口咸蛋较多采用的加工方法。

1. 工艺流程

配料打浆 → 原料蛋挑选 → 提浆裹灰 → 捏灰 → 包装 → 腌制 → 成品

2. 操作要点

（1）配料与打浆　配料标准要根据内外销区别、加工季节和南北方口味不同而适当调整。打浆时要先将食盐溶于水，再将草灰加入，用打浆机打搅成不流、不起水、不成块、不成团下坠、放入盘内不起泡的不稀不稠灰浆。过夜后即可使用。

（2）提浆与裹灰　提浆即将挑选好的原料蛋，在经过静置搅熟的灰浆内翻转一下，使蛋壳表面均匀地粘上一层2mm厚灰浆。裹灰是将提浆后的蛋尽快在于燥草灰内滚动，使其粘上2mm厚的干灰。如过薄则蛋外灰料发湿，易导致蛋与蛋的黏连；如过厚则会降低蛋壳外灰料中的水分，影响成熟时间。

（3）捏灰　裹灰后还要捏灰，即用手将灰料紧压在蛋上。捏灰要松紧适宜，滚搓光滑，无厚薄不均匀或凸凹不平现象。

（4）包装　捏灰后的蛋即可点数入缸或装篓。出口咸蛋一般使用尼龙袋或纸箱包装。

（5）腌制　用此法腌制的咸蛋，夏季20～30d，春秋季40～50d即成。

六、注意事项

1. 原料蛋检查要求逐个进行，尤其注意裂纹蛋的挑拣。只有合格的原料才能生产合格的产品。

2. 避免清洗不彻底，蛋表面有粪便等污物；在清洗环节中，避免蛋壳破裂；清洗用水要清洁。

3. 咸蛋主要用食盐腌制而成。腌制咸蛋的用盐量，因地区、习惯不同而异。使用高浓度的盐溶液时，渗透压大，水分流失快，味过咸而口感不新鲜；用盐量低则防腐能力较差，同时，浸渍时间延长，成熟期推迟，营养价值降低。

思考题

1. 咸蛋与松花蛋的区别?
2. 生产咸蛋时如何控制食盐的用量?
3. 如何生产高质量的咸蛋?

实验四　卤蛋的加工

一、知识准备

1. 卤蛋的种类

以生鲜禽蛋为原料，经清洗、煮制、去壳、卤制、包装、杀菌、冷却等工艺加工而成的蛋制品。

卤蛋的种类很多，具有代表性的有川卤。用五香卤料加工的蛋，叫五香卤蛋；用桂花卤料加工的蛋，叫桂花卤蛋。用鸡肉汁加工的蛋，叫鸡肉卤蛋；用猪肉汁加工的蛋，叫猪肉卤蛋；用卤蛋再进行熏烤出的蛋，叫熏卤蛋。

2. 卤蛋的特点

卤蛋咸淡适口、细腻滑润、嚼之有劲、味醇香浓、价廉物美、百吃不厌，既可当饭又可当菜，是令人无限回味的百姓小食。卤蛋从中间切开，色、香、味深入其中，独具醇美。

3. 卤蛋产品国家标准

《卤蛋》(GB/T 23970—2009)。

(1) 感官要求

表 6-6　感官要求 (GB/T 23970—2009)

项　目	要　求
色泽	蛋白呈浅棕色至深褐色，蛋黄呈黄褐色至棕褐色
滋气味	具有该产品应有的滋气味，无异味
组织形态	蛋粒基本完整，肉质结实，有弹性，有韧性
杂质	无可见外来杂质

（2）理化指标

表6-7 理化指标 （GB/T 23970—2009）

项目		指标
水分/%	≤	70

（3）卫生指标

表6-8 卫生指标 （GB/T 23970—2009）

项目		指标
无机砷/(mg/kg)	≤	符合GB 2749的规定
铅（Pb）/(mg/kg)	≤	符合GB 2749的规定
锌（Zn）/(mg/kg)	≤	符合GB 2749的规定
总汞（以Hg计）(mg/kg)	≤	符合GB 2749的规定
微生物		应符合罐头食品商业无菌要求

（4）食品添加剂　食品添加剂质量应符合相应的标准和有关规定。

食品添加剂的使用品种和使用量应符合《食品安全国家标准　食品添加剂使用标准》（GB 2760—2014）的规定。

（5）净含量　应符合《定量包装商品计量监督管理办法》的规定。

（6）加工过程的卫生要求　应符合《食品安全国家标准　食品生产通用卫生规范》（GB 14881—2013）的规定。

二、实验目的

1. 掌握风味卤蛋的制作工艺流程和方法。
2. 掌握卤汁制作方法。

三、实验设备与材料

1. 设备

天平、缸、夹层锅、灭菌锅等。

2. 原材料

鸡蛋、八角、花椒、桂皮、丁香、陈皮、姜块（拍松）、精盐、酱油、白糖、葱等。

四、实验配方

卤蛋的风味主要取决于卤汁，卤汁可根据产品口味进行制备。

五、实验步骤

1. 工艺流程

熬制卤水 ⟶ 煮熟鸡蛋 ⟶ 卤制 ⟶ 冷却 ⟶ 包装

2. 操作要点

（1）熬制卤水、煮熟鸡蛋　将卤料放入夹层锅里，加入适量的水，通蒸汽煮沸，放入鸡蛋，保持 10min 至煮熟。

（2）卤制　捞出熟鸡蛋，用清水降温，敲破蛋壳，但不脱壳。降低蒸汽量，保持卤汁温度在 35℃左右，使卤蛋熟烂并入味。

（3）冷却　约 30min 后，夹层锅通凉水降温，待卤蛋和汤汁凉透，捞出沥干。

（4）包装　将沥干卤蛋剥皮或带皮放入包装袋中进行真空包装，放入二次灭菌锅进行二次灭菌，待灭菌后的卤蛋降温，打码装箱、入库。

六、注意事项

1. 原料蛋检查要求逐个进行，尤其注意裂纹蛋的挑拣。只有合格的原料才能生产合格的产品。

2. 严格按照工艺流程操作，严格控制工艺参数，做好相应的记录工作。

3. 鸡蛋要大小均匀，卤制时间充足。

思考题

1. 卤蛋的质量要求?
2. 卤汁制作时的关键工序?
3. 如何生产高质量的卤蛋?

实验五　液蛋制品的加工

一、知识准备

1. 液蛋制品的种类

液蛋制品是指以鲜鸡蛋为原料，经过清洗、打蛋、去壳、分离、过滤、预冷、添加（或不添加）食用盐、添加（或不添加）白砂糖，均质（或不均质）、巴氏杀菌（或不杀菌）、冷却、包装、冷藏（或冷冻）制成的液态（或固态）的鸡蛋液制品。液蛋制品是食品工业及其他工业上广泛使用的原料。

液蛋制品种类多，主要有以下几类。

（1）全蛋液　以新鲜鸡蛋为原料，经清洗、打蛋、去壳、过滤、预冷、灌装、冷藏制成的蛋制品。

（2）巴氏全蛋液　以新鲜鸡蛋为原料，经清洗、打蛋、去壳、过滤、预冷、均质、巴氏杀菌、冷却、灌装、冷藏制成的蛋制品。

（3）加盐全蛋液　以新鲜鸡蛋为原料，经清洗、打蛋、去壳、过滤、预冷、加盐、均质、巴氏杀菌、冷却、灌装、冷藏制成的蛋制品。

（4）巴氏冰全蛋　以新鲜鸡蛋为原料，经清洗、打蛋、去壳、过滤、预冷、均质、巴氏杀菌、冷却、灌装、冷冻制成的蛋制品。

（5）加盐冰全蛋　以新鲜鸡蛋为原料，经清洗、打蛋、去壳、过滤、预冷、加盐、均质、巴氏杀菌、冷却、灌装、冷冻制成的蛋制品。

（6）蛋黄液　并以新鲜鸡蛋为原料，经清洗、打蛋、去壳、分离蛋白液、过滤、预冷、灌装、冷藏制成的蛋制品。

（7）巴氏蛋黄液　以新鲜鸡蛋为原料，经清洗、打蛋、去壳、分离蛋白液、过滤、预冷、均质、巴氏杀菌、冷却、灌装、冷藏制成的蛋制品。

（8）加糖蛋黄液　以新鲜鸡蛋为原料，经清洗、打蛋、去壳、分离蛋白液、过滤、预冷、加糖、均质、巴氏杀菌、冷却、灌装、冷藏制成的蛋制品。

（9）加糖冰蛋黄　以新鲜鸡蛋为原料，经清洗、打蛋、去壳、分离蛋白液、过滤、预冷、均质、巴氏杀菌、冷却、灌装、冷冻制成的蛋制品。

（10）加盐蛋黄液　以新鲜鸡蛋为原料，经清洗、打蛋、去壳、分离蛋白液、过滤、预冷、加盐、均质、巴氏杀菌、冷却、灌装、藏冻制成的蛋制品。

（11）加盐冰蛋黄　以新鲜鸡蛋为原料，经清洗、打蛋、去壳、分离蛋白液、过滤、预冷、加盐、均质、巴氏杀菌、冷却、灌装、冷冻制成的蛋制品。

（12）蛋白液　以新鲜鸡蛋为原料，经清洗、打蛋、去壳、分离蛋黄液、过滤、预冷、冷却、灌装、冷藏制成的蛋制品。

（13）巴氏蛋白液　以新鲜鸡蛋为原料，经清洗、打蛋、去壳、分离蛋黄液、过滤、预冷、巴氏杀菌、冷却、灌装、冷藏制成的蛋制品。

（14）冰蛋白　以新鲜鸡蛋为原料，经清洗、打蛋、去壳、分离蛋黄液、过滤、预冷、冷却、灌装、冷冻制成的蛋制品。

（15）巴氏冰蛋白　以新鲜鸡蛋为原料，经清洗、打蛋、去壳、分离蛋黄液、过滤、预冷、巴氏杀菌、冷却、灌装、冷冻制成的蛋制品。

2. 液蛋的特点

液蛋产品具有以下特点：①液蛋在营养、风味和功能特性上基本保留了新鲜鸡蛋的特性，且质量稳定；②液蛋产品卫生，生产中杀灭了致病菌，确保了食品安全；③在冷藏温度下能保存数周，产品中如添加盐或糖可保存数个月，在冷冻条件下甚至可保存一年；④生产降低了人工成本，机械打蛋提高了成品率；⑤可直接运用于生产产品，容易运输及储藏，没有蛋壳垃圾问题。

3. 液蛋产品企业标准（Q/PGCPF 0001—2015）

以北京正大蛋业有限公司食品安全企业标准为例。

（1）感官要求

表6－9　　感官要求（Q/PGCPF 0001—2015）

项目	要求	检验方法
色泽	全蛋液、巴杀全蛋液呈淡黄色；巴杀冰全蛋、加盐全蛋液和加盐冰全蛋呈淡黄色或暗黄色；蛋黄液、巴杀蛋黄液、加盐蛋黄液、加盐冰蛋黄、加糖蛋黄液和加糖冰蛋黄呈黄色；蛋白液、巴杀蛋白液、冰蛋白和巴杀冰蛋白呈浅黄色	取适量样品在自然光下进行观察产品的颜色、状态、有无杂质；闻其气味，具有产品的气味正常、无异味
滋味气味	具有鸡蛋液的正常气味，无异味	
组织形态	全蛋液、巴杀全蛋液、加盐全蛋液为淡黄色液体；巴杀蛋黄液、加盐蛋黄液和加糖蛋黄液为黄色粘稠液体；加盐冰蛋黄和加糖冰蛋黄为黄色固体；蛋白液和巴杀蛋白液为半透明、浅黄色液体；冰蛋白和巴杀冰蛋白为浅黄色固体	
杂质	无蛋壳脱落杂质，无血丝等可见外来杂质	

（2）理化指标

表6－10　　理化指标（Q/PGCPF 0001—2015）

项目	指标								检验方法
	全蛋液/巴杀全蛋液	巴杀冰全蛋	蛋白液/巴杀蛋白液	冰蛋白/巴杀冰蛋白	蛋黄液/巴杀蛋黄液	加盐全蛋液/加盐冰全蛋	加盐蛋黄液/加盐冰蛋黄	加糖蛋黄液/加糖冰蛋黄	
水分（%）　≤	78	76	89	88.5	59	—	—	—	GB 5009.3
蛋白质（%）　≥	11	11	9	9	14	—	—	—	GB 5009.5
游离脂肪酸（%）　≤	4	4	4	4	4	—	—	—	GB/T 5009.47
pH	6.9～8.0	6.9～8.0	7.8～9.5	7.8～9.5	6.0～7.0	—	—	—	GB/T 5009.47 或直接用pH计检测
可溶性固形物含量（RI值）　≥	—	—	—	—	—	30	49	54	用阿贝折光仪检测
锌　≤	50								GB/T 5009.14

（3）污染物限量

表6－11　　污染物限量（Q/PGCPF 0001—2015）

项目	指标	检验方法
铅（Pb）/（mg/kg）　≤	0.1	GB 5009.12
镉（Cd）/（mg/kg）　≤	0.05	GB/T 5009.15
总汞（以Hg计）/（mg/kg）　≤	0.05	GB/T 5009.17

（4）农药残留限量

表 6－12　农药残留限量（Q/PGCPF 0001—2015）

项目	指标	检验方法
六六六/（mg/kg）　≤	0.05	GB/T 5009.19
滴滴涕/（mg/kg）　≤	0.05	GB/T 5009.19

（5）微生物限量

表 6－13　微生物限量（Q/PGCPF 0001—2015）

项目	限量					检验方法
	全蛋液、蛋白液、蛋黄液、冰蛋白	加盐全蛋液、加盐冰全蛋、加盐蛋黄液、加盐冰蛋黄、加糖蛋黄液、加糖冰蛋黄	巴杀蛋白液、巴杀蛋黄液、巴杀冰蛋白	巴杀全蛋液	巴杀冰全蛋	
菌落总数/（CFU/g）　≤	1×10^6	3×10^3	3×10^4	4.8×10^4	5×10^3	GB 4789.2
大肠菌群/（MPN/g）　≤	1×10^3	3	10	10	10	GB 4789.3—2010

（6）生产加工过程要求

应符合《蛋制品生产管理规范》（GB/T 25009—2010）的规定，生产加工过程应符合《食品安全国家标准　食品生产通用卫生规范》（GB 14881—2013）的规定。

二、实验目的

1. 了解不同液蛋制品的区别。
2. 掌握不同液蛋制品的加工工艺。

三、实验设备与材料

1. 设备

天平、缸、清洗机、烘箱、搅拌机、分离机、均质机、杀菌机、包装机等。

2. 原材料

禽蛋、水等。

四、实验步骤

1. 工艺流程

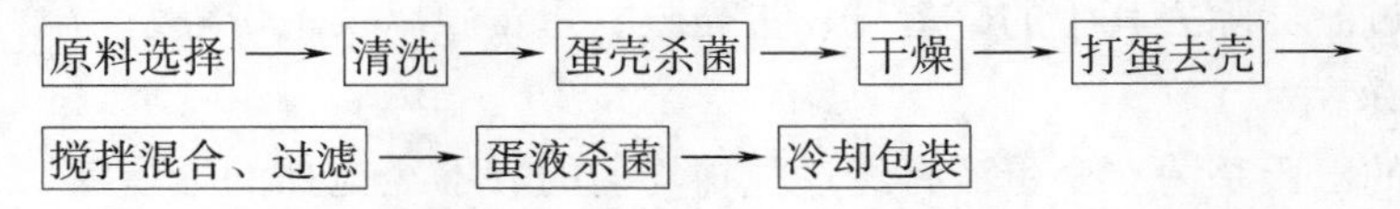

2. 操作要点

（1）原料选择　在养殖车间收集的鲜蛋，经过传送带送至鲜蛋处理车间，在传送的过程中进行检验，将异常蛋、血斑蛋、肉斑蛋、异物蛋、过大蛋、过小蛋、破壳蛋、裂纹蛋等剔除。

（2）清洗　洗净用水要求合乎卫生，并注意水温和水质。当洗净水温度低于蛋温时，会因蛋气孔的毛细管现象或蛋内部的冷却收缩所引起的吸力，而使微生物随着水渗透入蛋内，当洗净水的温度过高时则可能使蛋因热膨胀而破裂。因此，洗净水的温度一般控制在比蛋温高10℃为宜（约为40℃）。洗净水的水质，要求含微生物少、不含杂质。

（3）蛋壳杀菌　鸡蛋的消毒是指抑制或杀灭蛋壳表面上的微生物，使其达到无害化的处理。国内外鲜蛋常用的消毒方法有：过氧乙酸消毒、高锰酸钾消毒、热水杀菌处理等。实验室常用热水杀菌处理，将清洗后的蛋在78～80℃的热水中浸泡6～8s，杀菌效果良好。

（4）干燥　经消毒后的蛋用温水清洗，然后迅速吹干，这是因为经消毒后的蛋其蛋壳上附着的水滴中仍有少量细菌和污物，若不迅速吹干，这些细菌和污物很容易进入已没有外蛋壳膜的蛋内容物中，增加蛋液内细菌数。另外，空气中的微生物也易污染壳蛋，增加蛋的污染程度。打蛋前若不吹干蛋壳，残留的溶液会滴到蛋液中去。吹干蛋是在吹干室内进行，室内通风良好，清洁卫生，温度可控制在45～50℃，蛋在5min内被吹干。

（5）打蛋去壳　依据制备全蛋液制品、蛋黄液制品、蛋白液制品分为打全蛋和打分蛋。

①打全蛋。打蛋人员坐在打蛋台前，取一枚蛋，于打蛋刀上用适当的力量在蛋中间一次将蛋打碎，成大裂缝，而不要使蛋壳细碎，再用双手的拇指、食指、中指将蛋壳从割破处分开。但勿使手指伸入蛋液内，以防止细菌污染，蛋壳分开后，蛋液流入蛋液流向器内，随即将双手的两个1/2蛋壳向蛋液流向器甩一下，再将壳于吹风嘴上吹风，以达取尽壳内蛋白的目的。蛋壳即可投入蛋壳收集孔内。同时进行蛋液色泽、气味和异物等的感官鉴定。正常蛋液沿流向器流入蛋液小桶。如遇次劣蛋，及时拿出流向器，倒出蛋液或连同蛋液一齐更换。若不用流向器时，蛋打开后将蛋液倒入存蛋杯内，蛋壳如上述步骤处理，蛋液则举杯进行质量鉴定，合格蛋液倒入蛋液桶内，不合格蛋液连同存蛋杯一齐放中下层输送带上，送到台端的质量检查点，由专人检查后处理。

②打分蛋。打分蛋的方法除增加分蛋器使蛋白和蛋黄分开外，其他工序同打全蛋。操作时，将蛋打破后，剥开蛋壳使蛋液流入分蛋器或分蛋杯内（分蛋器位于打蛋器上）。蛋黄在分蛋器的铜球内或分蛋杯的存蛋黄处，蛋白于球四周流下，若蛋白稠厚不易流下时，可用球上铜环压击或用铜匙在分蛋杯的蛋黄周围拨动几次，蛋白即可全部分出，然后将蛋黄由分蛋器或分蛋杯中倒出即可。

（6）搅拌混合、过滤　为了使成品蛋液组织均匀一致，收集到的蛋液需进行搅拌混合，然后经过过滤器除去其中的碎蛋壳、蛋壳膜、蛋黄膜以及系带等杂物。

（7）蛋液杀菌

①全蛋液的巴氏杀菌。全蛋液有经过搅拌均匀的和不经搅拌的全蛋液，也有加糖、盐等添加剂的特殊用途的蛋液，故其巴氏杀菌条件各不相同。我国对全蛋液一般采用温度

64.5℃、3min 的低温巴氏杀菌法。经过这样的杀菌，一般可以保持全蛋液在食品配料中的功能特性，另外也可杀灭致病菌并减少蛋液中的微生物总数。

②蛋黄液的巴氏杀菌。蛋黄中的主要病原菌是沙门氏菌，由于蛋黄 pH 低，沙门氏菌在低 pH 环境中对热不敏感，并且蛋黄中干物质含量高，这致使该菌在蛋黄中的热抗性比在蛋清、全蛋液中高。因此，蛋黄液的巴氏杀菌温度要比全蛋液或蛋白液稍高。而蛋黄对热敏感度低，采用较高的巴氏杀菌温度是可行的。蛋黄液中添加糖或盐能增加蛋黄中微生物的耐热性，而且盐使之耐热性的增加高于糖，而在蛋黄中添加乙酸可以减少微生物对热的抵抗。热处理对蛋黄制品的乳化力影响很小。加盐蛋黄在 65.6 ~ 68.9℃下加热后，用来制造的蛋黄酱及糕点其乳化力受影响很小。但加盐蛋黄 pH 从 6.2 调至 5.0 时，在 60℃下杀菌，乳化能力会损失。

③蛋白液的巴氏杀菌。蛋白液中的蛋白质对热更敏感，更容易受热变性。因此，对蛋白液的巴氏杀菌是困难的。有报道指出将蛋白液在 57.2℃瞬间加热，其起泡性也会下降。也有研究者用小型商业片式加热器将蛋白液加热到 60℃以上进行杀菌，则蛋白液黏度和混浊度会增加，甚至蛋白液会黏附到加热片上并凝固。但蛋白液在 56.1 ~ 56.7℃加热 2min，其机械和物理变化不大。而在 57.2 ~ 57.8℃加热 2min，蛋白液黏度和混浊度增加。蛋白热变性程度随蛋白液 pH 升高而增加，当 pH 为 9.0 的蛋白液加热到 56.7 ~ 57.2℃时，其黏度增加，而加热到 60℃时蛋白液迅速凝固变性。因此，对蛋白液的加热灭菌要综合考虑流速、蛋白液黏度、加热温度和加热时间以及添加剂的影响。

（8）冷却包装　蛋液经过杀菌后，冷却到 4℃暂存，为防止包装过程中的二次污染，蛋液应在独立的洁净包装环境中无菌包装。严格包装流程和包装材料的卫生同样可以延长成品的保质期，包装设备和储罐在使用前应经过充分的卫生清洁处理，包装材料应经过灭菌处理，与成品和设备接触的空气要经过滤和紫外线杀菌处理。

五、注意事项

1. 原料蛋检查要求逐个进行，将异常蛋、血斑蛋、肉斑蛋、异物蛋、过大蛋、过小蛋、破壳蛋、裂纹蛋等剔除。

2. 严格按照工艺流程操作，严格控制工艺参数，做好相应的记录工作。

思考题

1. 液蛋制品的种类与特点？
2. 液蛋制品的标准？
3. 如何生产高质量的液蛋制品？

第七章

园艺产品工艺学实验

实验一　果蔬过氧化物酶失活的测定

一、知识准备

酶是一大类本质为蛋白质的生物催化剂，它是有机体生命活动中不可缺少的，决定着体内的各种代谢反应。果蔬在生长与成熟以及储藏后熟中均有各种酶进行活动，酶是影响果蔬储藏加工中果蔬及制品品质和营养成分的重要因素，如新鲜果蔬在储藏加工过程中会发生质地软化。营养成分含量降低、加工过程中出现褐变等现象，这些现象都与酶的活动有关。与果蔬加工有关酶的主要有氧化酶和水解酶。氧化酶的作用是使物质氧化，较重要的有多酚氧化酶、抗坏血酸氧化酶、过氧化物酶、过氧化氢酶、脂肪氧化酶等。多酚氧化酶是导致果蔬褐变的主要酶；抗坏血酸氧化酶使维生素 C 遭受损失。水解酶能使物质被水解，如淀粉酶水解淀粉成糊精和葡萄糖，果胶酶水解果胶，一方面可使果实软化，另一方面有利于提高果汁出汁率，因此，酶的利用和控制是果蔬储藏加工中很重要的环节。

为保持果蔬加工过程中制品的品质，果蔬加工中常常需要钝化酶，如抑制果胶的水解，防止多酚类物质的氧化变色。热处理是控制酶活性、防止酶褐变的有效方法。而过氧化物酶与其他氧化酶类、水解酶类比较，耐热性高，因而，过氧化物酶则可作为烫漂的指标，过氧化物是否失活常作为果蔬是否热处理适度、使酶钝化的一个检测方法。在有过氧化氢（双氧水）存在时，过氧化物酶能催化多酚类芳香族物质氧化形成各种有色产物，能使联苯胺氧化脱氢，产生蓝色的络合物，也能使愈创木酚遇氧化变成茶褐色。果蔬中酶活性是否存在，经加热后酶活性是否被破坏，可用上述试剂进行测定。

二、实验目的

通过实验，学会果蔬过氧化物酶失活的测定方法，了解果蔬加工中热处理对控制酶褐变的作用，掌握热处理控制酶褐变的最适条件。

三、实验设备与材料

1. 仪器设备

水果刀、培养皿、电炉或电磁炉、不锈钢锅、温度计、竹筷、烧杯、粗天平、100mL 容量瓶、95% 乙醇、联苯胺、愈创木酚、0.3% 双氧水。

2. 原材料

新鲜苹果、梨、柿子、马铃薯。

四、实验步骤

1. 用95%乙醇配制2%的联苯胺酒精溶液和2%的愈创木酚酒精溶液，分别倾于培养皿中。

2. 将经过去皮、去心的果蔬原料切片，片大小以长2cm、宽1cm、厚0.5cm为宜。取2片随即分别放入联苯胺和愈创木酚酒精溶液中浸渍，取出后立即在切面上滴1滴0.3%双氧水，经1~2min后，观察两种处理的色泽的变化。

3. 取果（蔬菜）片数片，分别放入70℃、80℃、90℃、100℃水中烫漂1~3min，再按上述方法观察经不同温度、时间烫漂后果蔬的变色情况，确定烫漂最适的温度和时间（以温度较低，时间较短即能破坏酶活性为好）。并将结果填于下表中。

结果记录表

色泽	80℃		90℃		100℃		烫漂效果小结
	联苯胺	愈创木酚	联苯胺	愈创木酚	联苯胺	愈创木酚	
1min							
2min							
3min							

五、注意事项

热烫过程中应严格控制果蔬片热烫的温度和时间。

1. 在果蔬加工中过氧化物酶有哪些作用和影响？
2. 果蔬加工中常用酶促褐变预防措施有哪些？
3. 分析实验结果，说明热烫处理的最适条件。

实验二　果蔬加工过程的护色方法

一、知识准备

在加工过程中尽量保持果蔬原有的鲜艳色泽，是加工的目标之一。果蔬原料去皮切分之后，放置于空气中，很快会变成褐色，从而影响外观，也破坏了产品的风味和营养价值。这种褐色主要是酶褐变。其关键作用因子有酚类底物、酶和氧气。因为底物不能除去，一般护色措施均从排除氧气和抑制酶活性两方面着手。常用的方法有热烫处理、食盐水护色、酸性溶液护色、硫处理、抽空处理。

二、实验目的

1. 掌握果蔬护色的原理
2. 熟悉果蔬护色的工艺过程

三、实验设备与材料

1. 实验仪器

电子天平、烘箱、电炉、烧杯。

2. 实验原料

新鲜水果、食盐、2%亚硫酸钠、0.5%柠檬酸、1%食盐。

四、实验步骤

1. 酶褐变观察

苹果、梨、马铃薯人工去皮，切成3~5mm厚的薄片，裸露于空气中，10min后，观察颜色变化，为对照。

2. 护色方法

（1）清水护色。将已经去皮切分好的苹果、梨、马铃薯片分别放入水中，护色10min后，取出观察其颜色变化。

（2）盐水护色。将已经去皮切分好的苹果、梨、马铃薯片分别放入1.0% NaCl中，护色10min后，取出观察其颜色变化。

（3）柠檬酸护色。将经过同样处理的苹果、梨、马铃薯片分别放入0.5%柠檬酸溶液中，护色10min后，取出观察其颜色变化。

（4）亚硫酸盐护色。将经过同样处理的苹果、梨、马铃薯片分别放入2% $NaHSO_4$溶液中，护色10min后，取出观察其颜色变化。

（5）热汤护色。将经过同样处理的苹果、梨、马铃薯片分别放入沸水中，护色3min后，取出观察其颜色变化。

3. 干燥

将上述三类果蔬片放入55~60℃烘箱中，恒温干燥，观察经过处理和未处理的果片颜色变化。

五、注意事项

1. 亚硫酸和SO_2对人体有毒，一般要求残留浓度在20mg/kg以下，硫处理的半成品不能直接食用，必须经过脱硫再加工制成成品。

2. 亚硫酸盐类溶液最好是现用现配。

3. 硫处理时应尽量避免接触金属离子，因为金属离子可以将残留亚硫酸氧化，且还会显著促进被还原色素的氧化变色，故生产中不要混入金属离子。

思考题

1. 果蔬的种类有哪些? 果蔬原料具有怎样的特点?
2. 果蔬食品加工对原料有何要求?
3. 简述果蔬原料分级、清洗的目的和常用方法。
4. 简述果蔬原料去皮的主要方法，并说明其原理。
5. 说明果蔬原料烫漂的目的和方法。
6. 分析果蔬原料变色的主要原因，并制定工序间护色的措施。

实验三　澄清苹果果汁的加工工艺

一、知识准备

1. 果汁分类

果汁按照生产工艺可分为以下4类。

(1) 原果汁　原果汁又称天然果汁，系由鲜果肉直接榨出的果汁。原果汁又可分为澄清果汁、混浊果汁两种。澄清果汁是果实经破碎、压榨后得到的汁液，再经过澄清处理而得到澄清型罘汁。混浊果汁是果实经破碎、压榨后得到的汁液，经均质、脱气处理而得到均匀混浊的果汁。果汁含量为100%。

(2) 浓缩果汁　由原果汁经真空或其他方法浓缩1~6倍(以质量计)制成，如柑橘汁、苹果汁等。

(3) 带果肉果汁　将果肉经打浆、磨细，加入适量糖水、柠檬酸等配料调整，并经脱气、装罐和杀菌制成，本品具有果汁特有风味。

(4) 果汁饮料　在果汁的基础上，通过调配或其他处理而得到的一系列果汁或具有果汁风味的饮料产品。

2. 果汁饮料的分类

我国的果蔬汁饮品大体上按果汁含量划分为以下几类。

(1) 果汁饮料　用果汁(或浓缩汁、果浆等)加糖及水制得饮料，其果汁含量不低于50%。

(2) 果露水　用果汁加风味添加剂、糖及水制成的饮料，其中果汁含量不低于10%。

(3) 水果水(fruit lemonade)　用果汁加风味添加剂、糖及水制成的饮料，其中果汁含量不低于2.5%。

3. 浓缩苹果汁国家标准

《浓缩苹果汁》(GB/T 18963—2012)。

（1）感官要求

表7-1　　感官要求（GB/T 18963—2012）

项　目	浓缩苹果清汁	浓缩苹果浊汁
香气与滋味	具有苹果固有的滋味和香气，无异味	
外观形态	澄清透明，无沉淀物，无悬浮物	均匀黏稠的汁液，久置允许有少许沉淀
杂质	无正常视力可见的外来杂质	

（2）理化指标

表7-2　　理化指标（GB/T 18963—2012）

项　目		浓缩苹果清汁	浓缩苹果浊汁
可溶性固形物（20℃，以折光计）/%	≥	65.0	20.0
可滴定酸（以苹果酸计）/%	≥	0.70	0.45
花萼片和焦片数/（个/100g）	<	—	1.0
透光率/%		≥95.0	≤10.0
浊度/NTU	≤	3.0	—
色值	≤	—	0.08
不溶性固形物/%	≤	—	3
富马酸/（mg/L）	≤	5.0	—
乳酸/（mg/L）	≤	500	—
羟甲基糠醛/（mg/L）	≤	20	—
乙醇/（g/kg）	≤	3.0	3.0
果胶试验		阴性	—
淀粉试验		阴性	—
稳定性试验/NTU	≤	1.0	—

注1：检测项目除可溶性固形物、可滴定酸、花萼片和焦片数外，其余项目清汁和浊汁分别在可溶性固形物为11.5%和10.0%的条件下测定。

注2：浊汁的可滴定酸含量是以可溶性固形物为20.0%规定的，若可溶性固形物含量提高，可滴定酸含量按比例相应提高。

二、实验目的

苹果澄清果汁是营养丰富的水果饮料，酸甜适口。但加工过程中易发生褐变。果汁产品主要通过榨汁、离心过滤、调配、杀菌等工艺制作并可长期保存，本实验目的是通过实验了解澄清果汁的制作方法，进一步掌握其制作原理，掌握护色方法、超滤装置、高压均质机的使用方法。

三、实验设备与材料

清洗池、榨汁机、过滤器、调配罐、离心机、超滤装置、高压均质机，瞬时灭菌机，冷却槽，250mL 耐热 PET 瓶和瓶盖。

主要原料有苹果，白砂糖，果绿，柠檬酸，（苯甲酸钠），抗坏血酸。

四、实验配方

苹果 10kg、抗坏血酸 1 瓶、白砂糖 5 袋、柠檬酸少量。

五、实验步骤

1. 工艺流程

苹果 → 清洗 → 破碎压榨 → 离心过滤 → 超滤 → 调配 →

均质 → 杀菌、灌装 → 冷却 → 成品

2. 操作要点

（1）原料的选择和清洗　选择糖分较高、酸度适当、果汁丰富的优良品种，剔除烂果和病虫果、用清水洗净。

（2）破碎榨汁　将苹果切成 3 ~ 4mm 的果块，破碎时加入占苹果总量 1% 的 5% ~ 10% 的抗坏血酸溶液，以防其褐变。破碎后投入榨汁机中压榨并过滤。操作时避免物料与空气接触。破碎的果块要适当，大小要均匀。果块过大出汁率低，因为压力不易作用到果块中心部分；果块过于细小，在榨汁时，水果外层的果汁很快被榨出，果渣被压实，内部果汁流出不畅可导致出汁率降低。

（3）离心过滤　选用 >1000 目的滤袋离心过滤得到的苹果汁。

（4）超滤　将上述离心过滤果汁经超滤装置 10000 目超滤膜，得澄清果汁。

（5）调配　将过滤好的汁液打入调配缸中，用 70% 的糖液调整汁液的糖度为 12%，用柠檬酸溶液调其含酸量达 0.3%。

（6）均质　将调配好的料液打入均质机，在 20MPa 下进行均质。其目的在于使果汁通过均质机达到果汁中悬浮微粒，分裂为更加细小且均匀的微粒，防止沉淀。

（7）杀菌、灌装、冷却　经均质后的果汁，加热至 75℃，保持 10min，以杀灭微生物，破坏酶类。然后趁热装瓶，密封后倒立放置 5 ~ 10min，迅速冷却至 40℃以下，即为成品。

六、注意事项

1. 离心榨汁工艺一次榨汁不完全，需将果汁进行多次榨汁，以提高榨汁率。
2. 工序间护色添加抗坏血酸时注意用量，不是多多益善。

思考题

1. 苹果果汁加工用哪种护色方法最佳？
2. 果汁澄清方法有哪些？对于苹果汁而言，哪种更合适？
3. 如何防治浑浊果汁的沉淀？

实验四　红枣果肉果汁的加工工艺

一、知识准备

红枣营养保健价值高，素有“木本粮食，滋补佳品”之称。《齐民要术》所记载的42种果品中，红枣位居榜首。100g干枣含有水分19g，蛋白质3.3g，脂肪0.4g，粗纤维3.1g，碳水化合物72.8g，钙61mg，磷55mg，铁1.6mg，胡萝卜素0.01mg，硫胺素0.06mg，核黄素0.15mg，尼克酸1.2mg，维生素C 12mg，可发热量1289.5kJ。红枣中还含有红枣多糖、环磷酸腺苷、多种有机酸和植物甾醇等多种生理活性物质。

红枣药食同源，具有降低血液胆固醇、养肝护肝、养血补气、预防血管硬化、增强机体免疫力、延缓衰老、防癌抑癌、康复和抗疲劳等功效。

二、实验目的

1. 枣作为药食两用食物原料，具有很高的营养与保健作用，亟待开发深加工产品。本实验开展红枣果肉饮料加工制作。通过本实验项目，掌握果肉饮料生产制作工艺流程和关键技术，初步掌握果肉饮料的研发思路，正确掌握胶体磨、高压均质机的使用和维护技术。

2. 红枣果肉饮料是通过干红枣去皮、得到果肉，通过打浆、磨浆、调配、均质、脱气、杀菌工艺制得红枣果肉饮料的。

三、实验设备与材料

糖度计、温度计、不锈钢刀、不锈钢盆或瓷盆、不锈钢锅、打浆机、胶体磨、高压均质机、杀菌锅、饮料瓶。

红枣、白砂糖、柠檬酸、果葡糖浆、黄原胶、CMC、微晶纤维素、乙基麦芽酚，果胶酶。

四、实验配方

枣10kg、白糖2kg、果脯糖浆1kg、柠檬酸0.2kg、纯净水90kg。

五、实验步骤

1. 工艺流程

原理预处理 → 去皮 → 去核 → 打浆 → 调配 → 磨浆 → 高压均质 → 杀菌 → 灌装

2. 操作要点

（1）去皮　果胶酶法去皮。枣用水泡3h，用3%果胶酶液处理，清水中洗，手工去皮。

（2）去核　在不锈钢容器内用搅拌至果肉和核分离，去除枣核。

（3）打浆　用打浆机将红枣果肉和水打浆，枣肉：水比为1：10，得到枣浆，备用。

（4）调配　以50kg枣饮料计，添加白糖2%、果脯糖浆1%、柠檬酸0.2%等，用与枣果肉质量相等的水溶解后与枣浆混合；黄原胶、CMC、微晶纤维素单独溶解，用水量与枣果肉质量相同，再调配到枣浆中。

（5）磨浆　混合好的枣浆过胶体磨，粗磨，细磨各5min。

（6）高压均质　将枣浆加热至60℃，20MPa，均质两次。

（7）杀菌　均质后的枣枣加热至85℃杀菌10min。

（8）灌装　玻璃瓶趁热灌装，密封、冷却。

六、注意事项

果胶酶处理枣皮时，注意控制温度为40℃，酶解时间可适当调整。

1. 通过品尝评价，提出改进建议。
2. 分析枣果肉饮料加工的关键工艺点。

实验五　果蔬混合汁的加工工艺

一、知识准备

果蔬汁饮料以新鲜水果和蔬菜为原料，经过清洗、挑选、筛选后，采用物理方法如压榨、浸提、离心等方法，得到果蔬汁液，再通过加糖、酸、香精、色素等混合调整后，杀菌灌装而制成。混合果蔬汁是利用不同种类的果蔬原料取汁，并以一定的配合比例进行混合，进而制成的一种果蔬汁产品。

二、实验目的

1. 熟悉和掌握果肉饮料生产的工艺过程和操作要点。
2. 了解主要生产设备的性能和使用方法及防止出现质量问题的措施。

三、实验设备与材料

1. 实验材料

苹果、胡萝卜、蔗糖、稳定剂、柠檬酸、抗坏血酸等。

2. 实验设备

不锈钢加热锅、粉碎机、榨汁机、螺旋压榨机、胶体磨、均质机、温度计、天平。

四、实验配方

苹果原汁30%，胡萝卜原汁20%，白砂糖8%，柠檬酸0.15%，稳定剂0.2%～0.35%。

五、实验步骤

1. 工艺流程

①苹果→清洗→处理（去皮、去核、修整、切分）→预煮→打浆→榨汁→粗滤→精滤→苹果汁

②胡萝卜→挑选、清洗→去杂→去皮→破碎→打浆→榨汁→过滤→均质→胡萝卜汁

③苹果汁、胡萝卜汁→混合→调配→煮沸→胶磨→均质→脱气→灌装→杀菌→产品

2. 操作要点

（1）苹果汁的制取

①清洗。挑出原料中的霉变果、腐烂果、未成熟和腐烂变质的果实，然后用流动水清洗，去除农残和杂质。如表皮有残留农药，则用0.5%～1%的稀盐酸或0.1%～0.2%的洗涤剂浸洗，然后再用清水强力喷淋冲洗。

②去核、修整。有局部病虫害、机械伤害的不合格苹果用不锈钢刀修削干净并清洗，合格的苹果切瓣去果心，均分为2cm左右的果块。

③预煮。将果块进行加热处理。由于加热能改变细胞的半透性，使果肉软化、果胶质水解，降低汁液的黏度，因而可以提高出汁率。另外，加热还有利于色素和风味物质的渗出，并能抑制酶的活性。一般处理条件为60～70℃、15～30min。

④破碎。用不锈钢破碎机将苹果破碎成碎块后及时把破碎的苹果送入榨汁机。在榨汁时放入苹果重量0.1%的抗坏血酸溶液护色。

⑤榨汁和粗滤。用螺旋压榨机把破碎后的苹果碎块压榨出苹果汁，再用孔径0.5mm的筛网进行粗滤，使不溶性固形物含量下降到2%以下。

（2）胡萝卜汁的制取

①原料挑选。选择成熟度适中，表皮及果肉呈鲜红色或橙红色的胡萝卜品种，无病虫害及机械损伤。

②清洗。用水冲洗干净表皮附着的泥土。

③去皮。胡萝卜去皮采用碱液去皮法。碱液浓度为4%～5%，温度为95℃左右，时间为1～3min。经碱液去皮的原料及时用流动水清洗残留碱液。否则，使成品产生涩苦味及变色，影响成品的质量。将去皮后的胡萝卜切段、去芯。

④榨汁、过滤。将煮过后的胡萝卜薄片放到榨汁机中榨汁。然后过200目筛，即得胡萝卜汁。

⑤均质。将胡萝卜汁加热到50℃左右。在15MPa工作压力下均质4～5min，使果肉颗粒微粒化。

（3）调配　将蔗糖与海藻酸钠和黄原胶混合后，苹果汁和胡萝卜汁按比例调配均匀，预热到60℃左右。

（4）均质、脱气、灌装　采用二次均质（均质压力为18～25MPa，均质温度为

60℃），然后在40～50℃，0.8MPa真空度下脱气，并将汁液加热到85℃以上，灌装封盖。

（5）杀菌　采用100℃杀菌25min，然后冷却至40℃，保温（37℃）7d，观察其保温情况及稳定性。若不出现沉淀和浑浊现象，即达到成品要求。

六、注意事项

破碎的果块要适当，大小要均匀。果块过大，压力不易到达果块中心；果块过小，榨汁时，水果外层的果汁会很快被榨出，果渣被压实，内部果汁不易流出。

1. 苹果汁加工中出现果汁变色、变味的原因有哪些？如何预防？
2. 果汁的灌装和杀菌方式有哪些？
3. 果汁制作过程中可以通过哪些方法来提高果汁的出汁率？
4. 为了让避免加工过程中微生物对果汁的污染，可以通过哪些方式加以控制？
5. 果汁饮料中褐变主要发生在哪些环节？如何避免？

实验六　全脂核桃乳的加工工艺

一、知识准备

1. 核桃组成成分及其营养价值

研究表明，核桃仁含脂肪65%以上，蛋白质约16.6%，碳水化合物约5.4%左右，无机盐约1.9%，其中钙和铁含量较多；胡萝卜素0.16mg/100g，维生素B_1 0.3mg/100g，维生素B_2 0.11mg/100g，维生素PP 1.7mg/100g，维生素E 32.307μg/100g。核桃油脂脂肪酸组成为：油酸18.0%、亚油酸63.0%，α－亚麻酸9.0%、肉豆蔻酸0.4%棕榈酸约8.0%、硬脂酸2.0%，不饱和脂肪酸占到近90%。核桃中的黄酮和多酚含量约为3.29%和1.18%。核桃营养极其丰富，具有润肺、补肾、补血、预防心血管疾病、健脑益智等多种保健作用。全脂核桃乳能更好地利用核桃的营养价值。

2. 全脂核桃乳加工特性

全脂核桃乳是采用完整核桃仁为原料制作的乳饮料，经脱皮衣、磨浆、调配、均质、灌装、灭菌加工而成的，属于植物蛋白饮料类。核桃中的高脂肪含量易导致乳饮料中出现脂肪上浮分层现象，多酚、黄酮易导致核桃乳口感涩苦，并且多不饱和脂肪酸在加工中易氧化，产生氧化油蛤味，因此，全脂核桃乳在加工中，要注意核桃仁去皮衣、稳定剂使用、抗氧化保护技术措施，以保证核桃乳的品质。

3. 全脂核桃乳产品质量要求可参照国家核桃露（乳）标准

《植物蛋白饮料　核桃露（乳）》（GB/T 31325—2014）。

（1）感官要求

表7-3 感官要求（GB/T 31325—2014）

项目	要求
色泽	乳白色、微黄色，或具有与添加成分相符的色泽
滋味与气味	具有核桃应有的滋味和气味．或具有与添加成分相符的滋味和气味；无异味
组织状态	均匀液体，无凝块，允许有少量蛋白质沉淀和脂肪上浮，无正常视力可见外来杂质

（2）理化指标

表7-4 理化指标（GB/T 31325—2014）

项目		指标
蛋白质/(g/100g)	≥	0.55
脂肪/(g/100g)	≥	2.0
油酸/总脂肪酸/%	≤	28
亚油酸/总脂肪酸/%	≥	50
亚麻酸/总脂肪酸/%	≥	6.5
（花生酸+山嵛酸）/总脂肪酸/%	≤	0.2

（3）食品安全要求　应符合相应的食品安全国家标准的规定。

（4）核桃仁含量要求　核桃露（乳）原料中去皮核桃仁的添加量在产品中的质量比例应大于3%。

二、实验目的

1. 掌握核桃仁去皮衣技术。
2. 全脂核桃乳饮料的制作工艺流程和方法。
3. 掌握复合稳定剂的调配使用方法。

三、实验设备与材料

1. 设备

粉碎机、磨浆机、胶体磨、高压均质机、离心机、高压灭菌锅、电子天平、电子秤、温度计、不锈钢锅、不锈钢盆、量筒、烧杯等实验室用具。

2. 原辅料

核桃仁、白砂糖；食品添加剂：黄原胶、羧甲基纤维素钠（CMC-Na）、海藻酸钠、单硬脂酸甘油酯、蔗糖脂肪酸酯、异抗坏血酸钠、碳酸钠。

四、实验配方

全脂核桃乳配方：去皮核桃仁与水比例为1∶18，白砂糖6%，黄原胶0.08%，羧甲基纤维素钠0.08%，单甘酯0.08%，蔗糖酯0.12%，海藻酸钠0.02%，异抗坏血酸钠0.02%。

五、实验步骤

1. 工艺流程

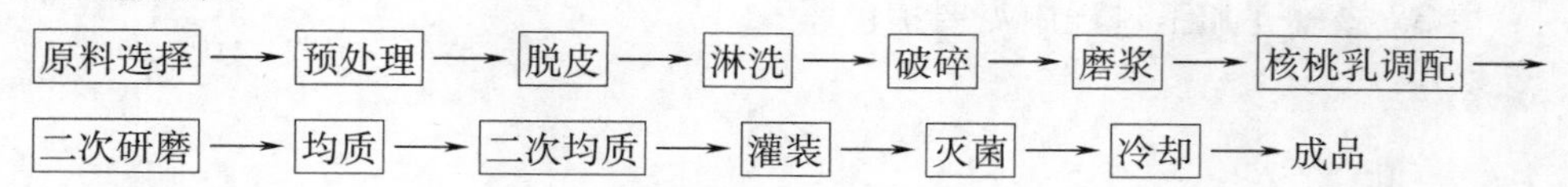

2. 操作要点

（1）原料选择　选择质地饱满、无霉变的当年核桃仁。

（2）预处理、脱皮、淋洗　核桃仁用清水水浸泡4～6h，配制3%的碳酸钠溶液，加热至90℃，将核桃仁放入，90℃热烫3min后，立即捞出用水冲洗，去尽皮，用水冲洗至核桃仁表面无黏滑手感即可。

（3）破碎　将核桃仁用粉碎机或粗磨机破碎为黄豆大小颗粒。

（4）磨浆　按配方料水比，用胶体磨研磨成浆，研磨时间至少6min。

（5）调配　按配比例先将稳定剂和乳化剂分别用温水溶解，然后加入核桃乳中，再将其余辅料添加剂加入，搅拌均匀。

（6）二次研磨　调配好的核桃乳二次用胶体磨研磨2min。

（7）均质　二次研磨后的核桃乳加入至75℃，经高压均质机中，30MPa，75℃均质两次。

（8）灌装　均质后的核桃乳罐装250mL马口铁罐或玻璃罐。

（9）灭菌　121℃灭菌10min。

（10）冷却　灭菌后核桃乳可按80℃—60℃—40℃分段冷却至40℃。

六、注意事项

1. 核桃仁去皮衣工艺是核桃乳加工中的关键技术，去皮工艺掌握不好，将导致整个加工时间延长。目前通用的核桃仁去皮仍是以氢氧化钠碱液去皮为主。氢氧化钠碱性大，对加工设备和核桃仁质量影响都很大。本实验方法采用碳酸钠（食用碱）碱液处理，大大提高了核桃仁和加工设备的安全性。碱液浓度、处理温度和时间对核桃仁质量影响很大，浓度大，处理温度和时间和相应减少，合理应用不同浓度碱液，严格控制去皮温度和时间条件，能保证去皮核桃仁质量完好。

2. 稳定剂应用。因核桃乳中脂肪含量高，稳定剂应用不好，核桃乳在加热灭菌时或货架期中易出现脂肪上浮分层现象。因此合理应用稳定剂复合配方是保证核桃乳稳定的关键技术。本实验法采用多个稳定剂和乳化剂复配，有很好的稳定核桃乳作用，稳定剂用量不超过0.5%为宜。

3. 加工过程中品质控制。加工环节紧凑、严格研磨、均质操作规程才能保证全脂核桃乳具有核桃香味、稳定、色泽乳白的优良品质。

思考题

1. 核桃仁去皮衣还有哪些方法可用?
2. 稳定剂在植物蛋白乳饮料应用中应考虑注意哪些问题?
3. 核桃乳加工过程中需要护色吗?

实验七　胡萝卜纳米粉的加工工艺

一、知识准备

1. 纳米技术的定义

纳米技术是综合化学、界面学、微加工学等学科的一门综合交叉技术体系，它生产、加工直径小于1000nm具有新特性的纳米材料，并研究这些材料的性质和应用。

2. 纳米技术应用于功能食品的特点

由于纳米材料具有颗粒尺寸小、比表面积大、表面能高、表面原子所占比例大等特点。故纳米技术应用于功能食品的特点有：超微粒子多而广，能均匀分布；长时间发挥绝佳营养功效；快速完全吸收；能迅速渗透；入口即化，口感好。

3. 高能纳米冲击磨的工作原理

采用多维摆动式高能纳米球磨技术。多维摆动式高能纳米冲击磨通过罐体快速的多维摆动式运动，使磨介在罐内的不规则运动产生巨大的冲击力，延长磨介的运动轨迹，提高冲击能，减少撞击盲点，其工作效率是传统球磨机的几十倍，可显著提高罐内磨介的冲击能量和运动次数，使被粉碎的物质颗粒达到纳米级，同时大大提高了粉体颗粒的均匀度，粉碎粒径最小为10nm，属封闭式高能球磨。

超微粉碎一般指将3mm以上的物料颗粒粉碎至10～25μm以下的过程。由于颗粒的微细化导致表面积和孔隙率的增加，超微粉体具有独特的物理化学性能，微细化的食品具有很强的表面吸附力和亲和力，因此具有很好的固相性、分散性和溶解性，特别容易消化吸收。

本实验采用纳米球磨机加工胡萝卜纳米粉，并对其进行感观评定与理化检测。

二、实验目的

1. 了解并掌握胡萝卜纳米粉的加工方法、原理与操作。
2. 学习并掌握类胡萝卜素的提取方法、原理与操作。

三、实验设备和材料

1. 材料和试剂

材料为市售鲜胡萝卜。丙酮、石油醚（分析纯）。

2. 主要器皿和设备

电子天平、台秤、干燥箱、打浆机、量筒、烧杯、试剂瓶、离心机、电炉、取液器、刀、砧板、不锈钢盆、不锈钢锅、胶体磨等。

四、实验配方

胡萝卜 5kg。

五、实验步骤

1. 工艺流程

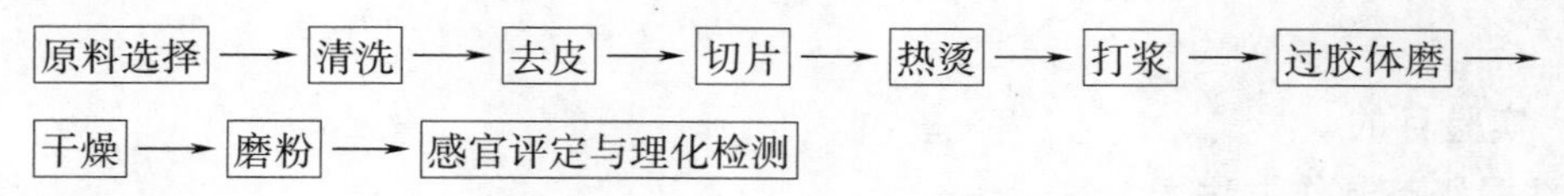

2. 操作要点

（1）原料的选择与处理　选取新鲜的胡萝卜，清洗干净，横向切成片状，厚度约为 5mm。

（2）热烫　将胡萝卜薄片放入沸水中分别热烫 2min，冷水冷却，沥干。

（3）打浆、过胶体磨　将热烫冷却沥干的胡萝卜片放到打浆机中打浆，然后用胶体磨磨浆。

（4）干燥　将胶体磨处理的胡萝卜浆料放入干燥箱中，于 70～80℃下烘干。

（5）磨粉　干燥后的胡萝卜浆料放入纳米球磨机中磨粉适当时间，不同组可以采用不同的处理时间，比较时间对胡萝卜纳米粉的影响。

（6）感官评定与理化检测　对胡萝卜纳米粉进行感官评价，包括色泽、成粉性、滋味、香气等方面。

类胡萝卜素含量的测定：分别称取 0.5g 胡萝卜素纳米粉和干燥粉，置于 100mL 棕色容量瓶中，加丙酮 25mL，用超声清洗器超声提取 20min 后，摇匀，离心（10000r/min，10min），后取上清液于紫外可见分光光度计 480nm 波长处检测。

六、注意事项

不同磨粉时间对胡萝卜粉质量影响不同，采用不同的磨粉时间，考察其对胡萝卜粉感官和理化性能的影响。根据试验结果，并进行分析和讨论。

1. 纳米球磨机粉碎加工食品的基本原理和操作分别是什么？
2. 谈谈超微粉碎在食品领域中的应用。

实验八　红枣奶茶的加工工艺

一、知识准备

奶茶是一款时尚且十分受欢迎的饮品，是以牛乳和红茶为主要原料制成的，乳香与茶香融合出奶茶独特的香气，一直受到世界各国人民的喜爱。近年来在传统奶茶基础上，调配果蔬汁或植物蛋白饮料，出现了多种风味和色泽的奶，广受青年人群喜爱。

红枣不仅营养丰富，而且枣香浓郁，甜美怡人，与奶茶色香和谐相宜，更补充了维生素、矿物质及枣果实中的保健成分，是一款味美营养的奶茶。

二、实验目的

1. 掌握奶茶制作方法。

2. 掌握奶茶品质保持的技术方法。

三、实验设备与材料

糖度计、温度计、不锈钢刀、不锈钢盆或瓷盆、不锈钢锅、打浆机、胶体磨、高压均质机、杀菌锅、饮料瓶。

红枣、白砂糖、柠檬酸、果葡糖浆、黄原胶、CMC、微晶纤维素、乙基麦芽酚，果胶酶。

四、实验配方

茶：水为1∶30，85℃下浸提20～30min，得茶汁。

按枣果肉：水为1∶30打浆、研磨，得枣汁。

红枣汁：牛乳为1∶1。

茶汁：枣乳为2∶1，白砂糖添加量为6%。复合稳定剂：单甘酯0.2%＋蔗糖酯，0.2%，抗坏血酸钠少量。

五、实验步骤

1. 工艺流程

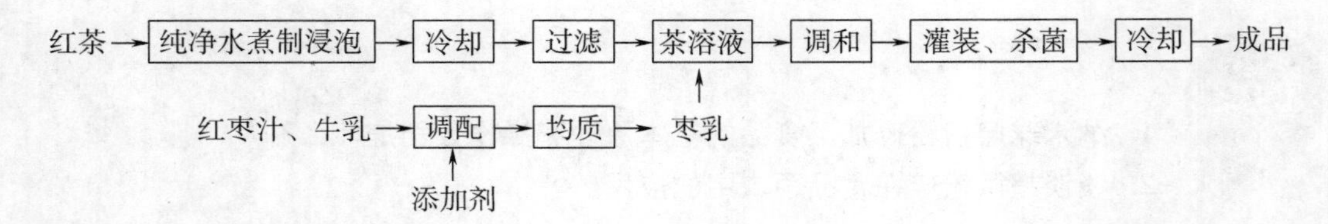

2. 操作要点

（1）煮制浸泡　茶叶：水为1∶30，水温为85℃，浸泡20min。

（2）过滤　将茶汁经80目筛过滤，得到澄清茶汁备用。

（3）红枣汁制备　果胶酶法去除枣皮。将大枣浸泡 3h 充分吸水，捞出沥干水分，放入 3% 的果胶酶溶液，恒温 40℃酶解 2h，捞出，蒸 10min，灭酶，置不锈钢盆中搅拌，使枣皮脱离，将果皮去除，再用打浆机去除枣核。得到枣果肉加水 30 倍量打浆，得到枣果肉果汁。

（4）调配　在枣果肉果汁中加入 1∶1 的牛乳，再按比例加入白砂糖和稳定剂，经胶体磨研磨，经 25～30MPa、50℃高压均质 2 次，得到枣乳。

（5）调和、灌装　将制备好的茶汁和枣奶按配方比例混合，调和均匀，灌装入准备好的包装瓶。

（6）杀菌　灌装后的枣奶茶 100℃杀菌 10min。

（7）冷却　冷水分段冷却至 40℃，得红枣奶茶成品。

六、注意事项

1. 奶茶中加入的枣汁为果肉果汁，货架期中可能会出现沉淀，在高压均质和稳定剂使用量上要注意保持产品的稳定。

2. 茶汁浸提中茶叶粉碎程度可提高浸提率，可适当粉碎。

思考题

1. 红枣奶茶制作的关键技术是什么？
2. 观察奶茶制作过程中，茶汁的色泽有无变化，是否需要护色。

实验九　苹果果脯的加工工艺

一、知识准备

1. 果脯加工原理

果脯是我国很早就有的一类传统食品，是利用高糖溶液的高渗透作用，降低新鲜果料的水分活度，使微生物不能生长繁殖，从而延长果蔬的消费和保存期。因果脯加工工序简单，适宜加工的品种较多，既可作为果脯蜜饯类休闲食品，也可作为辅料添加在食品中，因此，果脯在果品加工历史中也占有一定的地位。果脯加工工序虽简单，但技术要求较高，操作不当就会出现果脯褐变、晶析、流汤、渗透糖不足等品质问题。

对于组织致密的果蔬，糖制时组织内部蒸发失水的速度超过组织内外糖液平衡速度，一次煮制加工时不易透糖至果蔬中心，产品容易成干缩态，故对于组织致密的果蔬多采用多次煮制法，以减缓原水蒸发速度，延长内外糖液平衡所需时间。

多次煮制法每次煮制时间短，放冷糖渍时间长，煮制只起到加热糖液、原料及略微浓缩提高糖度的作用，因此透糖顺利、均匀，原料不致因内外浓度相差太多而干缩，产品质量较好，但生产周期长，煮制过程不能连续化，费时、费工、占容器。

2. 苹果果脯质量参见国家行业标准

《苹果脯》(GH/T 1155—2017)。

(1)感官要求

表 7-5　感官要求(GH/T 1155—2017)

项　目	要　求
色泽	浅黄、橙黄或黄绿,基本一致,有透明感
组织与形态	块形完整、基本一致,组织饱满,质地柔软、有韧性,不定糖、不流糖
滋味与气味	甜酸适口,具有原果味,无异味
杂质	不允许有外来杂质

(2)理化指标

表 7-6　理化指标(GH/T 1155—2017)

指　标	要　求
水分/%	16~20
总糖(以转化糖计)/%	60~70

二、实验目的

1. 了解果脯加工原理,学会正确使用糖度计。
2. 掌握果脯多次煮成和一次煮成糖制工艺。
3. 掌握果脯制作过程中的关键技术。

三、实验设备与材料

糖度计、温度计、不锈钢刀、不锈钢盆或瓷盆、不锈钢锅、烤箱、烤盘、无毒玻璃纸或塑料袋。

苹果、食盐、水、亚硫酸氢钠、白砂糖、柠檬酸、洗涤剂。

四、实验配方

苹果 10kg、1% 的食盐溶液 2kg、0.25% 的亚硫酸氢钠和 0.1% 的氯化钙溶液 2kg、50% 的糖液 4kg、65% 的糖液 2kg、柠檬酸 4g。

五、实验步骤

1. 工艺流程

原料选择 → 清洗 → 去皮 → 切分去芯 → 浸硫 → 糖制 → 烘烤 → 整形 → 包装

2. 操作要点

(1)原料选择　一般选用晚熟品种,在成熟期采收,要求果大、圆整、质地疏松、不易煮烂，无病变、虫蛀、伤疤，无损伤。

（2）清洗　将选好的果实用0.2%的洗涤剂浸洗，除去附着在表面的泥沙和异物，以流动水为佳。

（3）去皮、切分　苹果皮口感差，不利透糖，必须除去。用不锈钢刀削去果皮、切成4瓣并挖去果心。

苹果果肉中含单宁物质较多，一旦暴露于空气中，很容易发生褐变，故去除果核后要尽快护色，将其用清水洗净后浸入1%的食盐溶液中。如果果肉组织比较疏松，可在护色液中加入适量的硬化剂，如配制成0.1%的氯化钙溶液，在护色的同时，果肉组织可得到硬化。

（4）浸硫　将果块浸入0.25%的$NaHSO_3$和0.1%的氯化钙溶液中，浸泡30min，后用清水冲洗，沥干。硫处理可以抑制氧化变色，使制品色泽清淡，呈半透明状。

（5）糖制（采用多次煮成法）

第一次糖煮：取水2kg放入锅中加热至80℃时，加入白砂糖2kg同时加入柠檬酸4g，共同煮沸5min；取已处理好的果块5kg，放入50%的糖液中，煮沸10~15min，然后连同糖液带果块一起放入一容器中浸泡24h。此时测量一下糖液的浓度。

第二次糖煮：将糖液及果块放入锅中加热至沸后分两次加入白砂糖2kg，保持微沸至糖液浓度达65%时，加入65%冷糖液2kg，立即起锅，放入容器中浸泡24~48h。

出锅时，再升温到80℃左右，将果块捞出沥干糖液，使果碗朝上摆入烘盘。

（6）烘烤

烘烤温度先将烤箱调到60℃，放入烤盘，升温到60℃，保持6h；再升温到70℃；烘烤结束前6h再降温到60℃，一般烘烤20h左右。

（7）整形　在烘烤期间倒盘1~2次，可在烘烤的中前期和中后期进行；倒盘的方法是将烤盘的上中下位置互换；在第二次倒盘时，要对产品进行整形，将其压成或捏成扁圆形，然后再送入烤箱继续烘烤，烘烤至果实表面不黏手，水分含量约为18%时取出。

（8）整形、包装　烤好的果脯放在25℃的室内回潮24~36h，然后进行检验、修整，去掉果脯上的杂质、斑点及碎渣，挑出煮烂的、干瘪的、色泽不好的，最后将检验合格的果脯用无毒玻璃纸包装好。

六、注意事项

1. 观察苹果脯制作过程中苹果感官上的变化，记录糖液浓度的变化。
2. 检测终糖液中的主要成分，按不同比例稀释品尝。

思考题

果脯糖制时为防止煮烂，可采取哪些措施？

实验十　山楂果脯的加工工艺

一、知识准备

山楂又名山里红，为药食两用果材，营养丰富，含有丰富的维生素C、有机酸和黄酮类成分，具有降血脂、血压、健脾开胃、消食化滞、活血化痰较高的医疗保健作用。但山楂含酸量很高，不适宜鲜食多吃，适合干制、加工为果脯、山楂片、山楂糕、山楂饮料等产品，才能被更多食用。但山楂果实肉质松软，极不耐储运和加工成有形产品。

二、实验目的

1. 通过本实验掌握山楂果脯生产关键技术。
2. 熟悉果脯生产工艺过程和操作要点。

三、实验设备与材料

1. 设备

糖度计、温度计、水果刀、不锈钢盆、不锈钢锅、电磁炉、漏勺、烤箱、烤盘、无毒玻璃纸或塑料袋。量筒、烧杯等。

2. 原材料

山楂、氯化钙、亚硫酸氢钠、白砂糖。

四、实验配方

山楂量按需要定、0.25%亚硫酸氢钠溶液、0.1%的氯化钙溶液、40%的糖液。

五、实验步骤

1. 工艺流程

山楂 → 挑选 → 清洗 → 去核、切分 → 漂洗 → 硬化、护色 →

配制糖液 → 糖制 → 干制 → 回软 → 包装 → 成品

2. 操作要点

（1）挑选　选择个大均匀、色红、肉厚、新鲜饱满、九成熟的山楂果实。

（2）清洗　用0.5%的洗涤灵溶液浸泡5min，其间搅拌清洗，用清水冲洗干净。

（3）去核、切分　手工用水果刀小心将果梗、果顶萼片去除，将果实从中间切开，分为两瓣。

（4）硬化、护色　用0.2%亚硫酸氢钠溶液和0.1%的氯化钙溶液浸泡30~40min，捞出，清水冲洗护色液，沥干水分。

（5）配制糖液　配制40%的糖液煮沸。

（6）糖制　将预处理好的山楂果倒入不锈钢盆内，使糖液浸没过果实，电磁炉中火加热5min，停止加热，盆加盖浸泡渗糖2h。用折光仪测糖液浓度，滤出糖液并加热，按糖液浓度计算50%糖液白砂糖的添加量，加入糖液后再煮沸，将糖液倒入浸糖盆，继续糖制山楂2h。用此法增加糖液浓度浸泡山楂，至浸泡糖液浓度维持60%，此时山楂果肉呈现透明状，表明山楂糖浓度合适，停止糖制。

（7）干制　小心轻盈将山楂果捞出，沥干糖液，摆盘烘烤。60℃烘烤4h，升温至70℃，继续烘干12h。继续干制1h，完成干制。

（8）回软　将烘烤好的山楂果脯手工将压扁、捏圆整形，放在容器中密闭回潮12～24h，用塑料袋密封包装。

六、注意事项

1. 实验时分组制作，比较硬化护色与不硬化护色山楂果脯的品质。
2. 观察山楂果脯糖制时易出现的问题。

1. 糖制过程中，增加糖液浓度为什么不捞出山楂果，而是滤出糖液？
2. 山楂果脯制作过程中，保证品质质量的关键操作环节是哪些环节？

实验十一　低糖果脯的加工工艺

一、知识准备

1. 低糖果脯加工原理

传统果脯含糖量在60%以上，为典型的高糖食品，但高糖食品已进入不健康食品行列，世界范围内食品减糖趋势越来越显明，低糖果脯应运而生。

低糖果脯含糖量在40%～50%，目前低糖果脯生产中，普通采用淀粉糖浆、葡聚糖、果胶、琼脂、葡萄糖等非蔗糖成分替代部分蔗糖，保持高糖含量的水分活度，但低糖果脯生产中会出现果脯干缩、透明度降低、色泽褐变、保质期缩短及口感发硬等问题。因此，开发适宜的蔗糖替代成分可保证低糖果脯的品质。使用先进的渗糖设备和工艺是目前低糖食品生产中需要开发研究和工艺改进的方向。

2. 低糖果脯感官质量与水分含量参见国家行业标准

《低糖杏脯》（DB65/T 2754—2007）。

二、实验目的

1. 了解低糖果脯加工原理。
2. 掌握低糖果脯糖制工艺。
3. 能正确评价低糖果脯并知道如何改进品质。

三、实验设备与材料

热风干燥箱、天平、电磁炉、糖度计、温度计、不锈钢刀、不锈钢盆或瓷盆、微波炉、烤箱、无毒玻璃纸或塑料袋、烤盘。

梨、白砂糖、食盐、木糖醇、麦芽糖醇、微晶纤维素、维生素 C（护色）、柠檬酸、无水 $CaCl_2$、亚硫酸氢钠。

四、实验配方

梨 10kg、0.2% 的维生素 C 2kg、1.0% 的 $CaCl_2$ 溶液和 0.25% 的亚硫酸氢钠溶液 2kg、2% 的食盐溶液 2kg、40% 的蔗糖溶液，木糖醇、麦芽糖醇、微晶纤维素在糖液中的比例分别为 2%、4%、1%。

五、实验步骤

1. 工艺流程

原料选择 → 清洗 → 去皮、切分 → 护色与硬化 → 预煮 →

糖制 → 恒温干燥 → 包装 → 干态果脯

2. 操作要点

（1）原料选择　挑选梨时，要大小适中，肉质厚，水分含量高，无虫蛀和疤伤的梨果为原料。

（2）预处理

①清洗。将选好的果实在 0.2% 的洗涤剂水中清洗，流动水冲洗，除去附着在表面的泥沙和异物。

②去皮、切分。用水果刀，手工去皮。因梨本身含水量高，干燥后会有不同程度的缩水，若切的过薄，导致最后得到的成品具有较差的外形。所以，把梨切成 10mm 厚的薄片，切片时要选择竖切。

③护色与硬化。将切好的梨片放入到配置好的护色兼硬化溶液中浸泡 30min，在浸泡的过程中梨片必须完全浸入。

④预煮。将护色和硬化过的梨片放入 95℃ 的热水中煮至 5min，不断翻动，取出，清洗，沥干。预煮的目的是除去梨中护色剂和硬化剂所残留的离子。

（3）糖制（采用多次煮成法加微波渗糖）

①第一次糖煮　配 1kg 水，放入锅中加热至 50℃ 时，加入 40% 浓度的糖用量，加入浓度为 2% 的食盐用量，浓度为 2% 木糖醇用量、浓度为 4% 麦芽糖醇用量、浓度为 1% 微晶纤维素用量，同时加入柠檬酸 1g，维生素 C 1g，继续加入至 80℃，糖度计测糖，取已处理好的果块 2kg 加入，共同煮沸 5min，然后连同糖液带果块一起放入一容器中浸泡 12h。中间要检测糖浓度，根据糖浓度确定第二次加糖的时间，当糖浓度不再下降时，可进行第二次加糖。

②第二次糖煮　将糖液及果块放入锅中加热至沸后，分别加入余下的 10% 的白砂糖和其他配料，浸泡，中间可采用微波加热浸糖，至糖浓度达到 45% ~50% 不再降低。

③出锅时，再升温到80℃左右，将果块捞出沥干糖液，使果碗朝上摆入烘盘。

（4）恒温干燥　50℃条件下干燥2h，每30min翻一次，之后升温至70℃恒温干燥至不黏手，果肉精致，整形捏圆，60℃再干燥2h，约干燥20h完成干制，后取出自然冷却。

（5）包装　烤好的果脯放在25℃的室内回潮24h，挑选完整无破碎的果脯用无毒玻璃纸包装好。

六、注意事项

1. 观察梨脯制作过程中梨的感官变化，记录糖液浓度的变化。
2. 观察微波加热煮制后糖液浓度的变化。
3. 注意观察护色和硬化后果块的硬度变化。

低糖果脯制作从配方和工艺是否还有可改进之处?

实验十二　低糖山药果脯的加工工艺

一、知识准备

山药属多年生缠绕草本植物，原名薯蓣，又称怀山药、淮山药、山芋、雪芋。山药质地细腻，肉质洁白，味道香甜，营养丰富，含有多种营养成分。山药含有17种人体必需氨基酸，又含有丰富的微量元素。药学研究表明，山药性平味甘，归脾、肺、肾经，主要功效是益气养阴、补脾肺肾。

二、实验目的

1. 通过本实验了解低糖山药果脯制作的基本原理。
2. 熟悉低糖山药果脯生产的工艺过程和操作要点。

三、实验设备与材料

1. 仪器设备

热风干燥箱、天平、电磁炉、糖度计、温度计、不锈钢刀、不锈钢盆或瓷盆、微波炉、烤箱、无毒玻璃纸或塑料袋、烤盘。

2. 原材料

山药、亚硫酸氢钠、氯化钙、白砂糖、柠檬酸、卡拉胶。

四、实验配方

山药 2kg、0.3% 的 $NaHSO_3$ 和 0.1% 的 $CaCl_2$ 4kg、30% 糖液 4kg、白糖 10 袋、0.3% 的柠檬酸、0.4% 的卡拉胶用量。

五、实验步骤

1. 工艺流程

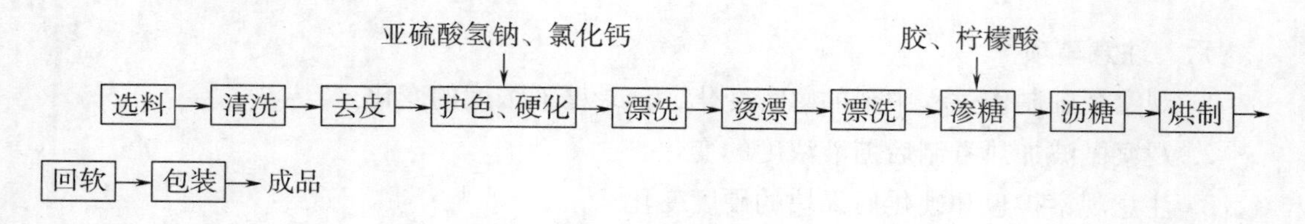

2. 操作要点

（1）选料　选条形直顺、大小均匀、粗细一致、无腐烂、无霉变斑点的新鲜山药块茎为原料，然后将原料表面根毛烤净。

（2）清洗　将山药用流动水刷洗去污泥。

（3）去皮　用不锈钢刀片刮去外表皮，挖净斑眼，顺着纤维长势切成 3 ~ 4mm 厚，4 ~ 5cm 长的薄片，尽量均匀一致。

（4）护色、硬化　将切好的山药条迅速放入 0.3% 的 $NaHSO_3$ 和 0.1% 的 $CaCl_2$：溶液中处理 30 ~ 60min 进行护色、硬化，山药与护色液的比例为 1 : 2 ~ 3，一定要浸没原料，防止产生红褐色的氧化现象，同时也有保脆作用，还可以增强其耐煮性。

（5）漂洗　护色完毕的山药条捞起后用清水漂去山药条上的药液和胶体，加到沸水中烫漂 10min 后捞起，再放入清水中漂洗干净，以除去黏液。可以抑制微生物生长、防止氧化变色、可使山药软化并排除空气。

（6）渗糖　先配制浓度为 30% 的糖液，并加入 0.3% 的柠檬酸、0.4% 的卡拉胶煮沸停火，将山药条放入糖液中浸渍 10h。然后将糖液滤出，测糖浓度，计算将糖液浓度提高至 40% 的白糖添加量，将山药条倒入糖液中继续浸渍至糖液浓度保持 40%。

（7）烘制　捞出山药条，沥净糖液，用 40℃—50℃—65℃ 的梯度温度烘烤 10 ~ 20h 至山药表面不黏手，含水量为 18% 左右时取出。

（8）回软　将干燥后的山药果脯放在密闭容器中回软 24h。

（9）包装　等产品冷却后，剔除一些不合格的产品包装即为成品，用食品用塑料或玻璃纸包装即为成品。

3. 质量要求

（1）感官指标　色泽：无色透明、有光泽、无“流糖”“返砂”现象；形态组织：饱满、质地有韧性、无杂质、无碎屑、表面不干不黏手；滋味：具有山药的清香气味、酸甜适口、无异味。

（2）理化指标　水分 18% ~ 20%，总糖度 ≤ 50%。

（3）微生物指标　细菌总数≤750 个/100g，大肠菌群≤30 个/100g，致病菌不得检出。

六、注意事项

原料发生酶褐变或非酶褐变或原料本身色素物质受破坏褪色，主要原因有原料中的成分在氧化酶的作用下与空气中的氧气发生作用，干燥温度高和时间过长。防止办法为在原料去皮后立即进行护色，减少与氧气的接触；干燥温度控制在 60～65℃。

思考题

1. 在果脯制作中，怎样防止果脯结晶返砂？
2. 在果脯制作中，怎样防止果脯煮烂、干缩？

实验十三　蓝莓果脯的加工工艺

一、知识准备

蓝莓属杜鹃花科，越橘属植物。起源于北美，多年生灌木小浆果果树。因果实呈蓝色，故称为蓝莓。蓝莓果实中含有丰富的营养成分，具有防止脑神经老化、保护视力、强心、抗癌、软化血管、增强人机体免疫等功能，营养成分高。蓝莓中的花青素可以促进视网膜细胞中的视紫质再生，预防近视，增进视力。蓝莓果肉细腻，风味独特，酸甜适度，又具有香爽宜人的香气。

二、实验目的

1. 通过本实验了解蓝莓果脯制作的基本原理。
2. 熟悉蓝莓果脯生产的工艺过程和操作要点。

三、实验设备与材料

1. 实验设备

天平、电磁炉、糖度计、温度计、不锈钢刀、不锈钢盆或瓷盆、微波炉真空机、真空干燥机。

2. 实验原料

蓝莓、白砂糖、果葡糖浆、果胶、柠檬酸、葡萄糖酸内酯。

四、实验配方

蓝莓按实际需要量、柠檬酸 2%、氯化钠 1%、葡萄糖酸内酯 4%、蔗糖液浓度 30%、果葡糖浆 40%、果胶 0.3%。

五、实验步骤

1. 工艺流程

原料挑选 → 清洗 → 烫漂 → 护色 → 硬化 → 真空渗糖 →

低温渗糖 → 沥干水分 → 干燥 → 成品

2. 操作要点

（1）原料挑选　挑选个体完整饱满的新鲜蓝莓作为原料，要求无损伤，无病虫害，无腐烂。

（2）清洗　用清水清洗，由于蓝莓果皮柔软易破，清洗时要轻柔，避免汁液流失。

（3）烫漂　蓝莓果实的果皮较薄、易碎，故采用蒸汽烫漂，时间为3min，烫漂后用冷水冷却。蒸汽烫后的蓝莓个体饱满，有光泽，表皮无塌陷。

（4）护色　采用质量分数为2%的柠檬酸，并加的1%氯化钠进行护色，时间为4h。

（5）硬化　采用葡萄糖酸内酯作为果脯的硬化剂，硬化时间为4h，硬化液可完全浸透蓝莓，使其达到较好的硬化效果。果实组织状态良好，护色硬化后蓝莓保持原有色泽与果香，形态饱满，果脯具有一定柔韧性但却不存在其他异味。

（6）真空渗糖　糖液质量分数为70%，糖液的构成主要有蔗糖、果葡糖浆以及果胶。真空度0.085MPa、抽真空时间50min、温度55℃下渗糖，短时间的渗糖，使产品营养成分损失较少，降低了产品的氧化幅度，能最大限度地保持其天然成分。

（7）低温渗糖　将真空渗糖后的蓝莓连同糖液一起置于4～8℃中低温渗糖，渗糖时间为48h。

（8）干燥　0.085MPa真空度下，首先在温度60℃时干燥1h后，转为温度为50℃，真空干燥1h。得到的蓝莓果脯形态饱满、色泽天然、质地柔韧，具有浓郁的蓝莓原果的风味。

六、注意事项

1. 蓝莓皮薄，清洗时注意轻柔。
2. 硬化时间要恰当，时间过短，果实柔软；时间过长，果实硬度大。

思考题

1. 果脯加工中常用的硬化剂都有哪些？
2. 蓝莓果脯中，为什么选用一葡萄糖酸内酯作为硬化剂？

实验十四　话梅的加工工艺

一、知识准备

话梅是芒种后采摘的黄熟梅子（俗称黄梅）经过加工腌制而成。黄梅从树上采下洗净，放大缸里用盐水泡浸月余，取出晒干；晒干后用清水漂洗，再晒干；然后用糖料泡腌，再晒干，如此多次反复，最后成为肉厚、甜酸适度的话梅。话梅的果形完整、质地柔软又略带韧性，表面干燥有折皱，略有盐霜，呈黄褐色或淡棕红色，集香、甜、酸、咸诸味于一体，回味悠长。

二、实验目的

1. 通过本实验理解话梅制作的基本原理。
2. 熟悉话梅生产的工艺过程和操作要点。

三、实验设备与材料

1. 实验设备

天平、不锈钢锅、台秤、烘箱、糖度计、温度计、不锈钢刀、不锈钢盆或瓷盆、微波炉

2. 原材料

鲜梅果、白砂糖、食盐、甘草、香草香精、糖精、香兰素。

四、实验配方

青梅：食盐比例为5∶1。料液的配制：鲜梅果100g，白砂糖6g，甘草2kg，香草香精100mL，糖精70g，香兰素40g。

五、实验步骤

1. 工艺流程

原料选择 → 盐渍 → 漂洗脱盐 → 烘干 → 加料腌渍 → 晒干

2. 操作要点

（1）原料选择　选用果形大、无病虫害、无创伤、七八成熟的青梅为原料洗净去杂。

（2）盐渍　青梅和食盐按5∶1的比例备料。一层梅果一层盐入缸腌制7～10d，每隔2天翻动一次，料面应压重物，以免梅坯上浮，以使盐分渗透均匀。

（3）漂洗脱盐　将梅坯在清水中漂洗4～6h，脱去50%的盐分，捞出。

（4）烘干　用烘干机在60℃下将梅坯干燥到半干状态，即制成咸干青梅果坯。

（5）腌渍

①料液的配制：鲜梅果100g，白砂糖6g，甘草2kg，香草香精100mL，糖精70g，香兰素40g。在锅中加热熬煮成约30kg的甘草溶液，再经过滤澄清后，按配料比例加入白砂糖、香料等。搅拌均匀即为甘草料液。②浸渍：将甘草料液加热至80℃，倒入装着干青梅果坯的缸中进行浸渍，并经常翻动以使果坯均匀吸收甘草料液。浸渍约12h后，将果坯取出摆放在竹席上让阳光曝晒，晒30～60min后，再收集放入剩余的甘草料液中继续浸渍，使其吸足汁液。

（6）晒干　把吸足甘草液的果胚移入烘盘摊开，以60～70℃温度烘到含水量不超过18%为止。即制成话梅。

3. 产品质量要求

外表呈“霜粉状”，果肉干皱成纹，不黏手，味香略有咸味，甜酸适口。

六、注意事项

腌渍时要经常翻动，越是后期越要勤翻，翻动可使梅果均匀而充分地吸收所有味料；若果坯已吸至饱胀仍未能将味料吸完，可将梅果捞起烘晒，稍干后再倒入味料中，直至将味料吸完为止。

1. 话梅制作与果脯制作有何不同?
2. 话梅制作的关键工艺是哪个环节?

实验十五　果胶含量不同果材果酱的加工工艺比较

一、知识准备

1. 果酱加工原理

果酱是指利用果蔬原料经清洗处理、破碎打浆，再经加糖煮制、浓缩而成的具有酸甜适口、晶莹剔透、有果香味的凝胶状制品，而胶凝状的形成与果蔬原料中的果胶、有机酸、糖分的含量有关，三者的比例适当时能形成良好的胶凝态。当原料中含糖量60% ~ 65%，pH 在 2.0 ~ 3.5，果胶含量为 0.3% ~0.7% 时，能形成很好的凝胶状。

一般根据原料所含果胶及酸的多少，必要时添加适量柠檬酸、果胶。柠檬酸添加量一般以控制成品含酸量为 0.5% ~1%。果胶添加量，以控制成品含果胶量 0.4% ~0.9% 为好。

果酱制品呈黏糊状，可带有小果块，倒在平面上能呈现“站得住、不留汁、展得开”形状，并且口感细腻，酸甜适口，为质量上乘果酱，果酱质量标准参照以下国家标准。

2. 果酱质量标准

《果酱》（GB/T 22474—2008）。

（1）感官要求

表 7 -7　　感官要求（GB/T 22474— 2008）

项　目	要　求
色　泽	有该品种应有的色泽
滋味与口感	无异味，酸甜适中，口味纯正，具有该品种应有的风味
杂　质	正常视力下无可见杂质，无霉变
组织状态	均匀，无明显分层和析水，无结晶

（2）理化指标

表7-8 理化指标（GB/T 22474—2008）

项目		果酱指标	果味酱指标
可溶性固形物（以20℃折光计）	≥	25	—
总糖/(g/100g)	≤	—	65
总砷（以As计）/(mg/kg)	≤	0.5	
铅（Pb）/(mg/kg)	≤	1.0	
锡（Sn）/(mg/kg)	≤	250[a]	

注1：“—”表示不作要求。

注2：总砷、铅、锡的指标参照GB 11671—2003设定，并与该标准相同。

[a]仅限马口铁罐。

（3）微生物指标　应符合《果、蔬罐头卫生标准》（GB 11671—2003）商业无菌的规定。

二、实验目的

通过制作两种不同原料山楂和苹果果酱，比较其制作工艺差别及其品质差别，更好地掌握优质果酱加工技术。

三、实验设备与材料

1. 设备

折光仪、温度计、不锈钢刀、水果削皮刀、案板、不锈钢盆、不锈钢锅、打浆机、电磁炉、台秤、天平、旋盖玻璃瓶。

2. 原材料

苹果、山楂、白砂糖、柠檬酸、果胶。

四、实验配方

为比较果胶含量不同的果蔬原料对果酱质量的影响，实验分三组进行，按以下配方进行制作。

（1）苹果果酱　苹果1kg、水0.6～1kg、白糖1.2～1.5kg、柠檬酸12～20g、果胶10～22g。

（2）苹果果酱　苹果1kg、水0.6～1kg、白糖1.2～1.5kg。

（3）山楂果酱　山楂1kg、水0.6～1kg、白糖1.5kg。

五、实验步骤

1. 工艺流程

配料准备 → 原料选择 → 清洗、去皮、去核 → 预煮、软化 →

打浆 → 加热浓缩 → 装罐密封 → 杀菌 → 冷却 → 成品

2. 操作要点

（1）配料准备　所用配料如糖、柠檬酸、果胶或琼脂等，均事先配制成浓溶液备用。砂糖配成70% ~75%的浓糖液，加热溶解过滤，柠檬酸配成8%溶液。

果胶加2 ~6 倍砂糖，充分拌匀，再以10 ~15 倍的温水在搅拌下加热溶解过滤。

（2）原料选择　选择色、香、味较好、成熟度适中、果胶及酸含量丰富的果实。

（3）预处理　包括清洗、去除果梗等杂物。苹果用清水清洗后去皮，切分、去核。山楂用0.5%洗涤灵水浸泡5min，清水冲洗干净。

（4）预煮、打浆　切分后的果块迅速进行预煮，加入果料重量20% ~30%的水，加热煮制软化。预煮也使酶失活，防止褐变。软化后趁热打浆。山楂打浆后过20目的筛。

（5）加热浓缩　将原料置于夹层锅中，分批加入糖液，并添加少量柠檬酸溶液，在常压条件下加热浓缩，并不断搅拌，防止煳锅。浓缩后期加剩余酸液，继续浓缩，浓缩30 ~40min，用温度计测量果酱温度，当果酱温度达到105℃时，或用勺子盛起少许果酱下落时，果酱呈片状，即达到浓缩终点，此时可溶性固形物含量达到65%。苹果果酱出锅前加入果胶溶液，搅拌均匀。山楂果酱可直接趁热灌装。

（6）装罐密封　灌装玻璃瓶、瓶盖清水洗净，煮沸15min消毒。浓缩好的果酱趁热（保持85℃以上）装入消毒好的玻璃瓶中，加盖密封，倒置瓶体，注意装罐要快。短期储存可不再进行杀菌工序，可长期保存，为保证果酱质量需进行杀菌。

（7）杀菌、冷却　灌装好的果酱进行水浴杀菌，在90 ~100℃下杀菌10 ~15min，依罐型大小而定。杀菌后马上冷却75℃、55℃分段至38℃左右。

3. 果酱质量品评

对制作的三种不同配方果酱倒在白陶瓷板上，进行口感、质地、胶凝性品评，分析果酱生产的关键环节。

六、注意事项

1. 加热浓缩时间很关键

浓缩时间短，果胶溶出较少，影响果酱胶凝；浓缩时间长，易出现煳锅，同时果料的色、香、味、营养成分会损失减少，影响产品感官质量，所以好把握好浓缩时间。

2. 果酱变色

加热时间长，或接触到金属离子，都会使果酱中的单宁、花青素氧化，导致颜色褐变，应尽量缩短加热时间。

思考题

1. 果酱生产中易出现的质量问题有哪些?
2. 分析果酱生产中的关键技术，并说明原因。
3. 为什么果胶溶解时要加入2 ~6 倍的白砂糖，用温水溶解?

实验十六　低糖草莓、苹果复合果酱的加工工艺

一、知识准备

由于传统果酱存在糖含量高、固有风味易被遮盖、热能高、不利人体健康等问题，低糖果酱越来越多地受到人们的青睐。低糖果酱糖分含量在25%～45%，比传统果酱60%左右的含量含糖量至少低15%左右，符合现代人“减糖”的需求。降低的糖分以部分增稠剂、低聚糖或甜味剂取代，使低糖果酱仍具有高糖果酱的胶凝状态。

草莓、苹果均是营养较丰富的水果，并且二者风味协调，具有增味作用。草莓不易保存，适合加工成果酱，延长消费期。两种水果复合搭配，能够弥补单一水果营养成分单调的不足，提高营养价值。草莓和苹果含果胶较少，需要添加果胶类物质和酸以及钙离子形成胶凝态。

二、实验目的

1. 掌握低糖果酱的加工原理和制作工艺。

2. 学习正确使用低糖果酱的各种配料的使用。

三、实验设备与材料

1. 设备

折光仪、温度计、不锈钢刀、水果削皮刀、案板、不锈钢盆、不锈钢锅、打浆机、电磁炉、台秤、天平、旋盖玻璃瓶。

2. 原材料

草莓、苹果、白砂糖、柠檬酸、抗坏血酸、LMP果胶、氯化钙。

四、实验配方

草莓∶苹果＝1∶1、果料∶水＝3∶1、蔗糖20%、pH为4.0、LMP果胶0.3%、魔芋胶0.2%、抗坏血酸0.3%、柠檬酸0.3%、$CaCl_2$ 0.2%。

五、实验步骤

1. 工艺流程

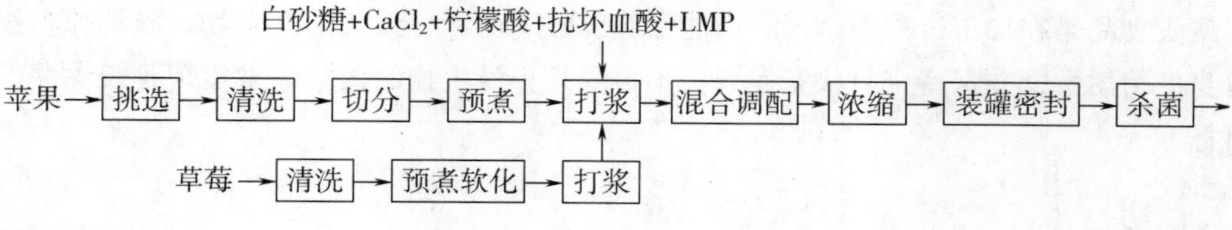

2. 操作要点

（1）原料预处理　挑选成无腐烂、霉变、熟度适宜、品质优良的新鲜苹果、草莓，清

水洗净，苹果切分为小块。

（2）预煮　将果料置于90～95℃热水中烫漂（苹果5min，草莓2min）灭酶活和软化组织。

（3）打浆　将热烫后的苹果转移至打浆机，加入少许柠檬酸、抗坏血酸护色液打成粗浆，再将草莓加入打浆机，按照（水果：水＝3：1）比例加入水打浆，打浆至糊状，得到苹果－草莓混合原浆。

（4）混合调配　将白砂糖、钙盐（$CaCl_2$），按配方比例加入，预先将$CaCl_2$溶解于少量水中，随后加入水果浆中，充分搅拌使物料完全溶解。通过胶体磨磨成细腻浆液。

（5）浓缩　在60℃下，边加热边搅拌，使之溶解于预煮液中，混合均匀，然后调pH到4，最后按比例加入增稠剂低甲氧基果胶、魔芋胶，浓缩时温度控制在70℃～80℃，时间为20～25min，浓缩至固形物含量为35%～40%为止。

（6）装罐、杀菌、冷却　浓缩好的果酱趁热装入预先消毒好的瓶中，加盖密封，灌装温度不得低于85℃，然后置于沸水中杀菌20min，取出后分段冷却，得成品。

六、注意事项

1. 掌握好低甲氧基果胶的使用条件，有比较充足钙离子和pH的酸度条件。
2. 注意苹果打浆时，加入护色剂，防治褐变。
3. 注意配料的添加顺序，果胶类增稠剂最后添加。

思考题

1. 低糖果酱生产中的几个关键因素是哪些？
2. 比较说明高甲氧基果胶和低甲氧基果胶的使用条件。
3. 果酱产品发生脱水的原因是什么？如何防止？

实验十七　糖水水果罐头的加工工艺

一、知识准备

罐头食品是在加工过程中杀灭罐内能引起腐败、产毒、致病的微生物，破坏原料组织中自身的酶活性，并保持密封状态使罐头不再受外界微生物的污染，来实现延长保藏时间的目标。

二、实验目的

1. 理解防止水果褐变的机理。
2. 掌握糖水水果罐头的加工工艺。

三、实验设备与材料

1. 实验设备

夹层锅、手持糖量计、不锈钢水果刀、杯、汤勺、漏勺、纱布、不锈钢盆、台秤、天平、抽空罐、不锈钢盆、温度计、电磁炉、四旋瓶（包括配套的瓶盖）。

2. 实验材料

硬质梨、苹果、黄桃或其他适于罐藏加工的水果品种。砂糖、柠檬酸、食盐。

四、实验步骤

1. 工艺流程

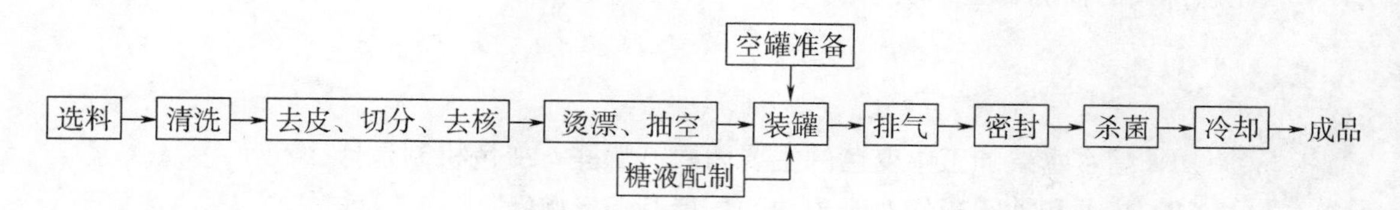

2. 操作要点

（1）选料　选用果心小，质地紧密和成熟度适宜的原料。

（2）去皮、切分、去核　手工去皮后，挖去损伤部分，将原料对半纵切，再用挖核器挖掉果核。用0.5%～1%柠檬酸或1%～2%食盐溶液护色。

（3）烫漂　用沸水烫漂5～10min至半透明。

（4）抽空　抽空糖液含量为20%，温度20～30℃，时间5～10min，真空度≥600mmHg，破坏真空后，在糖水中浸渍5min，以利糖水渗透。

（5）糖液配制　将烫漂用水过滤后用于配制糖液。装罐用糖液含量按下式计算：

$$Y\% = \frac{(W_3Z - W_1X)}{W_2} \times 100\%$$

式中　W_1——每罐装入果肉量，g；

W_2——每罐装入糖水量，g；

W_3——每罐净重，g；

X——装罐前果肉可溶性固形物含量，%；

Y——装罐用糖水的含量，%；

Z——要求开罐时糖液的含量，%。

根据所需开罐糖液含量（14%～18%）及用量直接称取砂糖和水，放入不锈钢容器中加热、搅拌、溶解，煮沸5～15min后趁热过滤，校正浓度后备用。测定糖液含量时，注意温度校正。为增进风味，根据原料中有机酸含量情况可在糖液中添加柠檬0.1%～0.15%。

（6）空罐准备　四旋瓶用清水洗净，再以沸水消毒30～60s后倒置备用。

（7）装罐　装罐要保持适当的顶隙度（3～5mm），并保持每罐的果块大小、色泽形态基本一致，保证固形物达55%～60%。

（8）排气、密封　采用加热排气法，加热10～15min，至果块下沉。排气后立即密封。

（9）杀菌　常压杀菌。采用水杀菌，沸腾下（100℃）保温15min后，产品分别在

65℃、45℃和凉水中逐步冷却到37℃以下。

3. 成品评价

（1）感官指标　成品应具有原果风味；组织软硬适度；块形完整，允许有轻微毛边，同一罐内果块大小均匀。

（2）理化指标　每批产品平均净重应不低于标明重量；糖水含量开罐时按折射率计，为14%～18%。

五、注意事项

1. 注意控制烫漂时间，不可过长或过短，以半透明为准。

2. 注意排气的彻底，至果块下沉。

思考题

1. 糖水水果加工中变色的主要因素有哪些？变色机制是什么？
2. 热烫和抽空操作对于果块的质量有何影响？
3. 糖水水果生产中可以采用哪些护色措施？

实验十八　中式泡菜的加工工艺

一、知识准备

蔬菜腌制是我国最为普遍的一种加工方法，其方法简易，制品风味好，很受群众欢迎。通过实习，了解泡菜制作工艺，掌握腌制基本原理。

泡菜是采用食盐溶液泡制各种鲜嫩蔬菜，利用乳酸发酵而制成的一种带酸味的腌制品。制作时用3%～4%的食盐与新鲜蔬菜充分拌和后置于泡菜坛内，使其所排出的菜水将原料淹没浸泡，或者用6%～8%的食盐水与原料等量装入泡菜坛内使原料浸泡在盐水中，加盖将水注入槽口密封，存放一周至半月即成。

腌制时由于蔬菜上或老盐水中带有乳酸菌、酵母菌等微生物，可以利用蔬菜、盐水中的糖进行乳酸发酵、酒精发酵等，使其中乳酸含量达0.4%～0.8%，不仅咸酸适度，味美嫩脆，增进食欲帮助消化，而且可以抑制各种病原菌及有害菌的生长发育，延长保存期；另外由于腌制采用密闭的泡菜坛，可以使残留的寄生虫卵窒息而死。

二、实验目的

1. 通过实验，熟悉泡菜加工制作原理。

2. 掌握泡菜加工制作工艺与品质保证的关键技术。

三、实验设备与材料

甘蓝、萝卜、胡萝卜、红辣椒、嫩姜等均可作为腌渍加工的原料，食盐、红糖、白酒、香料（花椒、草果、八角、茴香等）、泡菜坛。

四、实验配方

原料按需要量准备，菜料∶水 =1∶1。泡菜盐水配制：水 100kg、食盐 7kg、红糖 0.2kg、香料适当、白酒 0.025kg。

五、实验步骤

1. 工艺流程

原料处理 ⟶ 泡菜水配制 ⟶ 入坛泡制 ⟶ 泡菜发酵期管理

2. 操作要点

（1）原料处理　将原料经过洗涤，除去不宜食用部分，适当切分，稍加晾晒、备用。

（2）泡菜水配制　水 100kg、食盐 7kg、红糖 0.2kg，少量的香料用布包好一起入锅煮沸，倒入洗净的泡菜坛中，盐水倒至半坛即可，冷却后加入白酒 0.025kg。

（3）入坛泡制　待盐水冷却后，即可将整理的莱入坛泡制使水淹没原料，水与原料比约为 1∶1。将坛钵覆盖，并在外槽中注入清水，将坛置于阴凉处任其自然发酵，经 7～10d 即可成熟，取食后加入新的原料继续泡制。

（4）泡菜发酵期管理　初期发酵阶段大量产气，要注意外水槽加水，以保持其水位，保证封口严密、逸气自如，保证中期发酵阶段坛内的无氧环境。

中期发酵阶段坛内可形成一定的真空度，为防止因外界气压突然改变而使外水槽的清水吸入坛内，造成制品污染，或者开盖检查时造成外水内滴，一方面可通过换水或加护罩等方法，保持外水槽内水的清洁卫生，同时可在水槽内投入 15%～20% 的精盐，使其更安全。

揭盖取食后，注意随吃随投料以减少坛内空隙，减少杂菌活动；多种蔬菜共泡时，最好投入适量大蒜、洋葱、红皮萝卜之类有杀菌作用的蔬菜，也可减少杂菌。另外，泡菜坛内忌油脂类物质，取食泡菜时，不要用带有油脂的筷子或其他用具，以免油脂浮在液面，滋生杂菌。

六、注意事项

1. 蔬菜料装坛时，一定要水淹没料。
2. 发酵期一定要保证坛口外围用水封严。
3. 食用时切记用干净、无油筷子取用。

思考题

1. 观察泡制用水的硬度对成品质量的影响。
2. 泡菜制作时，常出现的问题是什么，如何进行预防?
3. 试述泡菜发酵机理，腌制时是如何抑制杂菌的?

实验十九　韩国泡菜的加工工艺

一、知识准备

韩国泡菜是朝鲜半岛一种以蔬菜为主要原料，配以水果、鱼露，经腌制和兼性厌氧发酵而成的一种泡菜，与中国泡菜的区别在于韩国泡菜是以辣和微甜为主。辣椒和糖加入的多，泡菜一般都带有红色，典型代表即辣白菜。中国泡菜是以完全浸泡在料液中、厌氧发酵而成的泡菜，以酸咸味为主，色泽鲜亮一般保持原有的颜色。

韩国泡菜制作是将泡菜放入缸中缺氧、低温的条件中，白菜表面天然存在的乳酸菌和杂菌便开始了漫长的发酵历程。在发酵过程中，耐盐的乳酸菌以白菜中的一些糖分为基础进行发酵，产生大量的有机酸、醇类及氨基酸等，同时，杂菌的繁殖却由于高浓度盐分而受到遏制，从而形成泡菜的特殊风味。

二、实验目的

掌握韩国辣白菜加工技术，了解基本原理。

三、实验设备与材料

1. 实验仪器

泡菜坛（缸）、不锈钢刀、案板、塑料盆等。

2. 实验材料

主料：白菜、粗盐、水、萝卜、水芹菜、葱丝、芥菜、牡蛎。

调料：辣椒粉、腌小鱼酱、虾仁酱、糖、葱、蒜泥、姜泥。

四、实验配方

主料：用白菜 4.8kg、粗盐 700g、水 4kg 制作；

辅料：用萝卜 1kg、水芹菜 100g、葱丝 200g、芥菜 200g、牡蛎 200g、盐 6g、水 400g 制作；

调料：用辣椒粉 130g、腌小鱼酱 100g、虾仁酱 100g、糖 12g、葱 200g、蒜泥 80g、姜泥 36g 制作；

泡菜汤汁：用水 100g、盐 2g 制作。

五、实验步骤

1. 工艺流程

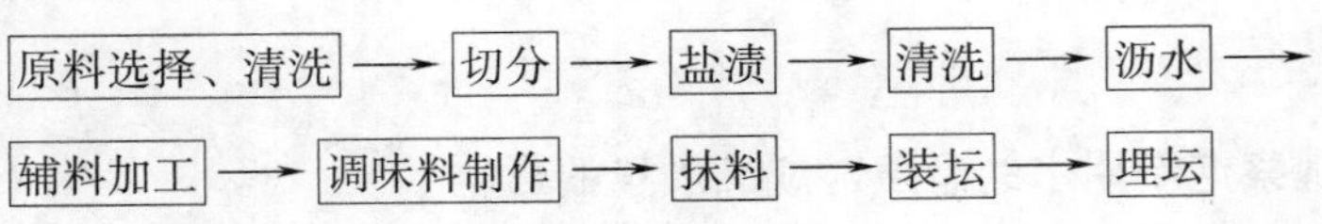

2. 操作要点

（1）原料选择、清洗　选新鲜紧实的白菜新鲜，每棵 2kg 左右，去除白菜的老叶，切去根部，用流水清洗表面附着物。将辅料一并清洗沥干。

（2）盐渍　放入1/2粗盐在水中，白菜以正反面交替放置腌制，将剩余的1/2粗盐放进白菜帮之间，腌制3h。

（3）清洗　将盐渍过的白菜反复清洗3～4次，以流水清洗表面食盐水及异物。沥水1h左右。

（4）辅料加工　萝卜清理洗净，切成长5cm，宽、厚度0.3cm左右的丝。水芹菜去叶，葱、芥菜切成长度约4cm的段，牡蛎用淡盐水轻洗后，沥去水分。

（5）调味料制作　将虾仁酱里与腌小鱼酱混合，再加入辣椒粉、葱末蒜泥、姜泥等拌匀，制成辣椒粉酱料；在切好的萝卜丝上撒上辣椒粉酱料，调拌均匀；最后放入水芹菜段、葱段、芥菜段等蔬菜和牡蛎，轻拌后入盐。

（6）抹料　在白菜帮之间均匀地抹上调味料，并用大菜叶将其围裹，防止调味料外流。

（7）装坛　在泡菜坛子里整齐地放入7～8棵白菜，并在其上以用盐腌过的大白菜叶盖上。将泡菜汤汁均匀地洒在泡菜上，并将所剩调料全部倒入坛子里，将上面用一层腌白菜叶轻压。

（8）埋坛　冬天储藏的白菜泡菜，把坛或缸埋在地里保持温度10℃左右存放3周的时间使其发酵、成熟，味道和营养更佳。

六、注意事项

1. 注意辣白菜在抹料时要均匀。

2. 注意辣白菜装坛时要压紧压实。

思考题

1. 比较中国泡菜和韩国泡菜制作工艺的不同。
2. 分析中国泡菜和韩国泡菜的制作原理。

实验二十　干红葡萄酒的酿造工艺

一、知识准备

1. 葡萄酒的分类

按照不同的分类标准，如葡萄酒颜色、含糖量、是否含有二氧化碳气体、酿造工艺等，可以将葡萄酒分为多种。

（1）按照颜色，有红葡萄酒、白葡萄酒、桃红葡萄酒。

（2）按照含糖量，有干型、半干型、半甜型及甜型葡萄酒。

（3）按是否含有二氧化碳气体，有静止平静葡萄酒和起泡葡萄酒。

（4）按照不同酿造工艺，有普通红白葡萄酒和采用特定酿造工艺的葡萄酒，如白兰地、冰酒、利口酒、贵腐葡萄酒、加香葡萄酒、产膜葡萄酒、雪利酒、波特酒等。

2. 葡萄酒国家标准

《葡萄酒》（GB/T 15037—2006）。

（1）感官要求

表7-9　　葡萄酒的感官要求（GB/T 15037—2006）

项目			要求
外观	色泽	白葡萄酒	近似无色、微黄带绿、浅黄、禾秆黄、金黄色
		红葡萄酒	紫红、深红、宝石红、红微带棕色、棕红色
		桃红葡萄酒	桃红、淡玫瑰红、浅红色
	澄清程度		澄清，有光泽，无明显悬浮物（使用软木塞封口的酒允许有少量软木渣，装瓶超过1年的葡萄酒允许有少量沉淀）
	起泡程度		起泡葡萄酒注入杯中时，应有细微的串珠状气泡升起，并有一定的持续性
香气与滋味	香气		具有纯正、优雅、怡悦、和谐的果香与酒香，陈酿型的葡萄酒还应具有陈酿香或橡木香
	滋味	干、半干葡萄酒	具有纯正、优雅、爽怡的口味和悦人的果香味，酒体完整
		半甜、甜葡萄酒	具有甘甜醇厚的口味和陈酿的酒香味，酸甜协调，酒体丰满
		起泡葡萄酒	具有优美醇正、和谐悦人的口味和发酵起泡酒的特有香味，有杀口力
典型性			具有标志的葡萄品种及产品类型应有的特征和风格
注：感官评价可参考附录A进行。			

（2）理化指标

表7-10　　理化指标（GB/T 15037—2006）

项目			要求
酒精度（20℃）（体积分数）/（%）			≥7.0
总糖[d]（以葡萄糖计）/（g/L）	平静葡萄酒	干葡萄酒[b]	≤4.0
		半干葡萄酒[c]	4.1~12.0
		半甜葡萄酒	12.1~45.0
		甜葡萄酒	≥45.1
	高泡葡萄酒	天然型高泡葡萄酒	≤12.0（允许差为3.0）
		绝干型高泡葡萄酒	12.1~17.0（允许差为3.0）
		干型高泡葡萄酒	17.1~32.0（允许差为3.0）
		半干型高泡葡萄酒	32.1~50.0
		甜型高泡葡萄酒	≥50.1
干浸出物/（g/L）	白葡萄酒		≥16.0
	桃红葡萄酒		≥17.0
	红葡萄酒		≥18.0

续表

项　目			要　求
挥发酸（以乙酸计）/(g/L)			≤1.2
柠檬酸/(g/L)	干、半干、半甜葡萄酒		≤1.0
	甜葡萄酒		≤2.0
二氧化碳（20℃）/MPa	低泡葡萄酒	<250mL/瓶	0.05～0.29
		≥250mL/瓶	0.05～0.34
	高泡葡萄酒	<250mL/瓶	≥0.30
		≥250mL/瓶	≥0.35
铁/(mg/L)			≤8.0
铜/(mg/L)			≤1.0
甲醇/(mg/L)	白、桃红葡萄酒		≤250
	红葡萄酒		≤400
苯甲酸或苯甲酸钠（以苯甲酸计）/(mg/L)			≤50
山梨酸或山梨酸钾（以山梨酸计）/(mg/L)			≤200
注：总酸不作要求，以实测值表示（以酒石酸计，g/L）。			
[a]酒精度标签标示值与实测值不得超过±1.0%（体积分数）。 [b]当总糖与总酸（以酒石酸计）的差值小于或等于2.0g/L时，含糖最高为9.0g/L。 [c]当总糖与总酸（以酒石酸计）的差值小于或等于2.0g/L时，含糖最高为18.0g/L。 [d]低泡葡萄酒总糖的要求同平静葡萄酒。			

（3）卫生要求　应符合《食品安全国家标准　发酵酒及其配制酒的规定》（GB 2758—2012）。

（4）净含量　按国家质量监督检验检疫总局［2005］第75号令执行。

（5）分析方法

感官要求：按《葡萄酒、果酒通用分析方法》（GB/T 15038—2006）检验。

理化要求（除苯甲酸、山梨酸外）：按《葡萄酒、果酒通用分析方法》（GB/T 15038—2006）检验。

苯甲酸、山梨酸：按《食品安全国家标准　食品中苯甲酸、山梨酸和糖精钠的测定》（GB/T 5009.28—2016）。

净含量：按《定量包装商品净含量计量检验规则》（JJF 1070—2005）检验。

二、实验目的

1. 了解干红葡萄酒的制作工艺流程和方法。
2. 掌握干红葡萄酒制作过程的关键环节。

三、实验设备与材料

1. 设备

发酵容器、天平、玻璃棒、量筒、比重计、温度计。

2. 原材料

葡萄、白砂糖、果胶酶、酵母、亚硫酸等。

四、实验步骤

1. 工艺流程

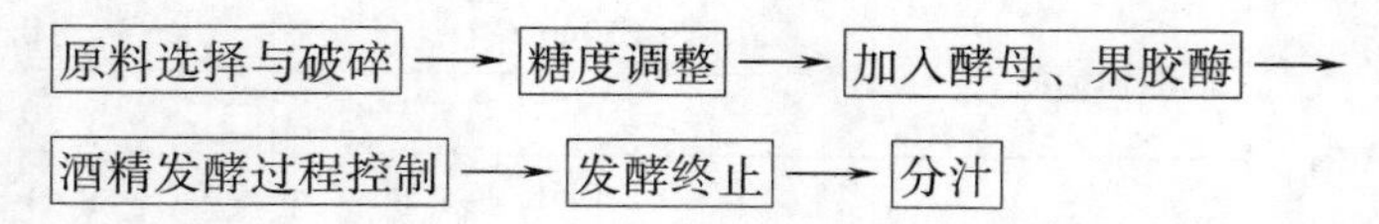

2. 操作要点

（1）原料选择与破碎　挑选优质葡萄，去除烂果粒、果梗、用清水浸泡、冲洗后用纱布将果实表面水分擦干，用手将果实捏碎，果皮和果肉混合置于5L先用清水洗净沥干的玻璃瓶中。在原料中加入亚硫酸使得亚硫酸浓度为60mg/L，并将原料混合均匀。

（2）糖度调整　测量葡萄汁温度，并用大于1.0密度计对葡萄汁的密度进行测量，对照密度糖度对应表，查找对应糖度。

（3）加入酵母、果胶酶　用少量葡萄汁将酿酒干酵母活化，加入到酿酒容器中，加入果胶酶，混合均匀。

（4）酒精发酵过程控制　在12～24h启动发酵，表现为葡萄汁中有较多气泡产生，将糖度补至216g/L。每天两次用木棒或筷子将葡萄皮压入酒液中，测量葡萄发酵液的温度及密度，做好记录。

（5）发酵终止　当密度降至0.995左右，持续观察3d，加入40mg/mL亚硫酸终止发酵。

（6）分汁　用纱布将葡萄汁与发酵残渣分离，将葡萄汁装瓶，将瓶子直立置于冷凉处，自然澄清，注意要满瓶存放，并适时排除瓶内产生的二氧化碳气体。

五、注意事项

1. 葡萄颗粒在清洗后一定将水分用纱布洗干净，以免带入最终葡萄酒。

2. 酒精发酵容器不能超过容量的三分之二，另外，酒精发酵旺盛时一定要多次观察，以发现免酒液溢出造成损失。

思考题

1. 如果想得到果香浓郁的葡萄酒，需要如何控制酒精发酵过程?
2. 如果想得到口感粗壮，适合长期陈酿的酒应该怎么做?
3. 好的葡萄酒有哪些共同特点?

实验二十一　果蔬干制品的加工工艺

一、知识准备

新鲜果品含水量多在70%～90%，而蔬菜含水量高达75%～95%。在干制过程中，水与果蔬中各种物质相互作用，使各种果蔬具有不同的理化特性。物料中的水分通常被分为化学结合水、物理-化学结合水和机械结合水。

果蔬干制原理是利用热能或其他能源排除果蔬原料中所含的大量游离水和部分结合水，降低果蔬的水分活度，使用微生物缺水而无法生存，同时也可降低果蔬中的酶的活性，使制品得到更好的保存。

二、实验目的

1. 掌握果蔬干制品的加工方法和设备。

2. 掌握主要果蔬的干制加工工艺和技术，理解各工艺过程对干制品的品质影响。

三、实验设备与材料

1. 实验仪器

水果刀、烘箱、晒盘、台秤、切片机、果盆等。

2. 实验材料

葡萄、苹果、甘蓝；亚硫酸钠、氢氧化钠等。

四、实验步骤

1. 工艺流程

原料选择 → 清洗、切分 → 护色、热烫 → 甩水 → 干制 → 包装

2. 操作要点

（1）甘蓝的干制

①原料选择　选用肉质肥厚、组织致密的新鲜甘蓝。

②清洗、切分　将选好的甘蓝用清水冲洗干净，除去干叶。甘蓝可切分成不同规格大小，做到整齐一致。

③护色　用0.2% $NaHSO_3$溶液浸泡2～3min，沥干水分。清水冲洗干净护色液。

④热烫　用95～98℃的热水对护色后的甘蓝叶冲洗热烫。

⑤甩水　用离心机将甘蓝所带水甩去。

⑥干制　采用热风干燥法进行干制。装载量3.0～3.5kg/m^3，干燥温度55～60℃，完成干燥需6～9h。

⑦包装　脱水蔬菜经检验达到食品卫生要求，即可分装在塑料袋内，进行密封。

（2）葡萄的干制

①原料选择　用于干制的葡萄应选皮薄、果肉丰满、粒大、含糖量高（20%以上），

并要达到充分成熟。

②清洗　采收以后太大的果串剪为几小串，再将果串在1% ~3%的NaOH溶液中浸渍5~10s后，立即放入清水中漂洗干净。

③干燥　将处理好的葡萄装入烘盘，使用逆流干制机干燥，初温为45~50℃，终温为70~75℃，终点相对湿度为25%，干燥时间为16~24h。

④包装　用塑料袋包装，密封后放置若干天，除去果梗，再用食品袋真空包装，即为成品。

（3）苹果的干制

①原料选择　选择无病虫害、无腐烂斑点、成熟度一致的苹果为原料，每组称苹果5kg。

②洗涤、去皮　将称取的苹果用自来水清洗干净，手工法去皮，并去除果柄、花萼。

③切分、去心、护色　将去皮后的苹果纵切为二，挖去果心，称重。再将去果心后的果块切分为2mm厚的果片，果片的厚度要均匀。将切分的果片在0.5%的$NaHSO_3$溶液中浸泡15min。

④干燥　将硫处理后的果片放入烘箱中干制，开始用80℃ ~85℃温度干燥，以后逐渐降温至50~55℃，干制时间为5~6h，以用手紧握再松手不黏着且富有弹性为度。含水量为20% ~22%。

⑤回软、包装　苹果干燥结束，进行回软处理后，装入塑料薄膜袋内，即为成品。

五、注意事项

各种原料的含水量、组织致密程度不同，干制工艺略有区别，并需要倒盘和翻动，使物料受热均匀，干燥程度一致。

1. 水果护色有哪些方法？原理是什么？
2. 在果蔬干制中应如何控制工艺条件，制出合格的干制品？

第八章

农产品工艺学实验

实验一　植物油脂制取（压榨法）

一、知识准备

1. 常见植物油脂制取方法定义

（1）机械法　利用机械外力的挤压作用将榨料中油脂提取出来的方法称为机械法取油。

（2）浸出法　利用某些有机溶剂（如轻汽油、工业乙烷、丙酮、异丙醇等）溶解油脂的特性将料胚或预榨饼中的油脂提取出来的方法称之为浸出法或萃取法。

（3）超临界流体萃取法　利用超临界状态下的流体作为溶剂对油料中油脂进行萃取分离的方法。

2. 常见植物油脂制取方法特点

（1）机械法　工艺简单灵活，配套设备少，适应性强，应用广泛，油品质量好，色泽浅，风味纯正；但出油率较低，动力消耗大，油饼残油率较高且不好利用，零件易损耗。

（2）浸出法　出油率高（90%～99%），干粕残油率低（0.5%～1.5%）；能制得低变性质量较高的粕；能实现连续化、自动化、劳动强度低、生产率高、相对动力消耗低；油中成分复杂，色深；浸出溶剂易燃易爆和有毒；一次性投资较大。

（3）超临界流体萃取法　低温无氧，保证油脂和饼粕的质量；无毒易除，无污染，食用安全性高；无相变，可节能；萃取分离效率高；良好渗透性、溶解性和极高的萃取选择性；成本低，不燃，无爆炸性，方便易得；系统及设备需耐高压，密封性好。

二、实验目的

1. 了解并掌握植物油脂的制取方法、原理和操作。
2. 学习并掌握葵花籽油的制取方法、原理和操作。

三、实验设备与材料

1. 材料和溶剂

葵花籽购自农贸市场。

2. 主要器皿和设备

KOMET 冷榨机、电子天平、鼓风干燥箱、烧杯、钟表等。

四、实验步骤

1. 预处理

（1）葵花籽经筛选除去杂质、剥壳。

（2）剥壳后的葵花籽仁置于烘箱中，于105℃下烘适宜时间，使葵花籽仁的水分达到压榨的要求。

2. 压榨

（1）严格按照KOMET冷榨机的要求进行操作。

（2）开机准备工作　首先检查各组件（榨轴，榨圈，榨头和出渣头）是否清洁，以及榨圈的出油处是否被油渣堵塞。最好的办法是用聚光灯照射来检查孔口。孔口清洁时不要使用锤子、钉子或类似的工具，以免损坏榨圈的内孔。

清洁螺纹时应用钢刷，这样可以使其在旋紧后连接处不会留下缝隙。

清洁榨轴的凹槽处的油渣时应使用毛刷。

榨头必须与连接螺母旋紧。

安装榨轴后，将榨圈旋紧。

榨轴头应比榨圈边缘突出约1.5mm。

将榨头旋在榨圈上，出渣头旋入榨头。

将加热套连接并固定好，用加热套加热7~10min。

让机器在最低速空转10~15min，使各组件均匀预热。

（3）压榨过程　首先停止加热套加热，在最低速度下将原料加入漏斗中，开始时不要填得过满。然后，缓慢增加漏斗中的原料，同时加快运行速度以保持机器的稳定运行。

较软的原料，如脱壳的坚果和果仁通常采用低速模式。在处理非常软的原料时，如脱壳的果仁，坚果以及含油果干，通常需要持续的加热。出渣头配备了五种规格，针对不同的物料，可以选用不同的出渣头。

压榨结束后，请勿立刻关机，而应使机器在最低速下运行片刻后再关机。关机后，将榨头和榨圈之间的螺母旋开，清空机器。

注意：不要采用杵、锤柄或任何类似的工具将原料强行压入榨轴。

3. 提取率计算

$$提取率 = 提取物质量/样品质量 \times 100\%$$

五、实验结果与讨论

1. 按下表要求如实填写试验结果，并分别计算出葵花籽油的提取率。

葵花籽油的制取方法及其提取率

制取方法	样品质量/g	提取物质量/g	提取率/%

2. 讨论

植物油脂的制取方法，基本原理和特点分别是什么?

实验二　植物油脂的制取（浸提法）

一、知识准备

葵花籽是产量仅次于大豆、棉籽等的五大油料作物之一。葵花籽仁中的油脂含量较高，脂肪酸组成合理，其中含有丰富的必需脂肪酸，富含亚油酸和油酸。高含量的亚油酸和油酸使得葵花籽油具有较强的溶解胆固醇的能力，因此长期食用葵花籽油，有降低人体内胆固醇含量的功能，有利于心血管病和高脂血症的防治。因此，葵花籽油被誉为健康营养油。

精炼后的葵花籽油呈清亮的淡黄色或青黄色，气味芬芳，滋味纯正，营养丰富，而且亚油酸含量与维生素 E 含量的比例较均衡，便于人体吸收利用，人体消化率达 96.5%。另外在烹炸食品时质量稳定，油烟少，不会留下难闻的气味。目前葵花籽油已成为国际上公认的高级食用植物油。

目前，葵花籽油的制取方法主要有压榨法和浸出法。压榨法是来源于传统作坊的一种制油方法，就是施加物理压力把油脂从油料中分离出来。压榨法不涉及添加任何化学物质，榨出的油各种成分保持较为完整，且工艺简单灵活，配套设备少，适应性强，油品质量好，色泽浅，风味纯正。缺点是出油率低，提取率不高，动力消耗大，油饼残油率较高且不好利用，零件易损耗。

浸出法指利用能溶解油脂的溶剂通过润湿渗透、分子扩散的作用将料胚中的油浸提出来，然后再把浸出的混合油分离而得到毛油的过程。具有出油率高，干粕残油率低，能制得低变性质量较高的粕，能实现连续化、自动化，使劳动强度降低，生产率提高，有相对动力消耗低等优点，但油中成分复杂，色深，浸出溶剂易燃易爆和有毒，一次性投资较大。

微波浸出法是将微波激活和溶剂浸出结合起来形成的一种新的油脂浸出方法。具有快速、浸出率高、产品品质好、色泽浅、质地纯等优点。

本实验将分别采用浸出法和微波浸出法制取葵花籽毛油。

二、实验目的

1. 了解并掌握植物油脂的制取方法、原理和操作。
2. 学习并掌握葵花籽油的制取方法、原理和操作。

三、实验设备与材料

1. 材料和溶剂

葵花籽购自农贸市场；正已烷（分析纯）。

2. 主要器皿和设备

研钵、破碎机、电子天平、250mL 具塞平底烧瓶、250mL 量筒、水浴锅、抽滤系统、烧杯、蒸馏装置、鼓风干燥箱、吸水纸、微波炉、钟表等。

四、实验步骤

1. 直接浸出法

（1）葵花籽经筛选除去杂质，剥壳后的仁破碎为 20 ~ 40 目，称量 40g，放入 250mL 的具塞平底烧瓶中。

（2）量取 100mL 的正己烷，倒入具塞平底烧瓶中。

（3）在 55℃水浴中浸提 2h，取出后用抽滤瓶过滤，滤渣用 50mL 的正己烷洗涤。

（4）将上述滤液及洗涤液放入 250mL 的圆底烧瓶中，用水浴加热蒸馏回收正己烷。

（5）将提取物放入 105℃鼓风干燥箱中烘干至恒重即得葵花籽油。

2. 微波浸出法

（1）葵花籽经筛选除去杂质，剥壳后的仁破碎为 20 ~ 40 目，称量 40g，放入 250mL 的具塞平底烧瓶中。

（2）量取 100mL 的正己烷，倒入具塞平底烧瓶中。

（3）将烧瓶放入微波炉中辐射，其中每次辐射完后取出烧瓶，用冷水冷却到室温，擦干瓶外的水，再次放入微波炉中进行辐射，直到一共辐射 200s 后，将其取出用抽滤瓶过滤，用滤渣 50mL 的正己烷洗涤。另以微波处理后于 55℃水浴中浸提 2h 的对照组作对照。

（4）将上述滤液及洗涤液放入 250mL 的圆底烧瓶中，用水浴加热蒸馏回收正己烷。

（5）将提取物放入 105℃鼓风干燥箱中烘干至恒重即得葵花籽油。

3. 提取率计算

$$提取率 = 提取物质量/样品质量 \times 100\%$$

五、实验结果与讨论

1. 按下表要求如实填写试验结果，并分别计算出葵花籽油的提取率。

葵花籽油的制取方法及其提取率

制取方法	样品质量/g	提取物质量/g	提取率/%

2. 讨论

根据试验结果进行比较、分析和讨论。

1. 植物油脂的制取方法，基本原理和特点分别是什么?
2. 试比较直接浸出法和微波浸出法制取葵花籽油。

实验三　植物蛋白的提取

一、知识准备

1. 大豆蛋白种类与定义

（1）大豆分离蛋白　指将脱皮脱脂的大豆进一步除去非蛋白成分，所得到的一种精制大豆蛋白产品，又名等电点蛋白粉，蛋白质含量90%以上（以干基计）。

（2）大豆浓缩蛋白　指以脱脂豆粕为原料，除去其中的可溶性非蛋白化合物，制得的干基蛋白质在70%以上的大豆蛋白制品。

（3）大豆组织蛋白　指以脱脂豆粉、浓缩蛋白或分离蛋白为原料，加入一定的水及添加剂混匀，利用专用设备进行加温、加压、成型等特殊加工而成的形同瘦肉又具有咀嚼感的蛋白质食品。

2. 大豆分离蛋白的生产工艺及生产原理

生产工艺有碱提酸沉法、超滤法和离子交换法。

（1）碱提酸沉法生产原理　采用稀碱溶液溶解低温脱脂豆粕中的大部分蛋白质后，离心分离除去豆粕中的以多糖和一些残留蛋白质为主的不溶性物质，然后用酸把浸提液 pH 调至4.5左右，使蛋白质处于等电点状态而凝集沉淀下来，经分离得到蛋白沉淀物，再经洗涤、中和、干燥，即得大豆分离蛋白。

（2）超滤法生产原理　以压力为推动力的膜分离技术之一，按大豆蛋白分子质量的大小进行分离，可达到浓缩、分离、净化的目的，尤其适于大分子、热敏性物质的分离，如蛋白质的分离等。

（3）离子交换法生产原理　其生产原理同于碱提酸沉法，其区别在于离子交换法不是用碱溶解蛋白质，而是通过离子交换法来调节 pH，从而使蛋白质从饼粕中溶出、沉淀，进而分离得到大豆分离蛋白的。

二、实验目的

1. 了解并掌握植物蛋白的提取方法原理与操作。
2. 学习并掌握葵花籽蛋白的提取方法原理与操作。

三、实验原理

榨油后的葵花籽饼粕还可用于提取蛋白质。葵花籽饼粕的蛋白质含量较高，营养价值较高。葵花籽蛋白的氨基酸组成，除赖氨酸含量较低外，其他必需氨基酸的含量均高于或接近 FAO 推荐值，特别是蛋氨酸的含量较高。如果与大豆蛋白混合使用，则可起到互补作用，从而大大提高两者的营养价值。葵花籽蛋白不仅具有较高的营养价值，而且还具有较好的功能性，其吸油性、起泡性和乳化能力甚至好于相应的大豆蛋白产品，可广泛用于碎肉制品和仿乳制品。若添加到香肠中，香肠熏制时可防止油脂分离，减少收缩现象；若加到冰淇淋、午餐肉中，能提高营养价值，降低成本，是食品工业理想的添加剂。

然而，葵花籽中存在着一些抗营养因子，特别是绿原酸的存在，不仅使蛋白产品呈深褐色或棕褐色，而且绿原酸易被氧化形成邻醌，进而与蛋白质分子反应生成非反刍动物无法消化的非营养成分，从而降低了蛋白质的营养价值和功能性质。因此，在制备蛋白产品时，必须将绿原酸除去。

绿原酸又称咖啡酸，是植物在有氧呼吸过程中产生的一种物质。绿原酸是半水状化合物或微黄色针状晶体，常温水中溶解度为0.6%，而在热水中的溶解度上升到6.0%，并且随温度降低溶解度逐渐降低。绿原酸易溶于乙醇、丙酮，微溶于乙酸乙酯，难溶于氯仿、乙醚等极性有机溶剂。绿原酸具有广泛的生物活性，对急性咽喉炎、皮肤病有显著疗效，具有抗菌、抗病毒、止血、提高白血球数量的作用，还具有抗氧化、消除体内自由基及抑制突变和抗肿瘤作用。对绿原酸生物活性的研究已经逐渐深入到食品、保健品、医药和日用化工等多个领域。绿原酸因此被称为植物黄金。

因此，如能将绿原酸加以提取，不但能获得药用价值极高的绿原酸产品，还为葵花籽蛋白的进一步利用创造了条件。

本实验分别采用直接浸出法和微波浸出法制油得到的葵花籽粕为原料，用乙醇去除氯原酸后，采用碱提酸沉法提取葵花籽蛋白。

四、实验设备与材料

1. 材料和试剂

材料为直接浸出法和微波浸出法制油得到的葵花籽粕。

95%乙醇、氯化钠、氢氧化钠、盐酸，试剂均为分析纯。

2. 主要器皿和设备

电子天平、恒温水浴锅、抽滤系统、鼓风干燥箱、磨浆机、pH 计，100 目筛绢、钟表、量筒、烧杯、容量瓶、试剂瓶、磁力搅拌器、离心机、电炉、取液器等。

五、实验步骤

1. 氯原酸的去除

精确称取一定量的脱脂葵花籽粕，用95%乙醇作醇洗剂，两次醇洗料液比分别为1∶15（kg∶L）和1∶10（kg∶L），温度为50℃，每次浸提40min，抽滤分离后于105℃鼓风干燥箱中烘干脱溶。

2. 蛋白质的提取

将提取绿原酸后的饼和水按饼∶水=1∶2 用50℃的 1mol/L NaCl 热溶液浸泡 30min。然后将浸泡好的混合物按饼∶水=1∶10 的比例加入1mol/L NaCl 热溶液，调节磨浆机的粒度为60 目，进行磨浆。再缓缓加入0.1mol/L NaOH 使 pH 调到7.5。在50℃条件下，搅拌1h，提取蛋白。并用100 目筛绢滤除料浆中溶液，乳清液在4000r/min 条件下分离为上清液和渣。向离心分离后的上清液在搅拌条件下缓缓加入1.0mol/L HCl 溶液进行等电沉降，pH 由7.5 降到4.2，使蛋白沉淀，时间为1h。4000r/min 离心分离出乳清和凝乳。向凝乳中加入 pH4.2 的水，进行水洗分离。将水洗分离后的凝乳用0.1mol/L NaOH 调节 pH 在7.0，然后进行浓缩，并于105℃烘干至恒重，即得到葵花籽分离蛋白。

3. 提取率计算

提取率 = 提取物质量/样品质量 ×100%

六、实验结果与讨论

根据试验结果，计算出葵花籽蛋白的提取率，并进行分析和讨论。

1. 植物蛋白的制取方法及其基本原理分别是什么?
2. 谈谈碱提酸沉法提取葵花籽蛋白的原理和操作以及个人的想法。

实验四　内酯豆腐的制作

一、知识准备

豆腐是我国素食菜肴的主要原料，在先民记忆中刚开始很难吃，经过不断的改造，逐渐受到人们的欢迎，被人们誉为“植物肉”。豆腐可以常年生产，不受季节限制，因此在蔬菜生产淡季，可以调剂菜肴品种。

（1）按点豆腐的材料不同分类　豆腐有南豆腐和北豆腐之分，南豆腐用石膏点制，因凝固的豆腐花含水量较高而质地细嫩，水分含量在 90% 左右；北豆腐多用卤水或酸浆点制，凝固的豆腐花含水量较少，质地较南豆腐老，水分含量在 85% 左右，但是由于含水量更少，故而豆腐味更浓，质地更韧，也较容易烹饪。

（2）按原料分类　黄豆豆腐、黑豆豆腐、绿豆豆腐、白豆豆腐、豌豆豆腐、橡子豆腐等。

（3）按凝固剂的不同分类　以盐卤为凝固剂制得的，多见于北方地区，称为北豆腐，含水量少，含水量在 85% ~88%，较硬。以石膏粉为凝固剂，多见于南方，称为南豆腐，含水量较北豆腐多，可达 90% 左右，松软。

以葡萄糖酸 - δ - 内酯为凝固剂制作的豆腐，称为内酯豆腐；这是一种新型的凝固剂，较传统制备方法提高了出品率和产品质量，减少了环境污染。

二、实验目的

掌握内酯豆腐的原理、制作工艺及操作要点。

三、实验原理

内酯豆腐是采用新型凝固剂 δ - 葡萄糖酸内酯制作而成的。内酯豆腐的生产除利用了蛋白质的胶凝性之外，还利用了 δ - 葡萄糖酸内酯的水解特性。葡萄糖酸内酯并不能使蛋白质胶凝，只有其水解后生成的葡萄糖酸才有此作用。葡萄糖酸内酯遇水会水解，但在室温下（30℃以下）进行得很缓慢，而加热之后则会迅速水解。

内酯豆腐的生产过程中，煮浆使蛋白质形成前凝胶，为蛋白质的胶凝创造了条件，熟豆浆冷却后，为混合、灌装、封口等工艺创造了条件，混有葡萄糖酸内酯的冷熟豆浆，经加热后，即可在包装内形成具有一定弹性和形状的凝胶体——内酯豆腐。

豆腐的感官质量标准是白色或淡黄色，具有豆腐特有的香气和滋味，块型完整，硬度适中，质地细嫩，有弹性，无杂质。

四、实验设备和材料

1. 材料

大豆、δ-葡萄糖酸内酯。

2. 主要器皿和设备

加热锅、磨浆机（或组织捣碎机）、水浴锅、折光仪、容器（玻璃瓶或内酯豆腐塑料盒）、电炉、电子天平、量筒、烧杯、不锈钢盆、不锈钢锅、过滤筛（80目左右）等。

五、实验配方

大豆∶水约1∶6、葡萄糖酸内酯0.25%~0.3%。

六、实验步骤

1. 工艺流程

原料→浸泡→水洗→磨制→煮浆→冷却→混合→灌装→加热凝固→冷却→成品

2. 操作要点

（1）浸泡　按1∶4添加泡豆水，水温17~25℃，pH在6.5以上，时间为6~8h，浸泡好的大豆表面比较光亮，没有皱皮，豆瓣易被手指掐断。

（2）水洗　用自来水清洗浸泡的大豆，去除浮皮和杂质，降低泡豆的酸度。

（3）磨制　用磨浆机磨制水洗的泡豆，磨制时每千克原料豆加入50~55℃的热水3000mL。

（4）煮浆　煮浆使蛋白质发生热变性，煮浆温度要求达到95~100℃，保持5min；豆浆的含量为10%~11%。

（5）冷却　葡萄糖酸内酯30℃以下不发生凝固作用，为使它能与豆浆均匀混合，把豆浆冷却至30℃。

（6）混合　葡萄糖酸内酯的加入量为豆浆的0.25%~0.3%，先与少量凉豆浆混合溶化后加入混匀，混匀后立即灌装。

（7）灌装　把混合好的豆浆注入包装盒内，每袋重250g，封口。

（8）加热凝固　把灌装的豆浆盒放入锅中加热，当温度超过50℃后，葡萄糖酸内酯开始发挥凝固作用，使盒内的豆浆逐渐形成豆脑。加热的水温为85~100℃，加热时间为20~30min，立即冷却，以保持豆腐的形状。

3. 成品评价

产品应为白色或淡黄色，具有豆腐特有的香气和滋味，块形完整，硬度适中，质地细嫩，有弹性，无杂质。

1. 加热对于大豆蛋白由溶胶转变为凝胶有何作用?
2. 制作内酯豆腐的两次加热各有什么作用?

实验五　白酒的酿造

一、知识准备

1. 白酒的定义

以曲类、酒母为糖化发酵剂，利用淀粉质（糖质）原料，经蒸煮、糖化、发酵、蒸馏、陈酿和勾兑而酿制而成的各类白酒。

2. 白酒的分类

（1）按照原料分类　白酒使用的原料主要为高粱、小麦、大米、玉米等，所以白酒又常按照酿酒所使用的原料来冠名，其中以高粱为原料的白酒是最多的。

（2）按照使用酒曲分类

大曲酒：是以大曲做糖化发酵剂生产出来的酒，主要的原料有：大麦、小麦和一定数量的豌豆，大曲又分为中温曲、高温曲和超高温曲。一般是固态发酵，大曲酒所酿的酒质量较好，多数名优酒均以大曲酿成，例如泸州老窖、老酒坊、紫砂大曲等。

小曲酒：是以小曲做糖化发酵剂生产出来的酒，主要的原料有：稻米，多采用半固态发酵，南方的白酒多是小曲酒。

麸曲酒：是以麦麸做培养基接种的纯种曲霉做糖化剂，用纯种酵母为发酵剂生产出的酒，因发酵时间短、生产成本低为多数酒厂所采用，此类酒的产量也是最大的。

（3）按照发酵方法分类

固态法白酒：在配料、蒸粮、糖化、发酵、蒸酒等生产过程中都采用固体状态流转而酿制的白酒，发酵容器主要采用地缸、窖池、大木桶等设备，多采用甑桶蒸馏。固态法白酒酒质较好、香气浓郁、口感柔和、绵甜爽净、余味悠长，国内名酒绝大多数是固态发酵白酒。

液态法白酒：以液态法发酵蒸馏而得的食用酒精为酒基，再经串香、勾兑而成的白酒，发酵成熟醪中含水量较大，发酵蒸馏均在液体状态下进行。

（4）按照香型分类

浓香型白酒：也称为泸香型、窖香型、五粮液香型，属大曲酒类。其特点可用六个字、五句话来概括：六个字是香、醇、浓、绵、甜、净；五句话是窖香浓郁，清冽甘爽，绵柔醇厚，香味协调，尾净余长。以粮谷为原料，经固态发酵、储存、勾兑而成，典型代表有泸州老窖、老酒坊、紫砂大曲等。

酱香型白酒：也称为茅香型，酱香突出、幽雅细致、酒体醇厚、清澈透明、色泽微黄、回味悠长。

米香型白酒：也称为蜜香型，以大米为原料小曲作糖化发酵剂，经半固态发酵酿成。其主要特征是：蜜香清雅、入口柔绵、落口爽洌、回味怡畅。

清香型白酒：也称为汾香型，以高粱为原料清蒸清烧、地缸发酵，具有以乙酸乙酯为主体的复合香气，清香纯正、自然谐调、醇甜柔和、绵甜净爽。

兼香型白酒：以谷物为主要原料，经发酵、储存、勾兑而酿制成，酱浓谐调、细腻丰满、回味爽净、幽雅舒适、余味悠长。

凤香型白酒：香与味、头与尾和调一致，属于复合香型的大曲白酒，酒液无色、清澈透明、入口甜润、醇厚丰满，有水果香，尾净味长，为喜饮烈性酒者所钟爱。

豉香型白酒：以大米为原料，小曲为糖化发酵剂，半固态液态糖化边发酵酿制而成。

药香型白酒：清澈透明、香气典雅、浓郁甘美、略带药香、谐调醇甜爽口、后味悠长。

特香型白酒：以大米为原料，富含奇数复合香气，香味谐调，余味悠长。

芝麻香型白酒：以焦香、煳香气味为主，以焦香、煳香气味为主，无色、清亮透明，口味比较醇厚爽口，是新中国成立后两大创新香型之一。

老白干香型白酒：以酒色清澈透明，醇香清雅，甘洌挺拔、诸味协调而著称。

（5）按白酒中酒精含量分类　高度酒（51%～67%），中度酒（38%～50%），低度酒（38%以下）。

（6）按酒质分类　国家名酒：国家评定的质量最高的酒，白酒的国家级评比，共进行过5次；茅台酒、四特酒、汾酒、泸州老窖、五粮液等酒在历次国家评酒会上都被评为名酒。国家级优质酒：国家级优质酒的评比与名酒的评比同时进行。各省、部评比的名优酒。一般白酒：一般白酒占酒产量的大多数，价格低廉，为百姓所接受；有的质量也不错；这种白酒大多是用液态法生产的。

（7）按白酒生产工艺分类　白酒分为固态法白酒、固液结合法白酒和液态法白酒三类。

二、实验目的

1. 了解白酒酿造的基本原理。

2. 掌握白酒酿造的基本过程及发酵过程生化指标的分析方法。

三、实验原理

酵母发酵生产酒精在食品发酵工业应用广泛，包括白酒、啤酒、葡萄酒和黄酒等。酵母菌能以糖质为原料，直接发酵生产酒精；淀粉质原料经过糊化、液化和糖化过程变成糖质后，再被酵母菌利用经发酵生产酒精。

$$C_6H_{12}O_6 \xrightarrow{\text{酵母菌}} 2C_2H_5OH + 2CO_2 + Q$$

酵母菌利用糖质经酒精发酵得到的发酵醪，再经过蒸馏就能得到酒精。

四、实验设备和材料

1. 菌种

活性干酵母。

2. 主要药品

葡萄糖、胰蛋白胨、酵母浸粉、K_2HPO_4、NH_4NO_3、$MgSO_4 \cdot 7H_2O$、琼脂等。

3. 主要器皿

试管、灭菌锅、超净工作台、电炉、电子天平、锥形瓶、密封塞、量筒、烧杯、培养箱、摇床、pH 计、蒸馏装置、酒精计等。

五、实验步骤

1. 酵母活化

配制 10% 葡萄糖溶液，0.1MPa 灭菌 20min，冷却至 28 ~ 30℃，按活性干酵母∶葡萄糖活化液为 1∶10 比例添加活性干酵母，于 28℃活化 12h，备用。

2. 糖化醪的制备

大米 500g，加蒸馏水 2500mL，煮沸 1 ~ 2h，使呈糊状。加事先用 60℃水溶解的 α-淀粉酶液化 3 ~ 4h，直至取出一滴与碘反应不显蓝色为止。过滤，分装，灭菌，备用。

3. 接种发酵

将 100mL 糖化醪放入 250mL 三角瓶中，按照 1% 活性干酵母（干基）比例添加活化好的活性干酵母菌液于糖化醪中。用橡胶塞塞住，然后用八层纱布包紧，置于 28℃培养 7d。

4. 酒精蒸馏

将 100mL 发酵醪置于 250mL 蒸馏装置中蒸馏，接收后用酒度计测酒精度，并测定酒精温度。

六、实验结果与讨论

1. 按下表要求如实填写试验结果

酵母发酵生产酒精

发酵时间/d	0	2	4	6	8
酒精度/%					
转化率/%					

2. 讨论

根据试验过程和试验结果进行分析讨论。

1. 试述酵母发酵产酒精的基本原理。
2. 试述酵母发酵产酒精的基本过程及其影响因素。如何提高酵母发酵生产酒精的产率?

第九章

焙烤食品工艺学实验

实验一　面包的制作

一、知识准备

面包是以小麦粉为主要原料，以酵母、鸡蛋、油脂、糖、盐等为辅料，加水调制成面团，经过分割、成形、醒发、焙烤、冷却等过程加工而成的焙烤食品。

1. 面包的分类

（1）面包按软硬度分，有硬式面包和软式面包。

（2）按成形方式分，有普通面包和花色面包。

（3）按质量档次和用途分，有主食面包和点心面包。

2. 面包的生产工艺及特点

根据面包品种特点和发酵过程常将面包的生产工艺分为一次发酵法（直接法），二次发酵法（中种法）和快速发酵法。

（1）面包的一次发酵工艺流程

配料 → 搅拌 → 发酵 → 切块 → 搓团 → 整形 →

醒发 → 焙烤 → 冷却 → 成品

特点：发酵时间短、提高设备和车间利用率和生产效率，产品咀嚼性和风味较好；但面包体积小，且易于老化，批量生产工艺较难控制。

（2）面包的二次发酵工艺流程

种子面团配料 → 种子面团搅拌 → 种子面团发酵 → 主面团配料 →

主面团搅拌 → 主面团发酵 → 切块 → 搓团 → 整形 → 醒发 →

焙烤 → 冷却 → 成品

特点：体积大，表皮柔软，组织细腻，具有浓郁的芳香风味，且成品老化慢；但投资大，生产周期长，效率低。

（3）面包快速发酵工艺流程　发酵时间很短（20～30min）或根本无发酵的一种面包加工方法，整个生产周期只需2～3h。

配料 → 面团搅拌 → 静置 → 压片 → 卷起 → 切块 → 搓圆 →

成形 → 醒发 → 焙烤 → 冷却 → 成品

特点：周期短，生产效率高，投资少，可用于应急或特殊情况下面包的供应；但成本高，风味相对较差，保质期较短。

3. 面包产品国家标准

《面包》（GB/T 20981—2007）

（1）感官指标

表 9－1　感官指标（GB/T 20981—2007）

项　目	软式面包	硬式面包	起酥面包	调理面包	其他面包
形态	完整，丰满，无黑泡或明显焦斑，形状应与品种造型相符。	表皮有裂口，完整，丰满，无黑泡或明显焦斑，形状应与品种造型相符。	丰满，多层，无黑泡或明显焦斑，光洁，形状应与品种造型相符。	完整，丰满，无黑泡或明显焦斑，形状应与品种造型相符。	符合产品应有的形态。
表面色泽	金黄色、淡棕色或棕灰色，色泽均匀、正常				
组织	细腻，有弹性，气孔均匀，纹理清晰，呈海绵状，切片后不断裂。	紧密，有弹性。	有弹性，多孔，纹理清晰，层次分明。	细腻、有弹性，气孔均匀，纹理清晰，呈海绵状。	符合产品应有的组织。
滋味与口感	具有发酵和烘烤后的面包香味，松软适口，无异味。	耐咀嚼，无异味。	表皮酥脆，内质松软，口感酥香，无异味。	具有品种应有的滋味与口感，无异味。	符合产品应有的滋味与口感，无异味。
杂质	正常视力无可见的外来异物。				

（2）理化要求

表 9－2　理化要求（GB/T 20981—2007）

项　目	软式面包	硬式面包	起酥面包	调理面包	其他面包
水分/（%）≤	45	45	36	45	45
酸度/（°T）≤	6				
比容/（mL/g）≤	7.0				

（3）卫生要求　应符合《食品安全国家标准　糕点、面包》（GB 7099—2015）的规定。

（4）食品添加剂和食品营养强化剂要求　食品添加剂的使用应符合《食品安全国家标准　食品添加剂使用标准》（GB 2760—2014）的规定，食品营养强化剂的使用应符合《食品安全国家标准　食品营养强化剂使用标准》（GB 14880—2012）的规定。

二、实验目的

1. 了解和掌握一次发酵法生产面包的工艺流程及技术要点。

2. 了解和掌握一次发酵法面包制作基本原理。

3. 了解和掌握各种原料的性质以及在面包中所起的作用。

三、实验设备与材料

原料：高筋面粉、砂糖、食盐、酵母等。

设备器具：小型调粉机、台秤、发酵箱、醒发箱、面包烤箱、擀面杖、电子秤、烤模、烤盘、模具、温度计、塑料袋、小勺、面板等。

四、实验配方

实验配方

单位：g

高筋面粉	砂糖	食盐	酵母	水
100	3	1	3	55

五、实验步骤

1. 工艺流程

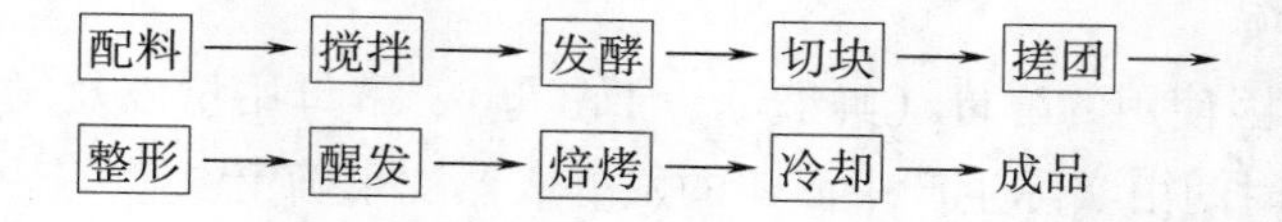

2. 操作要点

（1）配料、搅拌　先在调粉机中放入水，然后放入食盐、砂糖、酵母，最后放入面粉，开动机器，低速 1min，中速 3min。根据情况，也可用手和面。酵母要预先用温水（30～36℃）活化。

（2）发酵　将调好的面团装入不锈钢盆，在发酵箱内进行发酵，发酵温度在 28℃左右，相对湿度在 70%～80%，基本发酵约 2h。观察发起的面团，用手轻轻一按能微微塌陷时，揿粉一次。除去面团的气体，并将它翻过来使原来的上部翻到底部去，然后让其继续静置发酵，直至面团再次成熟即可取出。面团成熟能闻到酒香味，手指沾面粉插进去，拔出来后插孔不会缩，手指轻按，面团上凹陷的小坑会慢慢恢复原状，面团内部组织的孔洞比较小，均匀细密。

（3）整形　发酵成熟后取出全部面团，按要求分割成重量相等的小块面坯，每块面坯都必须用台秤称，以保证重量一致。然后搓圆，静置 12～18min，使面筋松弛，利于做型。最后按照不同的品种及设计的形状采用相应的方法做型。

（4）醒发　将成型装盘后的面坯送入醒发箱内，醒发条件为温度 38～40℃，相对湿度为 80%～90%，醒发时间为 55～60min。

（5）焙烤　将醒发好的面团放入烤炉中，烘烤初期，烤炉的面火温度 140℃，底火温度 170℃，时间约为 10min；烘烤中期，烤炉的面火和底火温度均为 210～220℃，时间为 2～3min；烘烤末期，烤炉的面火温度为 160℃，底火温度为 170℃，时间约 5min。

（6）冷却、包装　将烤熟的面包出炉，自然冷却后包装。

六、结果与讨论

对面包进行评分，评分标准见下表，并对结果进行分析讨论。

面包感官评分项目和评分标准

部位	指标	满分（100分）	缺点
外部	体积	10	①太大；②太小
	表皮颜色	8	①不均匀，太浅，有皱纹；②太深，有斑点，不新鲜
	外表形状	5	①中间低；②一边低；③两边低；④一边高，有皱纹；⑤顶部过于平坦
	烘焙均匀程度	4	①四边颜色太浅；②四边颜色太深；③底部颜色太深；④有斑点
	表皮质地	3	①太厚；②粗糙；③太硬；④太脆；⑤其他
内部	颗粒	15	①粗糙；②有气孔；③纹理不均匀；④其他
	颜色	10	①色泽不鲜明；②颜色太深；③其他
	香味	10	①酸味太重；②乏味；③腐味；④其他怪味
	味道	20	①太淡；②太咸；③太酸；④其他怪味道
	组织结构	15	①粗糙；②太松；③太紧；④太干燥；⑤面包屑太多；⑥其他

七、注意事项

1. 发酵时间因使用的酵母（鲜酵母、干酵母）、酵母用量以及发酵方式的不同而差别较大，面团发酵时间由实际生产中面团的发酵成熟度来确定。

2. 烘烤面包时要预热烤炉。

3. 烤盘预热后再刷油，这样可以提高刷油的效果，减少油的用量。

4. 面包焙烤的温度和时间取决于面包辅料成分多少、面包的形状、大小等因素。焙烤条件的范围为180～220℃，时间15～50min。焙烤的最佳温度、时间组合必须在实践中摸索，根据烤炉不同、配料不同、面包大小不同来具体确定，不能生搬硬套。

思考题

1. 面团发酵中“翻面”能起到什么样的作用？
2. 改变面包烘烤条件对面包品质有什么影响？
3. 根据面包的品质鉴定情况，如何对面包的烘烤工艺作出调整？

实验二　甜面包配方与制作

一、知识准备

1. 面包的分类

面包按其口感可分为咸面包、甜面包和其他特殊面包。

2. 面包产品国家标准《面包》（GB/T 20981—2007），同本章实验一。

二、实验目的

1. 了解和掌握生产甜面包的工艺流程及技术要点。
2. 了解和掌握甜面包制作基本原理。
3. 了解和掌握各种原料的性质以及在面包中所起的作用。

三、实验设备与材料

1. 设备

烤箱、调粉机、打蛋机、天平、烤盘、刀具、电磁炉、案板。

2. 材料

面粉、白砂糖、植物油、酵母、炼乳、乳粉、食盐等。

四、实验配方

表9－3　实验配方　单位：g

水	面粉	白砂糖	植物油	酵母	黄油或奶油	乳粉	鲜鸡蛋	食盐	改良剂	乳精	香兰素
46	100	15	2	0.6	3	1	4	1	0.3	0.15	0.07

五、实验步骤

1. 工艺流程

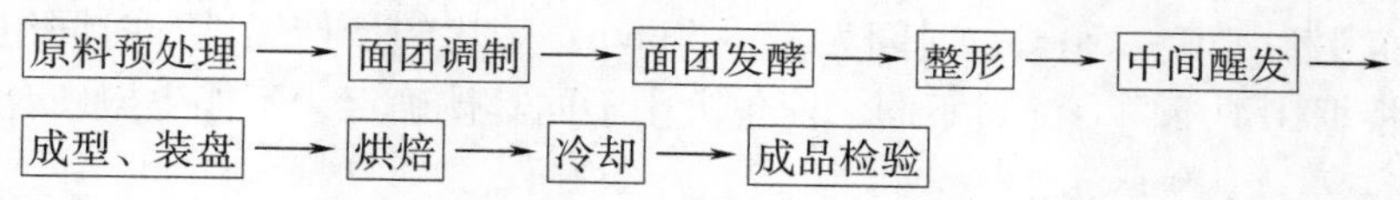

2. 操作要点

（1）原料预处理　按实际用量称量各种原辅料，并进行一定处理。并按照实验一中的方法将酵母和面粉进行预处理。

（2）面团调制　先将水、糖、蛋、面包添加剂置于搅拌机中充分搅拌，使糖全部溶化，面包添加剂均匀地分散在水中，能够与面粉中的蛋白质和淀粉充分作用；将乳粉、即发酵母混入面粉中，然后放入搅拌机中将其搅拌成面团；当面团已经形成，面筋还未充分扩展时加入油脂；最后加盐，一般在面团中的面筋已经扩展，但还未充分扩展或面团搅拌完成前的5～6min加入。面包面团的理想温度为26～28℃。搅拌时间应根据搅拌机的种类来确定：搅拌机不变速，搅拌时间为15～20min；变速搅拌机搅拌10～20min，防止搅拌不足和搅拌过度。

（3）面团发酵　面团发酵是面包加工过程中的关键工序。发酵的工艺参数温度为28～30℃，相对湿度为70%～75%，面团自然发酵到一定时间后，在面团正中央部位开始往下回落，即为发酵成熟，或用手指轻轻按下面团，手指离开后，面团既不弹回也不下落，也表示发酵成熟。

（4）整形　将发酵好的面团切成约150g生坯用手搓团，挤压除去面团内的气体。在整形期间，面团仍然继续进行着发酵过程。温度过低还会影响面团继续发酵，整形期间不能使面团温度过低和表皮干燥以防止面团形成硬皮。

(5) 中间醒发（又称静置） 温度：以27～29℃为最适宜；相对湿度：适宜的相对湿度为70%～75%，放置为12～18min。

(6) 装盘 整形后装入内壁涂有一薄层熟油的烤模中，并在生坯表面用小排笔涂上一层蛋液。

(7) 面团醒发 将装有生坯的烤模，置于醒发箱内，温度为38～40℃，相对湿度为80%～90%，以85%为宜。醒发的时间为60～90min。一般观察到生坯发起的最高点略高出烤模上口即醒发成熟，立即取出。

(8) 烘焙 初期阶段，上火不超过120℃，下火180～185℃；中间阶段：上、下火可同时提高温度，200～210℃，时间3～4min；最后阶段，上火220～230℃，下火140～160℃。

(9) 冷却 出炉的面包待稍冷却后拖出烤模，置于空气中自然冷却。

六、注意事项

1. 面团搅拌注意要点 面团最佳搅拌时间应根据搅拌机的类型和原辅料的性质来确定。面团的最佳搅拌时间还应根据面粉筋力、面团温度、是否添加氧化剂等多种因素，在实践中摸索。

2. 发酵时间因使用的酵母（鲜酵母、干酵母）、酵母用量以及发酵方式的不同而差别较大。面团的发酵时间由实际生产中面团的发酵成熟度来确定，具体见主食面包发酵操作技术要点。

3. 面包焙烤的温度和时间取决于面包辅料成分多少、面包的形状、大小等因素。焙烤条件的范围为180～220℃，时间为15～50min。焙烤的最佳温度、时间组合必须在实践中摸索，根据烤炉不同、配料不同、面包大小不同具体确定，不能生搬硬套。

1. 面团调制时，油脂不在后期添加对成品面包有何影响?
2. 根据你所制作的面包质量，总结实验成败的原因。

实验三 法式面包配方与制作

一、知识准备

1. 面包的分类

法式面包有甜面包和咸面包。甜面包以甜甜圈常见，外形似小三边面包，咸面包以长法棍、短法棍最常见。

2. 面包产品国家标准《面包》(GB/T 20981—2007)，同本章实验一。

二、实验目的

1. 面包的面团调制、发酵、整形、醒发、烘烤等制作方法。

2. 掌握各工艺要求的条件。

3. 知道产品检验所规定的标准和要求。

三、实验设备与材料

1. 设备

烤箱、调粉机、打蛋机、天平、烤盘、刀具、电磁炉、案板。

2. 材料

面粉、白砂糖、植物油、酵母、炼乳、乳粉、食盐等。

四、实验配方

表 9-4 实验配方 单位：g

高筋面粉	低筋面粉	白砂糖	酥油	酵母	水	食盐	改良剂
80	20	15	6	1.5	50	2	1.2

五、实验步骤

1. 工艺流程

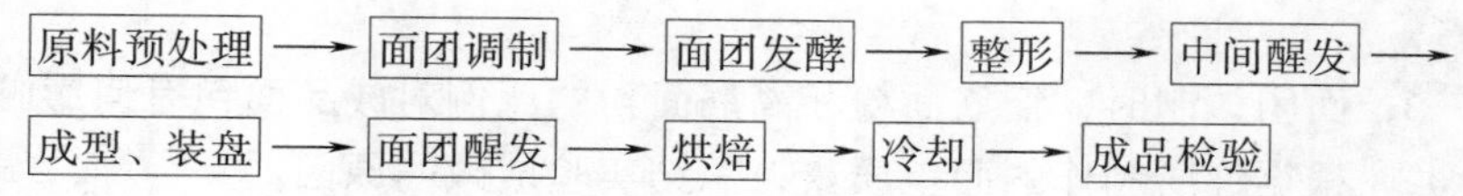

2. 操作要点

（1）原料预处理　按实际用量称量各种原辅料，并进行一定处理。并按照本章实验一中的方法将酵母和面粉进行预处理。

（2）面团调制　先将水、糖、蛋、面包添加剂置于搅拌机中充分搅拌，使糖全部溶化，面包添加剂均匀地分散在水中，能够与面粉中的蛋白质和淀粉充分作用；将乳粉、即发酵母混入面粉中，然后放入搅拌机中搅拌成面团；当面团已经形成，面筋还未充分扩展时加入油脂；最后加盐，一般在面团中的面筋已经扩展，但还未充分扩展或面团搅拌完成前的 5～6min 加入。面包面团的理想温度为 26～28℃。搅拌时间应根据搅拌机的种类来确定：搅拌机不变速，搅拌时间 15～20min；变速搅拌机，经 10～20min，防止搅拌不足和搅拌过度。

（3）面团发酵　面团发酵是面包加工过程中的关键工序。发酵的工艺参数为温度 28～30℃，相对湿度为 70%～75%，面团自然发酵到一定时间后，在面团正中央部位开始往下回落，即为发酵成熟，或用手指轻轻按下面团，手指离开后，面团既不弹回也不下落，也表示发酵成熟。

（4）整形　将发酵好的面团切成约 300g 生坯用手搓团，挤压除去面团内的气体。在整形期间，面团仍然继续进行着发酵过程。温度过低还会影响面团继续发酵，整形期间不能使面团温度过低和表皮干燥以防止面团形成硬皮。

（5）中间醒发（又称静置）　温度：以 27～29℃为最适宜相对湿度：适宜的相对湿度为 70%～75%，放置 12～18min。

（6）装盘　整形后装入内壁涂有一薄层熟油的烤模中，并在生坯表面用小排笔涂上一层蛋液。

（7）面团醒发　将装有生坯的烤模，置于醒发箱内，温度为 38 ~ 40℃，相对湿度 80% ~ 90%，以 85% 为宜。醒发的时间为 60 ~ 90min。一般观察到生坯发起的最高点略高出烤模上口即醒发成熟，立即取出。

（8）烘焙　烘烤前用刀划痕划成斜直线，刷蛋黄两次，上火 180℃，下火 200℃，经 40 ~ 45min，前 5min 喷水两次。中途换烤盘方向。30min 时取出后在斜刀口刷酥油，再烤 10 ~ 15min 左右。

（9）冷却　出炉的面包待稍冷却后拖出烤模，置于空气中自然冷却。

六、注意事项

1. 面团的最佳搅拌时间还应根据面粉筋力、面团温度、是否添加氧化剂等多种因素，在实践中摸索。

2. 发酵时间因使用的酵母（鲜酵母、干酵母）、酵母用量以及发酵方式的不同而差别较大。面团的发酵时间由实际生产中面团的发酵成熟度来确定。

3. 面包焙烤的温度和时间取决于面包辅料成分多少、面包的形状、大小等因素。焙烤条件的范围为 180 ~ 220℃，时间 15 ~ 50min。

1. 面团调制时，低筋面粉和高筋面粉的比例对成品面包有何影响？
2. 根据你所制作的面包质量，总结实验成败的原因。

实验四　香芋吐司配方与制作

一、知识准备

1. 土司面包的分类

土司面包的生产工艺，可用直接法，也可用中种法制作。

土司面包的制作特点是在面包整理卷制成型时，要借助土司模具进行醒发。醒发时模具有盖生产出来的面包叫方包；醒发时模具无盖，生产出来的面包叫土司，土司面包其上可进行装饰，形成美丽的花纹图案。

2. 面包产品国家标准《面包》（GB/T 20981—2007），同本章实验一。

二、实验目的

1. 了解并掌握土司面包制作的基本原理及其一般过程和方法。

2. 掌握土司面包制作的工艺参数，了解各种原辅材料对土司面包质量的影响。

3. 掌握吐司面包的面团调制、发酵、整形、烘烤等制作方法，并能达到产品检验所规定的标准和要求。

三、实验设备与材料

1. 设备

调粉机、温度计、台秤、天平、不锈钢切刀、烤模、醒发箱、烤箱等。

2. 材料

面包粉、酵母、改良剂、人造奶油、鸡蛋、白砂糖、盐、香芋、色拉油、乳粉、辅料等。

四、实验配方

实验配方　　单位：g

面包专用粉	酵母	盐	乳粉	黄油	糖	鸡蛋	香芋	水
500	8	5	20	30	100	25	10	250

五、实验步骤

1. 工艺流程

调制面团 → 面团发酵 → 分割 → 搓圆 → 中间醒发 → 整形 →

装模 → 最后醒发 → 烘烤 → 冷却 → 成品

2. 操作要点

（1）调制面团　种子面团搅拌 8 ~ 10 分钟，温度 24 ~ 26℃；主面团搅拌 12 ~ 15min，温度 28 ~ 30℃。

（2）面团发酵　温度 28 ~ 30℃，相对湿度 70% ~ 85%。种子面团发酵时间 4 ~ 5h，主面团 20 ~ 60min。

（3）分割搓圆　350g/个面团，手工搓圆。

（4）中间醒发　温度 27 ~ 29℃，相对湿度 70% ~ 75%，12 ~ 18min。

（5）整形、装模　将香芋馅包入面团皮卷制成圆柱体，用刀从圆柱体中间切成两半（有一头未切断），将切断的一端两条面团像绞绳子一样绞制，后将两端弯曲下压在面坯底面，上表面呈现绳子一样的花纹图案，再将整个面坯放入土司模具中进行醒发。

（6）最后醒发　温度 38 ~ 40℃，相对湿度 70% ~ 85%，60 ~ 90min，观察生坯发起的最高点达到烤模上口 90% 即醒发成熟，立即取出。

（7）烘烤　取出烤模，推入炉温已预热至 180℃ 左右的烘箱内烘烤，至面包烤熟立即取出烘烤总时间一般为 30 ~ 45min，温度 180 ~ 200℃。

（8）冷却　出炉的面包待稍冷后脱出烤模，置于空气中自然冷却至室温。

思考题

1. 制作土司面包对面粉原料有何要求?
2. 如何控制面团温度?
3. 面团搅拌过度对面团及面包有何影响?

实验五　蛋糕的制作

一、知识准备

1. 蛋糕的定义

以鸡蛋、面粉、油脂、白糖等为原料，经打蛋、调糊、注模、焙烤（或蒸制）而成的组织松软、细腻，并有均匀的小蜂窝、富有弹性、入口绵软、较易消化的制品。蛋糕制作原理是依靠蛋白的起泡性，通过打蛋机的搅打使蛋液卷入大量空气，然后再经过烘烤，从而获得疏松柔软质构。

2. 蛋糕的分类

分为中式蛋糕和西式蛋糕。中式蛋糕分为清蛋糕和油蛋糕，烘蛋糕和蒸蛋糕。西式蛋糕分为面糊类蛋糕（黄蛋糕、布丁蛋糕等）、乳沫蛋糕（天使蛋糕、海绵蛋糕等）、戚风类蛋糕（戚风蛋糕等）。

3. 蛋糕产品国家标准

《食品安全国家标准　糕点、面包》（GB 7099—2015）。

（1）感官指标

表9－5　感官指标（GB 7099—2015）

项　目	要求	检验方法
色泽	具有产品应有的正常色泽	将样品置于白瓷盘中，在自然光下观察色泽和状态，检查有无异物。闻其气味，用温开水漱口后品其滋味
滋味、气味	具有产品应有的气味和滋味，无异味	
状态	无霉变、无生虫及其他正常视力可见的外来异物	

（2）理化要求

表9－6　理化要求（GB 7099—2015）

项　目	指标	检验方法
酸价（以脂肪计）（KOH）/（mg/g）　≤	5	GB 5009. 229
过氧化值（以脂肪计）/（g/100g）　≤	0. 25	GB 5009. 227

注：酸价和过氧化值指标仅适用于配料中添加油脂的产品。

（3）卫生要求　应符合《食品安全国家标准　食品中致病菌限量》（GB 29921—2013）的规定。

（4）食品添加剂和食品营养强化剂要求　食品添加剂的使用应符合《食品安全国家标准　食品添加剂使用标准》（GB 2760—2014）的规定，食品营养强化剂的使用应符合《食品安全国家标准　食品营养强化剂使用标准》（GB 14880—2012）的规定

二、实验目的

了解并掌握蛋糕生产的一般过程，基本原理和操作方法。

三、实验设备与材料

原料：鸡蛋、低筋粉、砂糖、色拉油、香兰素、泡打粉等。

设备器具：小型调粉机、台秤、蛋糕烤盘、食品烤箱、打蛋机、小勺等。

四、实验配方

实验配方

单位：g

低筋面粉	砂糖	水	鸡蛋	色拉油	香兰素	泡打粉
800	800	30 ~ 35	1000	50	5	6

五、实验步骤

1. 工艺流程

原料预处理 ⟶ 搅打 ⟶ 搅拌调糊 ⟶ 浇模成型 ⟶ 烘烤 ⟶ 冷却 ⟶ 包装 ⟶ 成品

2. 操作要点

（1）原料预处理　鸡蛋去壳取蛋液，备用。

（2）搅打　将鸡蛋液与砂糖搅拌混匀，使糖粒基本溶化，再用高速搅打至蛋液呈乳白色，加液体原料水（泡打粉、香兰素溶于其中），继续搅打至泡沫稳定、呈黏稠状时停止。

（3）搅拌调糊　将低筋面过筛后均匀撒入打好的蛋浆中，慢速调匀。

（4）浇模成型　将调好的蛋糊注入已垫上牛皮纸、刷上色拉油并已预热的烤盘模具内，注入量为2/3。

（5）烘烤　将烤盘送入已预热到180℃的烤箱中烘烤。为使表面柔软可在烘烤时不断向炉内喷水或在炉内放置水盆，以增加炉内湿度。上火200℃，下火180℃，15 ~ 20min，烘烤至棕黄色即成。

（6）包装　出炉后应趁热脱模。可用小铁叉挑出，防止蛋糕挤压，影响外形。待冷却后包装。

六、结果与讨论

对蛋糕进行评分，评分标准见下表，并对结果进行分析讨论。

蛋糕感官评分项目和评分标准

项　目	满分（100分）	评分标准
色泽	20	表面油润金黄色，底呈棕红色，富有光泽，无焦煳为16.1 ~ 20分；中等为12.1 ~ 16分；色泽发暗，发灰1 ~ 12分
外观形状	20	块型丰满、周正，大小一致、厚薄均匀，表面有细密的小麻点，不黏边，无破碎，无崩顶为16.1 ~ 20分；中等为12.1 ~ 16分；表面粗糙，变形严重为1 ~ 12分
内部结构	20	切面呈细密的蜂窝状，无大空洞，无硬块为16.1 ~ 20分；中等为12.1 ~ 16分；气孔大小不均匀为1 ~ 12分

续表

项　目	满分（100 分）	评分标准
弹韧性	20	胀发均匀，质地柔和、有弹性为 16.0 ~ 120 分；一般为 12.1 ~ 16 分；较差为 1 ~ 12 分
气味和滋味	20	香味纯正，口感松，香甜不挂嘴、不粘牙，有蛋糕特有风味为 16.1 ~ 20 分；较爽口，稍粘牙为 12.1 ~ 16 分；不爽口，发黏为 1 ~ 12 分

七、注意事项

1. 鸡蛋一定要新鲜，制得的蛋糊到黏稠度好，持气性强，制品膨松。

2. 搅拌要适当。搅拌不足，则充气不足；搅拌过度，则破坏胶体，蛋液出现“泻水”现象，制品体积不大，不松软。

3. 器皿清洁，无油脂。否则，由于油脂的消泡作用，影响制品的膨松度。

4. 烤箱一定要预热，烘烤温度不宜过高或过低。

1. 蛋液的比例较小时对制品有何影响?
2. 为什么在加面粉时不宜用力搅拌?
3. 烤箱预热的作用是什么?

实验六　蛋挞配方与制作

一、知识准备

1. 中西酥饼的品种很多，其中西式酥饼有混酥类（如西式派）、清酥类（如蛋挞，美人腰饼），小西饼（如曲奇饼）等，蛋挞就是古代一种以蛋浆做成馅料的西式馅饼，蛋挞有葡式蛋挞、港式蛋挞等不同品种。

2. 蛋挞质量要求

应符合桃酥质量要求《糕点通则》（GB/T 20977—2007）。

二、实验目的

1. 了解混酥类点心特点。

2. 掌握蛋挞制作工艺与一般操作步骤。

三、实验设备与材料

1. 设备

烤箱、和面机、烤盘、台秤、模具、烧杯等。

2. 材料

面粉、白砂糖、食用油、乳粉、食盐、香兰素、碳酸氢钠、泡打粉（碳酸氢铵）等。

四、实验配方

表9-7　　实验配方　　单位：g

种类	原辅材料			
皮料	面粉	白砂糖	酥油	泡打粉
	1000	250	500	10
浆料	鸡蛋	白砂糖	牛乳	吉士粉
	280	140	1000	40

五、实验步骤

1. 工艺流程

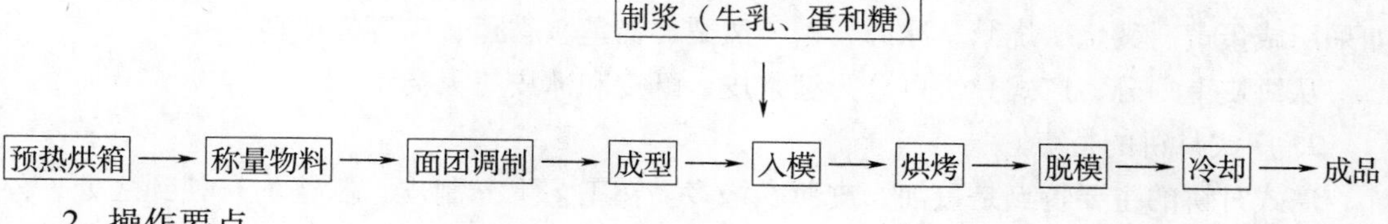

2. 操作要点

（1）预热烘箱，上火200℃，下火210℃。

（2）称量物料　面粉（加入泡打粉、白砂糖）过筛。

（3）面团调制　将鸡蛋打入打蛋机中，低速搅打至鸡蛋混合均匀，慢慢加入面粉，用慢速搅拌均匀，至15min左右面筋完全析出时加入酥油，搅拌成面团。用保鲜膜包起面团，放在冰箱里冷藏20min，进行松弛。

（4）成型　案板上施薄粉，将松弛好的面团用压面棍擀成长方形（约1cm厚），再将其对折成四层，再擀薄。如此重复折叠三次，最后擀成0.3cm厚的薄皮。擀的时候四个角向外擀，这样容易把形状擀得比较均匀。

（5）制浆　将牛乳、蛋和糖一起搅打均匀即可制成蛋挞水。

（6）入模　用花边印模将面皮按压成一定大小的圆块。圆块翻面放入模具中，用手指将面块与内壁贴紧制成生挞坯。将事先预备好的蛋挞水，倒入蛋挞皮中，至8~9分满。

（7）烘烤　将装有生坯的烤模置于已预热200℃的烘箱内烘烤，时间13~15min。至烤熟后立即取出。

（8）脱模、冷却　将出炉的蛋挞立即反扣脱模，置于空气中自然冷却至室温。

六、注意事项

1. 天热时皮料易黏物，最好放在冰箱冷却后使用。

2. 倒浆后表面如有气泡，要用竹签挑破，否则出炉后表面不够光。

1. 蛋挞浆料制作要点有哪些?
2. 蛋挞皮制作时的注意事项有哪些?
3. 吉士粉所起的作用有哪些?

实验七　广式月饼配方与制作

一、知识准备

1. 广式月饼的分类

按照口味分有咸、甜两大类。

按照月饼馅分有：莲蓉月饼、豆沙月饼、水果月饼等。近年来馅料的选择更加广博，如采用咸蛋黄、叉烧、烧鹅、冰肉、糖、凤梨、榴莲、香蕉、肉等为馅料。

从饼皮上划分，广式月饼可分为糖浆皮、酥皮和冰皮三大类型。

2. 广式月饼的特点

广式月饼的主要特点是重油、皮薄、馅多。在工艺上，制皮、制馅均有独到之处，外皮棕红有光，并有清晰、凹凸的图案；馅心重在味道和质地。在风味上，善于利用各种呈味物质的互相作用构成特有风味，如用糖互减甜咸、用辛香料去肉类腥味，利用各种辅料所具有的不同分子结构而产生不同的色、香、味，形成蓉沙类馅细腻润滑、肉禽类和水产制品类口味甜中带咸的特点。

3. 广式月饼质量要求

（1）色泽　蛋浆薄而均匀，没有麻点和气泡，没有焦黑，表面呈金黄色，周边应呈黄色。如颜色过浅，则说明饼料水分含量过高，易产生脱壳和霉变。

（2）形状　表面及侧面微外凸，纹印清晰，不皱缩，没有泻边、露馅等现象。

（3）饼皮　柔软不酥脆，没有韧缩现象。

（4）馅料　馅靓味厚，无脱壳和空心，果料粗细适当，橘饼、鱼翅、金腿肉均须碎后使用。

（5）滋味　应有正常的与各相应品种、花色对应的风味。

（6）水分、理化、卫生指标　符合国家标准《月饼》（GB 19855—2015）及相关国家标准的规定。

二、实验目的

1. 掌握广式月饼辅料的制作方法。
2. 掌握浆皮糕点制作的原理、工艺流程和操作方法。
3. 了解广式月饼质量检测指标。

三、实验设备与材料

1. 设备

烤箱、面板、印模、括板、台秤、天平。

2. 材料

面粉、糖浆、白砂糖、植物油、枣泥、莲蓉、瓜条、桃红、金橘饼、青梅、冰糖、芝麻等。

四、实验配方

（1）皮料　面粉 1.50kg，植物油 0.40kg，饴糖 0.02kg，枧水 0.18kg，糖浆 1.05kg，防腐剂 0.6g。

（2）馅料

①百果月饼。糕粉 0.12kg，绵蔗糖 0.10kg，食油 0.06kg，饴糖 0.01kg，金橘饼 0.02kg，青梅 0.05kg，瓜条 0.06kg，山楂条 0.05kg，杏脯 0.02kg，什锦果脯 0.08kg，苹果脯 0.02kg，梨脯 0.05kg，白酒 0.025g，白开水 0.02kg 左右。

②蛋黄月饼。咸鸭蛋黄 20 个，豆沙馅 0.03kg，白莲蓉馅 0.03kg。

③珍珠红莲月饼。红莲馅 0.65kg，松仁 0.2kg，瓜红 0.2kg，甜玉米罐头 1 桶。

④豆沙月饼。豆沙馅料 1kg；豆蓉月饼：豆蓉馅料 1kg；枣泥月饼：枣泥馅料 1kg。

五、配料制作

1. 枧水

（1）枧水的组成　枧水是广式月饼的传统辅料，它是祖先们用草木灰加水煮沸浸泡 1d，取上层清液而得到的碱性溶液。pH 为 12.6，其主要成分为碳酸钾和碳酸钠。

现代使用的枧水由碳酸钾和碳酸钠为主要成分，再辅以磷酸盐或聚合磷酸盐配制而成的碱性混合物，在功能上与草木灰枧水相同，故仍称为“枧水”。该枧水性质很不稳定．长期储存时易变质。一般都加入质量分数为 10% 的磷酸盐或聚合磷酸盐，以改良保外性、黏弹性、酸碱缓冲性和金属封闭性。

使用枧水制作的月饼，饼皮既呈深红色，又鲜艳光亮，与众不同，催人食欲。这是枧水与单独使用碳酸钠的主要区别。

（2）月饼中加入枧水的目的　一是防止月饼产生酸味而影响口味、口感；二是使月饼饼皮碱性增大，有利于月饼着色，碱性越高，月饼皮越易着色；三是枧水与酸进行中和反应产生一定的二氧化碳气体．促进了月饼的适度膨胀，使月饼皮口感更加疏松又不变形；四是破坏面筋质，软化面筋，增加面团的延伸性和可塑性。

（3）枧水的浓度对生产月饼的影响　枧水的浓度对生产月饼非常重要。如果枧水浓度太低，造成枧水加入量增大，会减少糖浆在面团中的使用量，月饼面团会“上筋”，产品不易回油、回软，易变形。如果枧水浓度太高，会造成月饼表面着色过重，碱度增大，口味口感变劣。因此，枧水浓度一般为 30% ~35%，相对密度为 1.2 ~1.33。

（4）枧水的配方　碳酸钾 9.5g，碳酸钠 250g，10% 磷酸盐可聚合磷酸盐，用 10kg 沸水溶解，冷却后使用。

（5）碱水　碱水的作用与枧水相同，可以替代枧水用。

①配比。水1000g，碱粉250g，小苏打1.7～9.5g。

②工艺。碱粉和小苏打用开水溶解冷却后使用。

2. 糖浆的熬制

转化糖浆是制作广式月饼最重要的液体原料，是保证月饼及时回油、快速回软、久放不硬、长期柔软的关键。

①配比。蔗糖1000g，清水450g，柠檬酸0.25g或加入洗净的柠檬40g。

②工艺。将水烧开，将柠檬洗净切成四等份，放入开水中，再放入蔗糖，搅拌溶化，大火烧开，去浮沫，停止搅拌，迅速将糖浆烧到107℃即可，大约1h。过滤即成糖浆。

3. 制馅

生产广式月饼的馅料种类繁多，如豆沙馅、莲蓉馅、水果馅、五仁馅等，这些馅料一般由专业厂家生产，月饼生产者采购时，应严格执行国家有关标准《月饼》（GB 19855—2015）。

六、实验步骤

1. 工艺流程

和皮 → 准备馅料 → 包制 → 印制 → 烤制 → 成品

2. 操作要点

（1）和皮　糖浆倒入和面机中，再倒入枧水，加入防腐剂，搅拌一会儿后加入植物油，搅拌均匀后加面粉，和成面团后倒入食品箱中，表面盖上无毒塑料袋，放置5～6h。

（2）准备馅料　面粉开窝，加糖，少许水润糖，再加入果仁等拌匀再加板油。

（3）包制　皮料和馅料分别分块，皮、馅之比为2∶8。将皮面放于左手心，馅料团放在右手指抓住，两手协调向前转动，一边转动一边挤，到快包住时，左手握住面皮，两手向后转动，用右手虎口封口。

（4）印制　印制前将坯面粘上生粉，以防粘连，左手拿印模，右手大拇指下的大肌用力按下，再按平，换右手拿模，在木板上将印模左右各敲一下，再翻转印模，使月饼向下，再敲一下月饼模前部，月饼就落在左手心，放入烘盘中。

（5）烤制　涂蛋液（一个蛋黄，三个全蛋，再加10～20g盐/5kg蛋液），在200℃温度下烤至金黄色出炉冷却。

七、注意事项

1. 包馅时皮要压得平整，合口处密合均匀。

2. 面皮内少用面粉。如焙粉过多则易致皮馅分离且有发白现象。

3. 饼坯放入饼模时，收口处朝外，要压得均衡使饼形四周分明及边缘光滑，花纹玲珑清晰，脱落及放饼时也要注意饼形平整，拿饼时不要捏住饼腰。

4. 饼坯放进烤盘时距离要适当，方形月饼要角对角放置，这样可使月饼受火上色均匀，饼形要烘至腰成鼓形，色呈金黄，成品成熟。

1. 广式月饼制作的技术关键是什么？为什么？
2. 皮料的制作时加碱水（或枧水）的作用是什么？

实验八　桃酥的配方与制作

一、知识准备

1. 桃酥是一种典型的中式酥饼，属中式酥饼中的酥类。
2. 桃酥质量要求

国家标准《糕点通则》（GB/T 20977—2007）。

二、实验目的

1. 掌握核桃酥性糕点的起酥原理、工艺流程和制作方法。
2. 了解和掌握各种原料的性质以及在桃酥中所起的作用。
3. 了解和掌握核桃酥性糕点成品质量鉴别方法。

三、实验设备与材料

1. 设备

烤炉、和面机、天平、铝盆、烤盘等。

2. 材料

面粉、白砂糖、芝麻、小苏打、苏打等。

四、实验配方

实验配方　　单位：g

面粉	白砂糖	花生油	泡打粉	小苏打	鸡蛋	水
1000	400	300	10	10	300	30

五、实验步骤

1. 工艺流程

原辅料预混乳化 → 面团调制 → 分块 → 成型 → 摆盘 → 烘烤 → 冷却 → 成品

2. 操作要点

（1）原辅料预混乳化　先把绵白糖、泡打粉、小苏打等按配方用量放入小盆中，在加入鸡蛋进行搅拌，顺着一个方向进行，直至绵白糖溶化，在加入植物油进行搅拌，当全部辅料乳化均匀即可。注意鸡蛋的温度应200℃为宜。

（2）面团调制　先将花生油、鸡蛋和白砂糖混在一起搅匀，然后加入面粉泡打粉和小苏打，拌匀，最后加水，不可一次加入，充分揉匀。

（3）分块　将面团分成若干个有一定质量的面团。

（4）摆盘　将分好的生面团两手掌心搓成球形，然后用掌心压成一定的厚度，放进烤盘。注意不要离得太近。

（5）烘烤　烤炉的上火温度为180℃，下火温度为180℃，烘烤大约20min，依厚度而定，表面形成多瓣大大小小的自然裂纹，色泽呈金黄色时即可出炉。

（6）冷却　自然冷却，让过多的NH_3挥发掉。

六、注意事项

1. 使用化学膨松剂时，苏打、碳酸氢铵或泡打粉都必须用蛋液溶解后才能拌入面团中，否则烘烤后成品会出现黄斑，且带有苦味。

2. 面团软硬要适中，过硬则起发膨胀差，表面裂纹不匀，规格偏小；过软则起发膨胀过大，表面裂纹太细，制品摊泻太多，规格偏大。一般冬天面团可能稍硬，可多加25g左右的油来调节，不宜加水；夏天如面团过软，可适当减少油。

3. 面团调好后要及时分摘、摆盘、装饰和烘烤，不宜放置过久，以防止小麦粉中蛋白质吸水胀润起筋，影响起发和酥松性。

4. 核桃酥的特点是表面呈裂纹状的圆饼形，要使圆形的饼坯自然摊裂并形成裂纹，烘烤中炉温的控制是关键的一步。其操作方法是在140～150℃时入炉，注意观察摊裂情况，如果摊裂较快，则适当提高炉温至180℃，使之尽快干化板结定型；如果摊裂较慢，可关掉炉火，炉温自然下降，促使其摊裂，待饼坯摊裂至合适大小时，马上开火提高炉温定型。

思考题

1. 桃酥在烘烤过程中为什么会有油脂溢出？
2. 桃酥不够酥松的原因是什么？

实验九　饼干的制作

一、知识准备

1. 饼干的分类

（1）饼干按发酵与否分，有一般饼干和发酵饼干。

（2）一般饼干按原料配比分，有韧性饼干和酥性饼干。

（3）按成型方法分，有冲印硬饼干、冲印软饼干、辊印饼干、挤条饼干、挤浆成型饼干和挤花饼干等。

（4）发酵饼干又分苏打饼干和粗饼干。

2. 饼干加工工艺流程

（1）酥性饼干工艺流程

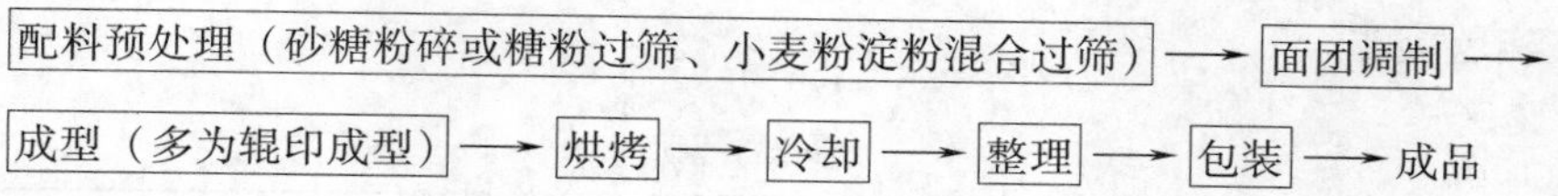

配料预处理（砂糖粉碎或糖粉过筛、小麦粉淀粉混合过筛）→面团调制→成型（多为辊印成型）→烘烤→冷却→整理→包装→成品

（2）韧性饼干工艺流程

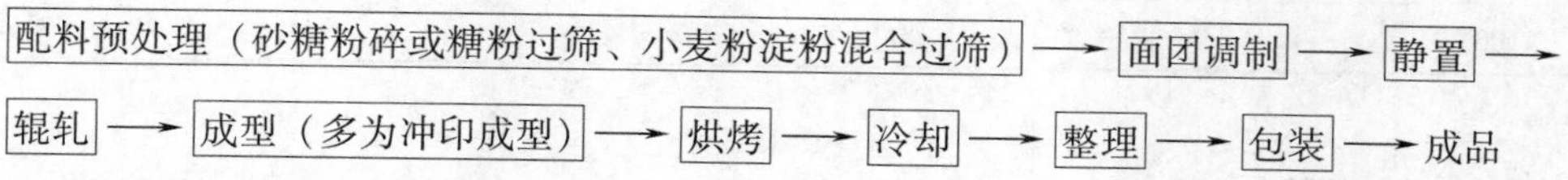

配料预处理（砂糖粉碎或糖粉过筛、小麦粉淀粉混合过筛）→面团调制→静置→辊轧→成型（多为冲印成型）→烘烤→冷却→整理→包装→成品

（3）苏打饼干工艺流程

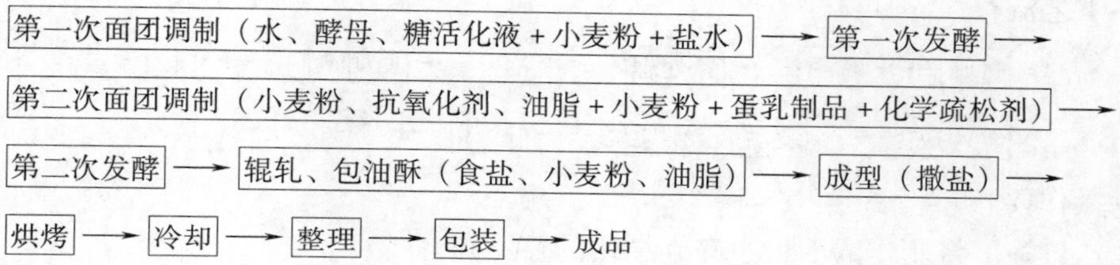

第一次面团调制（水、酵母、糖活化液+小麦粉+盐水）→第一次发酵→第二次面团调制（小麦粉、抗氧化剂、油脂+小麦粉+蛋乳制品+化学疏松剂）→第二次发酵→辊轧、包油酥（食盐、小麦粉、油脂）→成型（撒盐）→烘烤→冷却→整理→包装→成品

3. 产品质量要求

酥性饼干是饼干中的主要类别，特点是糖、油量大，控制面筋的有限生成，减少水化作用。因面筋的形成是水化作用的结果，所以控制面团的加水量是控制面筋形成的重要措施。另外，面团的加水量与糖、油等辅料的用量也有一定关系。油脂的添加量对酥性饼干品质也有重要影响。本实验采用感官评价的方法来评价加水量和油脂的添加量对面团的影响。

（1）酥性饼干感官指标评价　形态外形完整，花纹清晰，厚薄基本均匀，不收缩，不变形，不起泡，无裂痕，不应有较大或较多的凹底。特殊加工品种表面或中间允许有可食颗粒存在（如椰蓉、芝麻、砂糖、巧克力、燕麦等）。

色泽呈棕黄色或金黄色或品种应有的色泽，色泽基本均匀，表面略带光泽，无白粉，不应有过焦、过白的现象。

滋味与口感具有品种应有的香味，无异味，口感酥松或松脆，不粘牙。

组织断面结构呈多孔状，细密，无大孔洞。

（2）酥性饼干理化指标　水分≤6.00%；碱度（以碳酸钠计）≤0.50%。

二、实验目的

了解并掌握饼干制作的原理、制作工艺及操作，同时了解酥性饼干的特性和有关食品添加剂的作用及使用方法。

三、实验设备与材料

1. 材料

小麦粉、白糖、起酥油、淀粉、鸡蛋、食用碳酸氢铵等。

2. 主要器皿和设备

和面机、烤箱、烤盘、小型多用饼干成型机、台秤、面盆、刷子、烧杯、研钵、刮刀、帆布、手套、卡尺、面筛、塑料袋、塑料袋封口机、切刀等。

四、实验配方

实验配方　　单位：g

小麦粉	白砂糖	起酥油（氢化植物油）	淀粉	鸡蛋	食用碳酸氢铵
100	35	20	3	0.8	0.3

五、实验步骤

1. 工艺流程

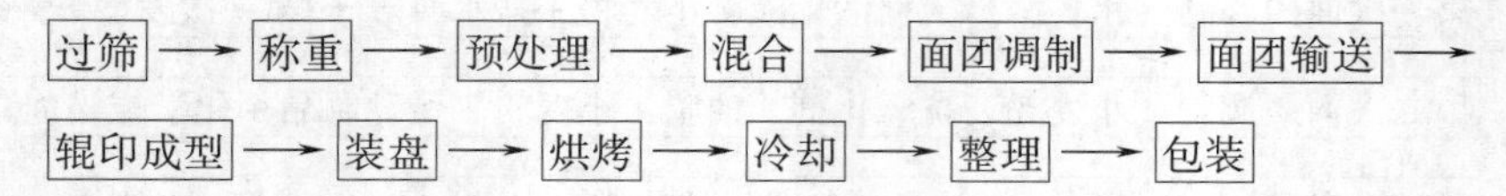

2. 操作要点

（1）过筛　将制作的面粉过筛，结块的要压碎。

（2）配料　按照配方将各种物料称量好，将白糖与水充分搅拌使糖溶化，再加入起酥油、盐、食用碳酸氢铵于和面机中搅拌乳化均匀，最后加入混合均匀的面粉和淀粉，搅拌3~5min，搅匀为止，不宜多搅。

（3）辊印成型　将搅好的面团放置3~5min后，放入饼干成型机喂料斗。调好烘盘位置和帆布松紧度，用辊印成型机辊印成一定形状的饼坯，或者用手工成型：先用擀筒将面团擀成较厚的面片，然后用模具扣压成型。

（4）装盘　将烤盘放入指定位置，调好前后位置，与帆布带上的饼坯位置对应。开机，将饼坯放入烤盘。若是全用手工操作，则直接将饼坯放入大烤盘，生坯摆放不可太密，间距应均匀。

（5）烘烤　将烤盘直接（或换盘后）放入预热到240℃的烤箱，烘烤4min。

六、饼干感官评价

1. 色泽鉴别

（1）良质饼干　表面、边缘和底部呈均匀的浅黄色到金黄色，无阴影，无焦边，有油润感。

（2）次质饼干　色泽不均匀、表面有阴影、有薄面、稍有异常颜色。

（3）劣质饼干　表面色重，底部色重，发花（黑黄不匀）。

2. 形状鉴别

（1）良质饼干　块形（片形）整齐薄厚一致，花纹清晰，不缺角、不变形、不扭曲。

（2）次质饼干　花纹不清晰、表面起泡、缺角、黏边、收缩、变形，但不严重。

（3）劣质饼干　起泡、破碎严重。

3. 组织结构鉴别

（1）良质饼干　组织细腻，有细密而均匀的小气孔，用手掰易折断，无杂质。

（2）次质饼干　组织粗糙，稍有污点。

（3）劣质饼干　有杂质。

4. 气味和滋味鉴别

（1）良质饼干　甜味纯正，酥松香脆，无异味。

（2）次质饼干　口感紧实，不酥脆。

（3）劣质饼干　有异味。

七、注意事项

1. 调制面团时，应注意投料次序，面团的理想温度为25℃左右。
2. 当面团黏度过大，胀润度不足影响操作时，可静置10～15min。
3. 当面团结合力过小，不能顺利操作时，可采用适当辊压的方法，以改善面团性能。

思考题

1. 影响酥性饼干组织状态的因素有哪些?
2. 针对制成的产品，结合所学的理论及经验知识，综合分析产品的质量，并对产品存在的质量问题提出改进方案。

第十章

食品功能因子制备技术实验

实验一　杜氏藻萃取物的微胶囊包埋

一、知识准备

杜氏藻属于绿藻纲，团藻目，杜氏藻属，是单细胞藻类，没有坚硬的细胞壁。杜氏藻广泛存在于淡水、盐甚至高浓度盐环境中，耐盐浓度范围很广。杜氏藻能够合成积累类胡萝卜素物质，其可受多种环境因素的影响，但只有盐生杜氏藻和巴氏杜氏藻能够合成积累大量β-胡萝卜素。我国于20世纪80年代后期由天津盐业研究所首先在塘沽进行盐生杜氏藻β-胡萝卜素的中试生产。到了20世纪90年代初，内蒙古又相继有几家工厂生产杜氏藻β-胡萝卜素。

β-胡萝卜素是一种不含氧的类胡萝卜素，分子式 $C_{40}H_{56}$，相对分子质量536.88。β-胡萝卜素是一种良好的自由基淬灭剂，具有显著的抗氧化性，可有效地阻断细胞内的链式自由基反应，因而被认为能够治疗或预防由此引起的疾病。同时，β-胡萝卜素也被广泛地应用于功能食品。

工业上生产上，从杜氏藻中提取β-胡萝卜素，从新鲜原料到作为食品功能因子直接应用于食品的食品添加剂需要经历多个环节。新鲜杜氏藻采集后需要经过破壁、干燥，再使用溶媒进行萃取。溶媒多使用丙酮、乙酸乙酯等有机试剂，利用相似相溶的性质将β-胡萝卜素萃取出来，获得含有β-胡萝卜素的杜氏藻萃取物。

二、实验目的

1. 了解杜氏藻萃取物水分散体系的建立过程。
2. 熟悉杜氏藻萃取物微乳液的喷雾干燥操作。
3. 掌握杜氏藻萃取物微胶囊包埋粉体包埋率的测定方法。

三、实验原理

微胶囊是将固体、液体或气体物质包埋、封存在一种微型胶内成为一种固体微粒产品。

本次实验中，对杜氏藻萃取物进行微胶囊包埋实际上就是使其所含有的功能因子类胡萝卜素与外界的不适宜环境相隔绝，最大限度地保持其原有的生物学活性。而要完成这项工作需要经历三个阶段。

（1）使杜氏藻萃取物、吐温 80、阿拉伯树胶分散在水相形成微乳液。

（2）将微乳液通过喷雾干燥蒸发，使水分子从壁材阿拉伯树胶的表面蒸发逸出，将心材杜氏藻萃取物包裹在其中，得到微胶囊包埋粉体。

（3）对所制备出的微胶囊包埋粉体进行评价。

制备微乳液的关键在于是否能成功建立杜氏藻萃取物的水分散体系。本次实验所用的杜氏藻萃取物是杜氏藻经丙酮提取浓缩而成的浸膏，其中的功能因子类胡萝卜素和所含有的大量脂肪都是脂溶性物质，而要想将这种高疏水性物质均匀分散在水相中就需要添加乳化剂。本次实验所选用的乳化剂为吐温 80，即聚山梨酯；它可以形成比较稳定的水包油分散体系，在微乳液中使得脂溶性的心材杜氏藻萃取物均匀分散在壁材阿拉伯树胶的水溶液中。

本次实验的喷雾干燥操作是通过实验室级喷雾干燥器 Spray Dryer B－290 实现的。Spray Dryer B－290 由①进料系统、②电加热器、③轴向热风喷嘴、④干燥塔、⑤旋风塔、⑥收集器、⑦出口滤件、⑧空气压缩机八部分组成（图 10－1）；可调节喷嘴温度（INLET）、通气比（ASPIRATOR%）、进料流量（PUMP）和喷粉频率（NUZZLE CLEANER）；可显示干燥塔的出风温度（OUTLET）。当微乳液由进料系统经过热风喷嘴时，水分子吸收大量热量，随着物料在干燥塔的下落过程，液态的水汽化变为水蒸气，物料变为粉体。二者在气流的带动下移动，水蒸气既可能一直保持气态直至离开系统，也可能在器壁上温度较低的区域凝结变为液态；粉体由于粒径和质量的不同会分布在干燥塔、旋风塔、收集器及出口滤件四个部分，调节通气比可在一定程度上改变粉体的分布位置。如果器壁上出现液态水且有粉体落在该区域，由阿拉伯树胶构成的微胶囊壁材就会破裂，显然这不利于微胶囊的制备。因此仪器要经过足够时间的预热。

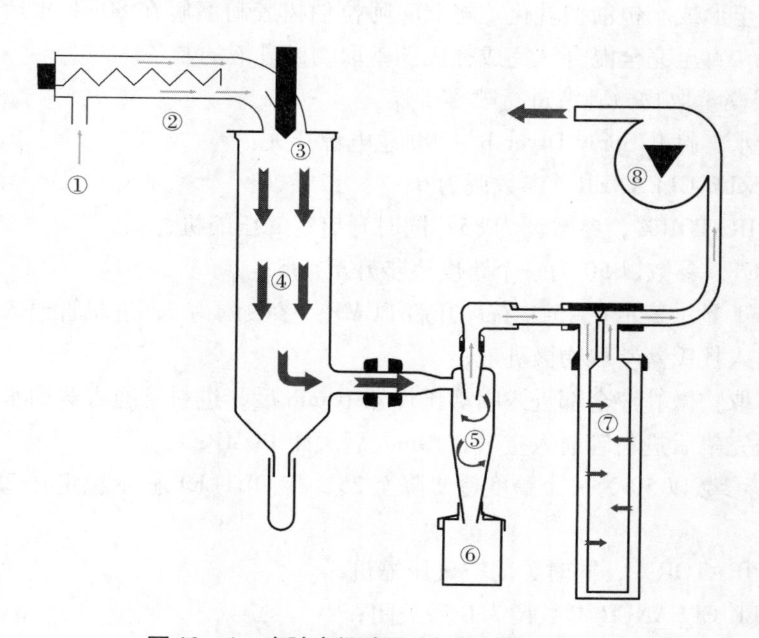

图 10－1　实验室级喷雾干燥器结构示意图

包埋率是一项评价微胶囊包埋优劣的重要指标，用以衡量粉体微胶囊中功能因子类胡萝卜素含量的多少；即微胶囊内类胡萝卜素含量占微胶囊内外类胡萝卜素总含量的百分比；由微胶囊外的类胡萝卜素含量和微胶囊内外总的类胡萝卜素含量计算得出。由于类胡萝卜素对光、热、酸都不稳定，暴露在空气中就会很快降解，因此只有存在于微胶囊壁材之内的类胡萝卜素才能够最大限度地保持其原有的生物活性，发挥其相应的生物学效应。包埋率测定的重点在于测定微胶囊外的类胡萝卜素含量时要求微胶囊不能破壁，而测定微胶囊内外总的类胡萝卜素含量时要求微胶囊要完全破壁；因此在样品处理上有很大区别。

四、实验设备与材料

1. 实验材料

杜氏藻萃取物、阿拉伯树胶、水。

2. 主要试剂

分析纯试剂：吐温 80、正己烷、丙酮。

3. 主要仪器

（1）分析天平（0.00001g）。

（2）紫外 - 可见分光光度计。

（3）喷雾干燥器：Spray Dryer B - 290（BÜCHI）。

五、实验步骤

1. 建立杜氏藻萃取物水分散体系

称取 1g 杜氏藻萃取物、1g 吐温 80、2g 阿拉伯树胶，在研钵中混合研磨。逐步滴加蒸馏水研磨，直至形成水包油型乳化。将 20g 阿拉伯树胶粉溶解在 80mL 水后，逐步向研磨中的研钵加入，直至完全混合，完成杜氏藻萃取物微乳液的制备。

2. 对杜氏藻萃取物微乳液进行喷雾干燥

接通冷凝水，打开 Spray Dryer B - 290 总电源开关；

开启 NOZZLE CLEANER，参数调为 6；

开启 ASPIRATOR%，参数调为 85；同时开启空气压缩机；

开启 INLET，参数以 50 为一个跨度逐步升至 185；

当 OUTLET 显示稳定在 45 左右；开启 PUMP，参数调为 3；进料管通入蒸馏水 10min；

进料管通入杜氏藻萃取物微乳液；

杜氏藻萃取物微乳液全部进入喷雾干燥器 10min 后，进料管通入蒸馏水清洗管路；

管路清洗完毕后进料管通入空气，10min 后关闭 PUMP；

将 INLET 参数以 50 为一个跨度逐步降至 25，待 OUTLET 显示稳定在 25 左右关闭 INLET；

关闭 ASPIRATOR%；同时关闭空气压缩机；

将 NOZZLE CLEANER 参数调为 0 后关闭；

关闭 Spray Dryer B - 290 总电源开关，20min 后关闭冷凝水。

3. 杜氏藻萃取物微胶囊包埋粉体中总类胡萝卜素含量的测定

用分析天平称取杜氏藻萃取物微胶囊包埋粉体质量 M_1（g）；
用正己烷、丙酮萃取 M_1 粉体中的类胡萝卜素；
定容后取上清液，用正己烷调整浓度用紫外－可见分光光度计比色；
记录吸光值 A_1，按式（10－1）计算出微胶囊中总类胡萝卜素的质量 m_1（mg）；

$$m=\frac{A\times 定容体积\times 稀释倍数\times 1000}{2500\times 100} \tag{10-1}$$

式中 m——类胡萝卜素的质量，mg；

A——450nm 附近最大吸收波长处的吸光值。

按式（10－2）计算微胶囊包埋粉体里总类胡萝卜素含量 $X\%$

$$X\%=\frac{m_1}{M_1\times 1000}\times 100\% \tag{10-2}$$

4. 杜氏藻萃取物微胶囊包埋粉体包埋率的测定

用分析天平称取杜氏藻萃取物微胶囊包埋粉体质量 M_2（g）；
M_2 粉体加入正己烷混匀静置；
定容后取上清液，正己烷调整浓度用紫外－可见光分光光度计比色；
记录吸光值 A_2，按式（10－1）计算出微胶囊外类胡萝卜素的质量 m_2（mg）；
按式（10－3）计算出杜氏藻萃取物微胶囊包埋粉体的包埋率%；

$$包埋率\%=\left(1-\frac{m_2}{M_2\times X\%\times 1000}\right)\times 100\% \tag{10-3}$$

六、结果计算

1. 杜氏藻萃取物微胶囊包埋粉体里总类胡萝卜素含量。
2. 杜氏藻萃取物微胶囊包埋粉体包埋率。

七、注意事项

清洗喷雾干燥器的玻璃干燥塔时需等其温度自然降至室温。

思考题

1. 描述乳化、微胶囊的形成过程。
2. 论述调节喷嘴温度（INLET）、通气比（ASPIRATOR%）、进料流量（PUMP）参数对喷雾干燥过程的影响。
3. 测定包埋率时样品处理应注意哪些细节?

实验二　豆油中轻质组分的短程分子蒸馏分离

一、知识准备

每个分子处于永恒的运动中，形式多样，如震动、转动、布朗运动等。一个分子在与相邻分子碰撞之间所经过的路程称为分子运动自由程。在某时间间隔内自由程的平均值称为平均自由程。式（10－4）为分子平均自由程的计算公式。

$$\lambda_m = \frac{k}{\sqrt{2\pi}} \cdot \frac{T}{d^2 p} \quad (10-4)$$

任一分子的自由程在运动过程中都可能受外界（物理）条件的影响而不断变化。换言之，外界条件会影响分子的自由程。在一定的外界（物理）条件下，不同物质的分子自由程各不相同。式（10－4）中，d 为分子有效直径；p 为分子所处空间压力；T 为分子所处环境温度；k 为波尔兹曼常数。从式（10－4）可以看出：温度、压力及分子有效直径是影响分子运动平均自由程的主要因素。当压力一定时，一定物质的分子运动平均自由程随温度增加而增加。当温度一定时，平均自由程与压力成反比，压力越小（真空度越高），平均自由程越大，即分子间碰撞机会越少。不同物质因其有效直径不同，因而分子平均自由程不同。

蒸馏通常可以被理解为是一种通过控温分离液态物质的方法。其过程包括：液相转换成气相（蒸发）和气象转换成液相（冷凝）。常压蒸馏中，近（液相）蒸发面的气相中存在返回蒸发面的被蒸馏组分分子流；且被蒸馏组分沸点与压力相关。

二、实验目的

1. 理解分子蒸馏技术的基本原理。
2. 掌握分子蒸馏设备的基本原理和基本操作过程。

三、实验原理

分子蒸馏技术通过高真空来降低被蒸馏组分的沸点，同时将蒸发面与冷凝面的距离控制在被蒸馏组分的分子平均自由程之内，从而满足工艺需要。

分子蒸馏的原理在于使液体混合物沿加热饭自上而下流动，被加热后能量足够的分子选出液面。轻分子的分子运动平均自由程大，重分子的分子运动平均自由程小，若在离液面距离小于轻分子的分子运动平均自由程而大于重分子的分子运动平均自由程处设置一冷凝板，此时，气体中的轻分子能够到达冷凝板，由于在冷凝板上不断被冷凝，从而破坏了体系中轻分子的动态平衡，而使混合液中的轻分子不断逸出；相反、气相中重分子因不能到达冷凝板，很快与液相中重分子趋于动态平衡，表观上，重分子不再从液相中逸出。这样，液体混合物便达到了分离的目的。

分子蒸馏设备的真空条件由旋片泵与扩散泵维持。

旋片泵主要由泵体、转子、旋片、端盖、弹簧等组成。在旋片泵的腔内偏心地安装一个转子，转子外圆与泵腔内表面相切，转子槽内装有带弹簧的二个旋片。旋转时，靠离心力和弹簧的张力使旋片顶端与泵腔的内壁保持接触，转子旋转带动旋片沿泵腔内壁滑动（图 10－2）。

两个旋片把转子、泵腔和两个端盖所围成的月牙形空间分隔成 A、B 两部分，当转子逆时针方向旋转时，与吸气口相通的空间 A 的容积是逐渐增大的，正处于吸气过程。而与排气口相通的空间 B 的容积是逐渐缩小的，正处于排气过程。由于空间 A 的容积是逐渐增

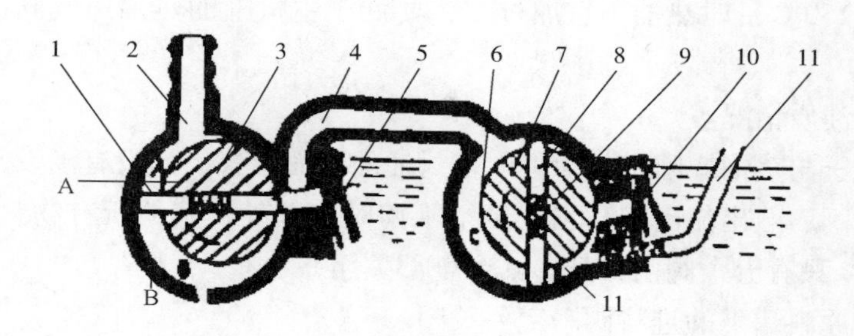

图 10-2 旋片式真空泵结构示意图

1—高真空室外 2—进气嘴 3—转子 4—过气管 5—排气阀门 6—低真空室 7—转子 8—刮片 9—弹簧 10—排气门阀 11—排气嘴

大，气体压强降低，泵的入口处外部气体压强大于空间 A 内的压强，因此将气体吸入。当空间 A 与吸气口隔绝时，即转至空间 B 的位置，气体开始被压缩，容积逐渐缩小，最后与排气口相通。当被压缩气体超过排气压强时，排气阀被压缩气体推开，气体穿过油箱内的油层排至大气中。由泵的连续运转，达到连续抽气的目的。排出的气体通过气道而转入低真空级，由低真空级抽走，再经低真空级压缩后排至大气中，即组成了双级泵。这时总的压缩比由两级来负担，因而提高了极限真空度。

扩散泵即油扩散真空泵，采用不锈钢内腔并含有纵向叠加的锥形喷射口的内室。通常有三个喷射口内室，其大小逐个减小，最大的在底部。在内腔的底部是一摊特殊的低蒸汽压油。油由内腔底部下设的电加热器加热煮沸，气化的油向上移，从各个内室的喷射口排出来。而水通过在内腔外壁的循环使内腔降温，从而避免热量外溢并维持其长时间的运转。

抽取气体的分子渗透进蒸汽喷口的方式类似于一种气体扩散到另一种气体里。从相当大直径的喷射口出来，在内室和内腔壁之间向下落去。高速喷口与在碰巧进入其内部的气体分子发生碰撞是由于气体分子的热运动。这通常会给分子以向下的动力使它们能从泵的排气口排出从而达到更高的真空水平。在内腔底部，积淀下来的大气气体分子被辅助泵消除，同时积淀下来的油则开始又一轮的循环。

四、实验设备与材料

1. 实验材料

豆油

2. 主要仪器

（1）电子天平（0.01g）。

（2）短程分子蒸馏系统。

五、实验步骤

1. 分子蒸馏机开机前准备工作

检查热油系统中是否已灌入适量热油。原料罐和主机两处需加热油，如果主机的加热温度较高（如 >150℃）时热油不宜加过多，要低于主机上的热油通气阀，否则开机后热油会溢出。

检查真空泵油质情况。

检查刮片转子与蒸馏罐间密封油杯中密封油的油面位置，如没有浸没密封面应补充。

除蒸余流出阀、蒸出流出阀和三个真空平衡阀打开外，其他所有物料及放空阀关闭。（即系统运行时，只有五个阀门打开，其余全部关闭）

注：加料时原料罐下的进料阀一定要关闭。

如果停机时间较长，开机前应将所有运转部件用手搬动。

物料准备，如果物料常温下为固体要加热溶化成可流动态。

冷阱内要加冰，并且系统运行过程中要注意冰是否溶化完，要保持冷阱内为冰水。

2. 分子蒸馏机开机

将冷却水循环系统所有阀门打开，开启冷却水。

启动旋片真空泵。

打开原料罐加热，设定温度。将物料加入物料预热罐，并预热到所需温度。

启动热油加热系统（打开主机加热，并设定温度），根据工艺要求将温度逐渐调到蒸发器所要求的温度。

打开管道加热1，管道加热2，管道加热3。分别设定温度。开启自装加热带（管道加热 1 为物料预热罐下管道加热，管道加热 2 为进入蒸余罐的管道加热，管道加热 3 为进入蒸出罐的管道加热）。

当系统的真空达到 30Pa 时，可以启动扩散泵（扩散泵启动时，要同时打开扩散泵的两个阀门。如果关闭扩散泵，这两个阀门要同时处于关闭状态）。

当系统的真空达到 5Pa 时，各级的温度达到规定的工艺温度时，启动刮膜电机并开始下料，缓慢调节物料流入阀使物料的流量达到实验要求。刮膜电机为无级调速，可通过调速手柄进行调解，但切不可在电机未启动时进行调解。而且电机开机前必须拧松放气口螺堵（下料速度要严格调控。下料过快可能会造成系统真空度下降，并且可能造成蒸馏不完全）。

随时检查所有开动的设备运转是否正常，工艺条件是否稳定，检查冷却水、热水的水温，如有不正常情况应及时处理。

3. 物料处理

调整主机蒸馏温度，分别设定为 150℃、160℃、170℃、180℃、190℃，在不同温度下加入物料蒸馏，利用差值法在电子天平上称量加入物料质量。

分别回收不同温度下的蒸余物，称量回收物质量。

4. 分子蒸馏机停机

关闭进料阀，停止主分离柱与原料灌加热。

见分离柱视镜的物料明显减少时，关闭刮膜转子。

需要放料时，则要先关闭物料罐与系统的连通阀，然后打开放空阀放料。放料完毕后，先关闭放空阀与放料阀，再打开真空平衡阀，最后才打开物料罐的下料阀。

关闭扩散泵。

关闭扩散泵 20min 后，关闭真空阀及旋片真空泵。

上述步骤完成 30min 后关闭冷却水。

若循环水箱内冷却水混浊则需要换水。

关闭下料阀。

关闭电气柜总开关。

六、结果计算

记录物料实际加入质量，记录蒸余物料质量。根据式（10-5）计算回收率。

$$回收率\% = \left(1 - \frac{蒸余物料质量（g）}{物料实际加入质量（g）}\right) \times 100\% \quad (10-5)$$

七、注意事项

1. 实验全程都需开启冷却水设备。
2. 当系统的真空达到 30Pa 时，才可启动扩散泵。

思考题

1. 分子蒸馏在哪些方面优于普通蒸馏?
2. 若打开真空泵后压力表显示真空度很差时须考虑哪些问题?

实验三　菊花中叶黄素酯的微波萃取

一、知识准备

1. 叶黄素酯的 UV－Vis 测定方法

万寿菊干花的正己烷萃取物中主要的类胡萝卜素类化合物为叶黄素双酯，可以忽略其他种类的类胡萝卜素。因此可用干花颗粒正己烷萃取物的紫外－可见吸收光谱来确定叶黄素双酯含量。

2. 微波萃取技术原理

（1）电磁波　变化的电场会产生磁场（即电流会产生磁场），变化的磁场则会产生电场。变化的电场和变化的磁场构成了一个不可分离的统一的场，这就是电磁场，而变化的电磁场在空间的传播形成了电磁波。

$$c = \lambda f$$

式中　c——光速 m/s，（这是一个常量，约等于 3×10^8m/s）；

f——频率 Hz，（1MHz = 1000kHz = 1×10^6Hz）；

λ——波长，m。

（2）电磁波的分类　电磁波按波长来分，无线电波波长为 3000m ~ 0mm。红外线波长为 0.3mm ~ 0.75μm。可见光波长为 0.7 ~ 0.4μm。紫外线波长为 0.4μm ~ 10nm。X 射线波长为 10 ~ 0.1nm。γ 射线波长为 0.1 ~ 0.001nm。高能射线波长小于 0.001nm。

微波是指频率为300MHz~300GHz，是无线电波中一个有限频带的简称，即波长在1m（不含1m）~1mm的电磁波。

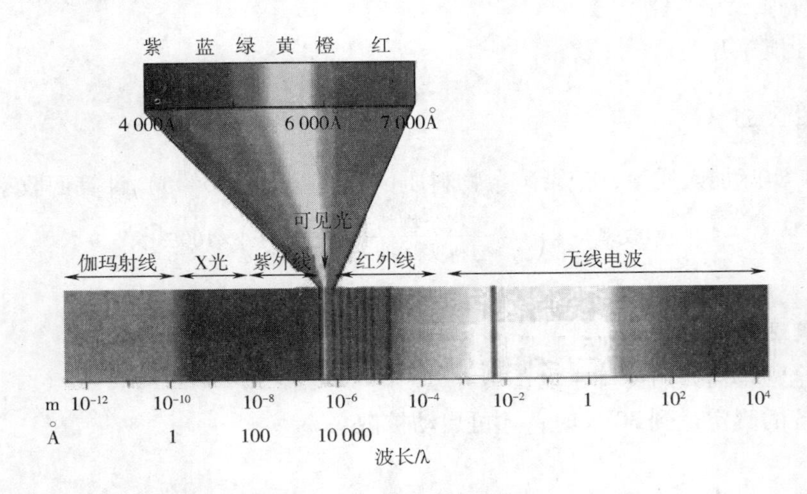

图10-3 电磁波分类图

（3）微波的性质 微波作为一种电磁波也具有波粒二象性。微波的基本性质通常呈现为穿透、反射、吸收三个特性。对于玻璃、塑料和瓷器，微波几乎是穿越而不被吸收。对于水和食物等就会吸收微波而使自身发热。而对金属类东西，则会反射微波。

①穿透性。微波比其他用于辐射加热的电磁波，如红外线、远红外线等波长更长，因此具有更好的穿透性。微波透入介质时，由于介质损耗引起的介质温度的升高，使介质材料内部、外部几乎同时加热升温，形成体热源状态，大大缩短了常规加热中的热传导时间，且在条件为介质损耗因数与介质温度呈负相关关系时，物料内外加热均匀一致。

②选择性加热。物质吸收微波的能力，主要由其介质损耗因数来决定。介质损耗因数大的物质对微波的吸收能力就强，相反，介质损耗因数小的物质吸收微波的能力也弱。由于各物质的损耗因数存在差异，微波加热就表现出选择性加热的特点。物质不同，产生的热效果也不同。水分子属极性分子，介电常数较大，其介质损耗因数也很大，对微波具有强吸收能力。而蛋白质、碳水化合物等的介电常数相对较小，其对微波的吸收能力比水小得多。因此，对于食品来说，含水量的多少对微波加热效果影响很大。

③热惯性小。微波对介质材料是瞬时加热升温，能耗也很低。由于微波的输出功率随时可调，不存在“余热”现象，极利于自动控制和连续化生产的需要。

3. 微波萃取技术原理

利用微波能来提高萃取率的原理是在微波场中，吸收微波能力的差异使得物质的某些区域或萃取体系中的某些组分被选择性加热，从而使得被萃取物质从被分离，进入到介电常数较小、微波吸收能力相对差的萃取剂中。

微波萃取的机理可从以下3个方面来分析：

高频电磁波穿透萃取介质到达物料内部，由于吸收了微波能，细胞内部的温度将迅速上升，从而使细胞内部的压力超过细胞壁膨胀所能承受的能力，结果细胞破裂，其内的有效成分自由流出，并在较低的温度下溶解于萃取介质中。通过进一步的过滤和分离，即可获得所需的萃取物。

微波所产生的电磁场可加速被萃取组分的分子由固体内部向固液界面扩散的速率。例如，以水作溶剂时，在微波场的作用下，水分子由高速转动状态转变为激发态，这是一种高能量的不稳定状态。此时水分子或者汽化以加强萃取组分的驱动力，或者释放出自身多余的能量回到基态，所释放出的能量将传递给其他物质的分子，以加速其热运动，从而缩短萃取组分的分子由固体内部扩散至固液界面的时间，结果使萃取速率提高数倍，并能降低萃取温度，最大限度地保证萃取物的质量。

由于微波的频率与分子转动的频率相关联，因此微波能是一种由离子迁移和偶极子转动而引起分子运动的非离子化辐射能，当它作用于分子时，可促进分子的转动运动，若分子具有一定的极性，即可在微波场的作用下产生瞬时极化，并以24.5亿次/s的速度作极性变换运动，从而产生键的振动、撕裂和粒子间的摩擦和碰撞，并迅速生成大量的热能，促使细胞破裂，使细胞液溢出并扩散至溶剂中。在微波萃取中，吸收微波能力的差异可使基体物质的某些区域或萃取体系中的某些组分被选择性加热，从而使被萃取物质从基体或体系中分离，进入到具有较小介电常数、微波吸收能力相对较差的萃取溶剂中。

体系中分离，进入到具有较小介电常数、微波吸收能力相对较差的萃取溶剂中。

4. 微波萃取方法建立的方法

影响微波萃取的主要因素有六点，分别是萃取溶剂、萃取次数、物料比、萃取时间、萃取温度和微波功率。微波萃取方法的建立就是确定这六个影响因素的最佳条件。可以先用单因素试验确定每个因素的范围，再用正交试验来确定反应最佳条件。

单因素试验是在其他因素不变的基础上，根据经验或预试验改变其中一个因素的水平，观察这个因素对实验的结果的影响，进而确定最佳条件。

二、实验目的

1. 掌握微波萃取技术原理。
2. 掌握从菊花花瓣干粉中用微波萃取叶黄素双酯的技术。
3. 掌握叶黄素双酯含量的紫外－可见分光光度计测定方法。

三、实验设备与材料

1. 设备

微波萃取系统（MARSX，2455MHz）、紫外－可见分光光度计、研钵、天平。

2. 材料

万寿菊花颗粒、正己烷、乙酸乙酯、四氢呋喃、乙醇。

四、实验步骤

1. 工艺流程

物料粉碎 → 加入萃取剂 → 微波辅助萃取 → 计算功效因子含量

2. 操作要点

按照条件设定微波萃取系统。在8根反应管中各装入0.1g已粉碎的万寿菊花颗粒，之后分别加入5mL萃取剂，迅速盖好反应管盖子并均匀分散放入微波萃取仪中。升温时间设置为10min，加热温度设置为50℃，加热时间设置为10min，微波功率设定为400W。

萃取完成后，等待反应管冷却至室温，将反应管取出并将萃取液倒入干净的试管中。用正己烷稀释萃取液，以正己烷为空白测定吸光值。

按式（10－6）计算5mL溶液中的叶黄素酯含量（mg）：

$$m=\frac{A\times 定容体积\times 稀释倍数\times 1000}{2500\times 100} \quad (10-6)$$

式中　m——类胡萝卜素的质量，mg；

A——450nm附近最大吸收波长处的吸光值。

五、注意事项

1. 随时检查设备运转是否正常，工艺条件是否稳定，如有不正常情况应及时处理。
2. 该实验反应管需保持干燥。
3. 反应管开启时，开口不可朝着人，且先要旋开一个小缝让管内外气压平衡，再完全打开。

思考题

1. 为什么不能在同等时间、温度功率条件下同时进行多种溶剂的实验?
2. 在同一反应温度、功率、时间下，不同溶剂对萃取的影响（结合溶剂的化学结构）。

实验四　菊花中叶黄素酯的微波皂化

一、知识准备

1. 皂化反应

皂化反应是酯在碱性条件下被水解，而生产出醇和羧酸盐的反应，尤指油脂的水解。狭义地讲，皂化反应仅限于油脂与氢氧化钠或氢氧化钾混合，得到高级脂肪酸的钠/钾盐和甘油的反应。这个反应是制造肥皂流程中的一步，因此而得名。类胡萝卜素的皂化在正常条件下需要时间较长，一般需要3h以上。

$$RCOOR'+NaOH\longrightarrow R-COONa+R'OH$$

2. 微波皂化技术原理

物料在萃取剂、碱液共同存在的情况下，在微波中被加热。叶黄素酯首先被萃取出，然后发生皂化反应。

（1）微波萃取　微波萃取的机制如下所述。

①细胞破碎。细胞内部吸收了微波能，温度将迅速上升进而压力升高，结果细胞破裂，其内部成分自由流出并溶解于萃取介质中。

②加速扩散。微波所产生的电磁场可加速被萃取组分的分子由固体内部向固液界面扩散的速率。

③选择性升温。物质吸收微波能力的差异可使萃取体系中的某些组分被选择性加热，从而使萃取物质从原物质中分离，进入到微波吸收能力相对较差的萃取溶剂中。

（2）微波皂化　微波能使酯化和水解反应加快，目前存在两种解释。一是热效应学说，认为微波能量不足以引起化学键断裂，反应速率的加快主要是由于微波对极性物质的选择性加热引起的，并认为微波只会使物质内能增加，不会造成反应动力学的改变；另一种是非热效应学说，认为微波作用改变了反应动力学，降低了反应活化能，从而加快了反应速率。

二、实验目的

1. 掌握叶黄素酯皂化的原理。
2. 了解微波皂化的技术原理。
3. 掌握薄层层析分离叶黄素酯及其游离态叶黄素的方法。

三、实验设备与材料

1. 设备

微波萃取系统（MARSX，2455MHz）、紫外－可见分光光度计、研钵、天平、薄层层析板、层析缸、毛细管。

2. 材料

万寿菊花颗粒、正己烷、乙醇、氢氧化钾、丙酮。

四、实验步骤

1. 工艺流程

物料粉碎 ⟶ 微波皂化 ⟶ 薄层分析

2. 操作要点

（1）物料粉碎　取一定量的万寿菊干花颗粒，用研钵粉碎，粉碎颗粒备用。

（2）微波皂化　0.1g 菊花花瓣干粉，用 2.5mL 正己烷为萃取剂，加入 2.5mL 的 10% 氢氧化钾－乙醇溶液。400W 快速升温到 55℃，保温 15min。

（3）微波皂化叶黄素的测定　将反应后的溶液静置后倒出，使液体与物料残渣分离。用毛细管取皂化反应液在薄层板上点样，并用正己烷萃取液作为对照也点样。用丙酮∶正己烷 = 1∶4 的层析液展开，观察展开图。移动速度最快的为叶黄素双酯，叶黄素单酯其次，最慢的是游离态叶黄素。

分别计算叶黄素双酯和游离态叶黄素的 R_f 值。

五、注意事项

1. 随时检查设备运转是否正常，工艺条件是否稳定，如有不正常情况应及时处理。

2. 反应管开启时，开口不可朝着人，且先要旋开一个小缝让管内外气压平衡，再完全打开。

微波皂化与传统皂化相比有什么优势?

第十一章

功能食品制备实验

实验一　万寿菊干花颗粒制备食品功能因子叶黄素

一、知识准备

1. 万寿菊

万寿菊是菊科万寿菊属一年生草本植物。其花瓣中含有大量叶黄素酯，是天然叶黄素生产的主要工业资源。我国有丰富的万寿菊资源。万寿菊花自20世纪90年代从国外引进后，在我国许多地区进行大面积种植，主要产区分布在吉林、黑龙江、内蒙古、山东、山西、云南、四川等地，年产鲜菊花约30万t。

2. 食品功能因子叶黄素

叶黄素为不对称的含氧类胡萝卜素，分子式 $C_{40}H_{56}O_2$，相对分子质量为568.88，作为一种天然产物（natural product）其广泛存在于自然界中。

叶黄素具有淬灭单线态氧的能力，并且其能够有效捕获氧自由基。单线态氧与氧自由基均属于活性氧。当活性氧不能被及时清除时，人体往往会受到氧化损伤。体外实验已证实，无论是叶黄素酯还是反式叶黄素或顺式叶黄素，其均能淬灭单线态氧；并且顺式叶黄素还表现出延迟单线态氧生成的作用。因此叶黄素作为食品功能因子具有良好的抗氧化性。

3. 叶黄素的制备

工业上生产叶黄素从万寿菊新鲜原料到作为食品功能因子直接应用于食品的食品添加剂需要经历多个环节。万寿菊新鲜原料采收后需要经过青储剂发酵、造粒、萃取、皂化、纯化、剂型改造若干步骤。

其中萃取、皂化是叶黄素制备过程中较为关键的步骤，其对叶黄素的产量与最终产品规格的制定有重大影响。

萃取过程中常采用有机试剂法，使用正己烷、乙酸乙酯等极性较低的试剂作为溶媒，利用相似相溶的性质将叶黄素酯萃取出来；此外，目前应用亚临界流体作为叶黄素酯溶媒的技术也已成熟，已有企业进行工业化生产。

皂化过程中常使用乙醇作为分散剂，使得氢氧化钾与含有叶黄素酯的有机溶液形成均一相，保证皂化反应快速进行。

皂化生成的游离态叶黄素需要进一步进行纯化，通常采用重结晶方法将游离态叶黄素与其他皂化产物分离开来。

得到的高纯度叶黄素由于其水溶性、分散性和稳定性的限制，仍需经过微晶化、乳化或微胶囊化等剂型改造，以确保产品的商品性能。此外，剂型改造还会改善功能因子的消化吸收率。叶黄素非常适于进行微胶囊化处理，经过微胶囊包埋后，产品能够使其所含有的叶黄素功能因子与外界的不适宜环境相隔绝，最大限度地保持其原有的生物学活性，同时还能增加叶黄素的水分散性。微胶囊包埋常用壁材包括阿拉伯胶、改性淀粉等。

二、实验目的

1. 掌握万寿菊干花颗粒制备食品功能因子叶黄素的技术路线。
2. 了解食品功能因子叶黄素生产过程中的工艺流程。
3. 了解实验室技术与工业化过程对接时的注意事项。

三、实验设备与材料

1. 设备

喷雾干燥器（Spray Dryer B－290，BÜCHI）、旋转蒸发仪、水浴锅、电子天平、紫外－可见分光光度计（Multispec－1501，SHIMADZU）。

2. 材料

万寿菊干花颗粒、正己烷、氢氧化钾、95%乙醇、磷酸、阿拉伯树胶。

四、实验配方

万寿菊干花颗粒100g、正己烷600mL、氢氧化钾7g、95%乙醇70mL、磷酸20mL、阿拉伯树胶20g。

五、实验步骤

1. 工艺流程

原料萃取 → 皂化 → 调pH → 加壁材 → 喷雾干燥 → 成品

2. 操作要点

（1）原料萃取　称取100g万寿菊干花颗粒，室温下加入正己烷连续萃取3次，萃取时间每次30min，加入正己烷的体积依次为300mL、200mL、100mL。

（2）皂化　正己烷萃取液浓缩至70mL后加入70mL 10%的KOH－乙醇溶液，混匀后置于50℃水浴中1h。

（3）调pH　用磷酸将pH调为中性后将溶剂蒸干。

（4）加壁材　按比例加入水与阿拉伯胶，混匀后进行喷雾干燥。

（5）喷雾干燥

六、注意事项

1. 使用正己烷需在通风橱中进行。
2. 磷酸调pH时要混合均匀。

1. 分析叶黄素在制备过程中哪些因素会导致其降解出现损失?
2. 绘制万寿菊干花颗粒制备食品功能因子叶黄素的技术路线图。

实验二 食品功能因子叶黄素在发酵型酸奶中的应用

一、知识准备

1. 万寿菊

万寿菊（*Tagetes erecta* L.）为菊科万寿菊属的植物，原产于中美洲。其花含有丰富的类胡萝卜素化合物，可超过鲜重的0.2%（*w/w*）。万寿菊花中的主要类胡萝卜素为叶黄素酯，还含有少量的玉米黄素酯。被萃取的叶黄素酯可通过皂化（水解）成叶黄素单体。目前，万寿菊花是主要的叶黄素功能因子资源。

2. 食品功能因子叶黄素

叶黄素的命名与结构特征：叶黄素是一种类胡萝卜素。其中文习惯命名有：叶黄素、叶黄质、黄体素等，英文习惯命名为Lutein。中文半系统命名为3，3’-二羟基-β，α-胡萝卜素，英文半系统命名为3，3’-Dihydroxy-α-carotene或（3R，3’S，6’R）-β，ε-Carotene-3，3’-diol，分子式为$C_{40}H_{56}O_2$，相对分子质量为568.88。叶黄素分子每侧端基上各有一个羟基。其全反式异构体的结构如下所示。

叶黄素的存在形式可以有两种：一种是游离态，另一种是叶黄素分子中的羟基与脂肪酸形成的酯。在高等植物的光和组织（如各种绿色蔬菜）中，叶黄素游离态比例高。在高等植物（如万寿菊）的花瓣中，主要以酯的形式存在。叶黄素酯在人体的消化道中可以被水解成叶黄素游离态，进入体内代谢。

3. 发酵型酸乳

发酵型酸乳是指在新鲜牛乳中接种乳酸菌，乳酸菌利用牛乳为底物进行厌氧发酵的酸乳。经过乳酸发酵后，牛乳中的乳糖被分解，能够极大缓解乳糖不耐受症状。

发酵型酸乳的生产流程如下所述。

鲜乳处理 → 调配 → 混合 → 定容 → 均质 → 杀菌 →
冷却 → 接种 → 发酵 → 冷藏后熟 → 分装 → 成品

（1）鲜乳处理　将鲜乳进行过滤，标准化处理，备用。

（2）调配　将白砂糖与稳定剂干混均匀，然后撒入300mL、80℃纯净水中搅拌均匀，使其充分溶解。

（3）混合　将处理好的奶液和稳定剂液混合，搅拌成均匀的液体。

（4）定容　将混合均匀的料液加入60℃纯净水定容至1000mL。

（5）均质　加热升温至70℃左右进行均质，均质压力为5～10MPa（二级压力），20～25MPa（一级压力）。

（6）杀菌　将均质后的料液进行巴氏杀菌，杀菌为86～88℃、15min。

（7）发酵　把经消毒灭菌后的乳液温度迅速降温至45℃时接种、灌装、发酵，恒温43℃发酵，经4～6h达到发酵终点（发酵乳的pH要控制在4.5左右）。

（8）冷藏后熟　达到终点后移入冷库0～4℃保存，贴标、装箱、后立即送入冷库保存。

4. 应用

由于叶黄素及酯均为脂溶性化合物，在生产食品的过程中需要根据不同的食品物理性状进行剂型处理，使其稳定分散于介质中。对水分散介质的食品，所使用的叶黄素需要进行水包油类型的乳化，形成稳定分散的微乳液后，才能保证在食品中着色的均一性。

JECFA规定食品功能因子叶黄素每日容许摄入量（即ADI值）为2mg/kg体重。以人体50kg体重为例，叶黄素每日容许摄入量的上限即100mg，因此在设计功能食品时，应考虑到每份独立包装的产品中，食品功能因子叶黄素的添加量应不高于100mg的1/3。

二、实验目的

在发酵型酸乳中添加食品功能因子叶黄素。

三、实验设备与材料

1. 设备

分析天平（0.01g）、电磁炉、酸乳发酵机、高压灭菌锅。

2. 材料

鲜牛乳、白砂糖、乳酸菌制剂（SVV－111，DSM，规格0.5U）、食品功能因子叶黄素制剂（5%）。

四、实验配方

鲜牛乳10L、白砂糖600g、乳酸菌制剂0.1U、食品功能因子叶黄素制剂20g。

五、实验步骤

1. 工艺流程

巴氏消毒 → 加糖 → 添加食品功能因子 → 接种乳酸菌 →

发酵 → 冷藏后熟 → 成品

2. 操作要点

（1）巴氏消毒　购买当日生产的三元鲜牛乳，巴氏法消毒后备用（90℃、20min）。

（2）加糖　按6%（*w/w*）加入白砂糖混匀。

（3）添加食品功能因子　按0.2%（*w/w*）加入食品功能因子叶黄素制剂混匀。

（4）接种乳酸菌　按1U/100L鲜乳的比例接种乳酸菌制剂。

（5）发酵、冷藏、后熟　容器密封进行厌氧发酵、冷藏后熟。

六、注意事项

1. 需采购当日到货冷链运输的鲜牛乳，不能使用利乐包装和常温储存的牛乳制品。

2. 巴氏法消毒鲜乳时建议采用隔水加热的方法，避免产生煳味。

1. 牛乳中的抗生素与防腐剂含量对酸乳的生产过程有哪些影响?
2. 如何确定食品中食品功能因子叶黄素的添加量?

实验三　核桃固元膏制作

一、知识准备

1. 固元膏

固元膏，也叫阿胶糕，最早在中国唐朝已经流传，据传此方是由唐代杨贵妃所创，是慈禧晚年非常喜欢的一道药膳，《清宫叙闻》记载道，“西太后爱食胡桃阿胶膏，故老年皮肤滑腻”。可见，慈禧太后的养颜秘诀也和固元膏有着千丝万缕的联系。常食可以养血润肤，使头发乌黑。

传统固元膏配方：东阿阿胶、大红枣、黑芝麻、核桃、枸杞、冰糖加黄酒经文火蒸制而成。功效：固本培元、补血补气、延缓衰老、乌发亮发等功效。由于传统固元膏滋腻太重，后来应用中不断改进，减少了阿胶，补充了其他营养性食材，衍生出了多种适宜不同人群的固元膏产品。

2. 保健食品

保健食品是指具有特定保健功能或者以补充维生素、矿物质为目的的食品。即适宜于特定人群食用，具有调节机体功能，不以治疗为目的，对人体不产生任何危害的产品，具有三种属性：①食品属性；②功能属性；③非药品属性。

保健食品的研发设计依据基于现代营养学、中国传统的饮食营养学以及相关的生命科学的理论基础，从以下3个方面考虑。

（1）按我国传统中医药养生保健理论和组方设计保健食品配方，配方中所用原料及其配比例、它们之间的关系，应当符合中医药学养生、保健辩证理论，针对保健功能适宜人群的生理、病理特点，客观评价产品预期达到的保健功能和科学水平。

（2）按现代医学、营养学、药学科学理论和成果设计保健食品配方，从所用原料间的物理、化学性质及现代科学的协同与拮抗情况阐述其药用与营养功能的作用，说明量效关系，针对保健功能适宜人群的生理、病理特点，客观评价所研发的产品预期，以达到的保健功能和科学水平。

（3）按我国传统中医药养生保健理论并结合现代医学、营养学、药学科学理论和成果设计配方，配方原料中即有符合中医养生理论原料，也有符合现代医学、营养学理论的原料，两类原料要具有配伍的合理性和必要性，针对保健功能适宜人群的生理、病理特点，客观评价产品预期达到的保健功能和科学水平。

二、实验目的

1. 熟悉保健食品的概念与研发设计依据。
2. 掌握固元膏的制作方法。

三、实验设备与材料

1. 设备

高速万能式样粉碎机、多功能料理机、电子天平、温度计、不锈钢刀、不锈钢盆或瓷盆、不锈钢锅、杀菌锅、罐头瓶。

2. 原料

核桃、红枣、黑芝麻、蜂蜜、桂圆、冰糖、黄酒。

四、实验配方

核桃 40%、枣 20%、蜂蜜 10%、桂圆 10%、阿胶 5%、芝麻 10%、黄酒 5%。

五、实验步骤

1. 工艺流程

原料预处理 → 按配方比例混合 → 调配 → 灌装 → 杀菌 → 冷却 → 成品

2. 操作要点

（1）原料预处理

①核桃碎的制备。取配方中一半的核桃仁，放入烘箱中 130℃，烘 20min，使其达到熟化，带有核桃香味，取出冷却，去皮衣，入粉碎机粉碎成粉状。另取一部分没有烘过的核桃切成大米至绿豆大小碎粒，以使核桃在咀嚼过程中能产生核桃香味，且防止其过度氧化，备用。

②红枣泥的制备。将新鲜带核的枣洗净，放入已沸腾的蒸锅中蒸 1h，去皮，去核，用多功能料理机搅拌成枣泥。

③桂圆浆的制备。购买干桂圆，将其去皮，洗净，去核。放入微型高速万能式样粉碎机中粉碎，并隔水放入沸腾的蒸锅中蒸 20～30min，蒸至桂圆肉较软，颜色还未变得过深。

④阿胶的制备。取阿胶，砸碎后置于 100mL 烧杯中，加入少量水置蒸锅中烊化，使溶解，再加入黄酒蒸 10min，使其更加完全成胶状体，趁热加入。

⑤熟芝麻的制备。用小火将平底锅预热，倒入芝麻并不间断的翻炒，直至颜色呈淡黄

色为止，这时芝麻才算炒熟，再用粉碎机将其粉碎成半颗粒状态或更细小的颗粒，放入食品袋备用。

（2）调配、灌装　按配方比例将上述制备好的原料，在无菌环境下调和均匀，灌装密封。

（3）杀菌　将灌装的固元膏蒸汽加热杀菌30min，冷却即得成品。

六、注意事项

1. 因枣泥在空气中极易氧化褐变，所以最好在临用时制备。

2. 注意各种原料制备时，炒制时注意控制火候和时间，避免过火。

1. 保健食品常用的原料都有哪些？我国的保健食品共分多少类？
2. 说明保健食品和一般食品及药品的区别。
3. 根据不同食用人群，设计出2款特定人群用固元膏。

实验四　海带多糖降脂茶的制备

一、知识准备

1. 高脂血症

高脂血症是指血清中胆固醇和甘油三酯含量超标或高密度脂蛋白－胆固醇水平过低等各种血症异常，是目前公认的心脑血管疾病的主要危险因素，同时也是导致脂肪肝的主要病因之一。此外，还与很多种临床常见疾病有着密切的关系。

2. 海带多糖

海带（*Laminaria japonica*），又称昆布，为多年生大型食用藻类，是我国“既是食品又是药品名录”中的药食两用品种，其含有多糖、蛋白质、纤维素、脂肪、矿物质及核酸等，具有极高的食用和药用价值。其中海带多糖是海带中的重要功能性物质。研究发现，海带多糖在降血脂方面具有独特的功能。由于海带藻体组织结构成分主要为纤维质、海藻酸、海带杂多糖和果胶质，致使藻体呈现出较强的韧性，又因人体消化系统缺少消化纤维质和果胶质的酶，直接食用海带所摄取海带多糖的量极少。海带多糖提取后更易于人体吸收，且含有藻聚糖、海藻酸等物质，可覆盖胃黏膜，降低茶中生物碱对胃的损伤，形成良好互补效应。

3. 普洱茶

普洱茶属于发酵后的黑茶，含有茶多酚包括儿茶素类、茶褐素、茶黄素、茶红素、没食子酸、黄酮类、黄烷醇类（儿茶素）、黄烷双醇、酚酸、皂苷类物质、多种维生素和矿物质、氨基酸、糖、生物碱（咖啡碱）、芳香物质、有机酸、金属或稀有元素等许多具有营养、保健和药理作用的化合物。具有独特的化学成分和滋味及良好的保健功效。大量研究表明，普洱茶具有较好的预防高脂血症、减肥和保护心血管及抗氧化等功效。

4. 海带多糖提取方法

海带多糖提取方法有很多种，目前较为常用的有水煮醇沉法、碱提法、酸提法 3 种。其优劣决定于所提取海带多糖含量的多少。水煮醇沉法海带多糖提取率最多可达 10.49%；碱提法多糖提取率可达 76.88%；酸提法多糖提取率可达 35.10%。其中水提醇沉法的产率较低，碱提法的产率最大。水提醇沉法可能因温度过高、水蒸气挥发导致多糖分解或流失；而碱提法中因为用碱量、提取次数、料液比以及含量测定方法的差异，致使海带多糖提取率有较大差异。本实验选择复合酶解法作为海带多糖的提取方法可在获得较高多糖得率的同时避免前述 3 种方法的不足。

5. 质量标准

感官指标：茶汤黄褐色，透明清澈；具有海带和普洱茶的特有香味，清香爽口而不浓郁。

理化指标：水分≤6%；粒度≤20 目；每包质量 3.0g，总多糖量不低于 180mg。

卫生指标：细菌总数 < 100CFU/g；大肠菌群 < 60MPN/kg，霉菌 < 10CFU/g，未检出其他致病菌。

二、实验目的

1. 掌握保健功能原料的简单制备提取工艺流程和方法。
2. 根据要求制作出具有特定保健功能的保健食品，并达到一定的质量标准。

三、实验设备与材料

1. 设备

冷冻离心机、恒温干燥箱、恒温水浴锅、万能粉碎机、电子天平。

2. 原材料

海带、普洱茶末、甘草、中性纤维素酶（2 万 U/g）、木瓜蛋白酶（6 万 U/g）、果胶酶（3 万 U/g）。

四、实验配方

海带多糖浓缩液（1.2g/mL）、普洱茶、甘草的质量比为 35∶20∶3。

五、实验步骤

1. 工艺流程

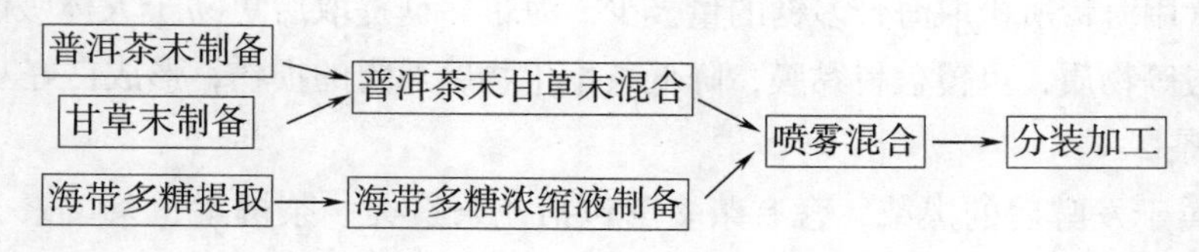

2. 操作要点

（1）普洱茶末的制备　用粉碎机将适量普洱茶粉碎后过 20 目筛备用。

（2）甘草末的制备　用粉碎机将适量甘草粉碎后过20目筛备用。

（3）海带多糖的提取　取海带适量清洗烘干，并用粉碎机将其粉碎后备用。以纤维素酶、果胶酶和木瓜蛋白酶各1g，配制酶解液，调试pH到6.0，设置温度50℃，称取海带粉100g加入其中，酶提3h。将海带多糖提取液在4℃下冷冻离心5min，转速为4000r/min。离心后将上清液在旋转蒸发仪上浓缩至溶液浓度为1.2g/mL，即得海带多糖浓缩液。

（4）茶末甘草混合　称取已制备的普洱茶末20g，甘草末3g，充分混合配制成茶末甘草混合物。

（5）再将海带多糖浓缩液30mL喷洒到茶末甘草混合物上，充分拌匀浸润后，于55℃下真空干燥4h，即得成品。

（6）分装加工　可以将干燥后的成品进一步分装为每包3.0g的即溶茶包，以250mL100℃水冲泡后饮用。

六、注意事项

1. 注意海带多糖与普洱茶的配比，既要避免茶的涩味过于明显，又要避免海带腥味，而应使成品的茶香中兼有海带清香，无茶涩味，二者相得益彰。

2. 茶末甘草混合应尽量充分，且要与海带多糖浓缩液充分、均匀接触浸润。

思考题

1. 保健食品配方一般选择多少种原材料合适?
2. 若将配方中的普洱茶换成绿茶或铁观音茶等在感官和效果上可能会有怎样的变化和差异?
3. 比较茶包冲泡饮用时不同浸泡时间的感官差异，进而对消费者提出饮用建议?

实验五　减肥代餐粉的制备

一、知识准备

1. 肥胖及判断标准

一般通过身体质量指数BMI判断，依据《中国成人超重和肥胖症预防控制指南》，规定超重为24≤BMI<28，肥胖为BMI>28。限制饮食是减肥最主要的方式之一。

2. 大麦苗及植物酵素

大麦苗因含有丰富的营养物质，包括蛋白质、维生素、多种矿物质元素等人体必需的营养，也包括SOD等活性酶、叶绿素、多酚类等抗氧化物质和纤维素成分等多种功能成分，在很多方面有益于人体健康，而被开发成为功能食品，现在我国已允许其作为普通食品食用。

植物酵素是指以果蔬、谷物、植物类中药材等为原料，经益生菌发酵而产生的，含有丰富的酶、维生素、矿物质和次级代谢产物的微生物制剂，营养保健成分包括功各种酶、抗氧化类物质、风味物质，如芳香类化合物、多糖等。

3. 代餐粉

“代餐”，就是取代部分或全部正餐的一类食品，是目前正在兴起的一种减肥方式。代餐中通常都含有丰富的膳食纤维，膳食纤维不被人体吸收利用，同时还能使人体产生饱腹感，通过肠道排出时，还可以黏附一些脂肪类的物质，从而起到减少能量摄入的作用。多数代餐产品还通过添加富含维生素、矿物质、蛋白质等人体必需营养物质的原料来强化其营养，达到减肥的目的的同时保持人体健康。

4. 成品感官评价

色泽青绿，有麦草香气，味道较可口，苦味较淡，有一定的麦苗酵素固有味道，冲泡后迅速溶解不结块，黏稠度适中，口感细腻，整体感觉较好。

二、实验目的

1. 了解酵素的简单制作工艺流程和方法。
2. 熟悉减肥代餐粉的配制原则、代表性处方及其配制方法。

三、实验设备与材料

1. 设备

冷冻柜、高速粉碎机、高压灭菌器、恒温培养箱、高速离心机、喷雾干燥机。

2. 材料

大麦青叶、大豆纤维粉、苹果纤维粉、魔芋精粉、麦芽糊精、鱼胶原蛋白、六偏磷酸钠、氯化锌、亚硫酸氢钠、维生素 C、柠檬酸、硫酸镁、蔗糖、纤维素酶、木糖醇、酿酒酵母、植物乳杆菌。

四、实验配方

大豆纤维粉 33%、魔芋精粉 30%、酵素粉 23%、苹果粉 5%、鱼胶原蛋白 7%、六偏磷酸钠 0.5%、氯化锌 0.3%、柠檬酸 0.6%、木糖醇 0.6%。

五、实验步骤

1. 工艺流程

冷冻大麦苗 → 切碎匀浆 → 酶解 → 调配，灭菌 → 接种酿酒酵母 → 恒温发酵 → 接种植物乳杆菌 → 恒温发酵 → 麦苗酵素原液 → 浓缩 → 添加助干剂 → 均质 → 喷雾干燥 → 麦苗酵素粉

魔芋精粉 → 超微粉碎 → 超微魔芋精粉

代餐粉配方成分 → 混匀 → 杀菌 → 冷却 → 分装 → 成品

2. 操作要点

(1) 麦苗酵素的制备

①大麦苗切碎匀浆。将100g大麦青叶清洗干净，90℃烫漂2min，然后放置在护色溶液(含0.50%的亚硫酸氢钠、0.02%的维生素C和0.05%的柠檬酸)中10min，用清水冲洗，加500mL水匀浆后过80目筛，取浆液旋转蒸发浓缩至可溶性固形物含量3.0%，均质。

②酶解。纤维素酶添加量为1200U/mL，pH为5.2、55℃下酶解3h。

③调配、灭菌。向大麦酶解液中加入酵母膏0.2%、硫酸镁0.1%、氯化锌0.1%，加水至1000mL并添加蔗糖60g，初始pH为4.0。以0.8×10^5Pa灭菌25min。

④接种酿酒酵母及恒温发酵。按0.4%接种酿酒酵母到发酵基质中，于32℃恒温培养箱中发酵18h，定期通风。然后将得到的发酵液pH调6.3，在37℃条件下，接种1.5%植物乳杆菌，发酵24h，即得麦苗酵素原液。

⑤加入助干剂麦芽糊精(添加比为发酵液中的固形物：助干剂=1:1)，麦苗酵素浓缩至固形物含量9%，采用喷雾干燥，或采用真空冷冻干燥法得到粉状制品。

(2) 魔芋精粉的制备　市售魔芋精粉平均粒径为14.0μm，而本实验中代餐粉的其他原料粒径均在25~65μm，魔芋精粉的粒度较大会影响代餐粉溶解性和黏稠度，因此需通过超微粉碎技术将其制备成粒径更小的魔芋精粉，以改善代餐粉的品质。将魔芋精粉与粉碎球按照1:4的质量比混合添加到冲击磨中，冷循环系统中冷却液(5%甘油水溶液)降温至0~5℃，冲击震动频率为150~200Hz，时间为8~10h。即可得到粒度为38~40μm超微魔芋精粉。

(3) 代餐粉的调配　大豆纤维粉33%、魔芋精粉30%、酵素粉23%、苹果纤维粉5%、鱼胶原蛋白7%、六偏磷酸钠0.5%、氯化锌0.3%、柠檬酸0.6%、木糖醇0.6%。按此配方将各原料调配混匀制得的麦苗酵素代餐粉。

(4) 杀菌　将调配好的代餐粉经100℃烘烤20min。

(5) 代餐粉的分装　按15g一份分装成袋。一次1~2袋(15g)加入300mL温水搅匀，即可代餐食用。

六、注意事项

1. 发酵过程要严格把控条件，做好灭菌工作，防止杂菌污染。
2. 本实验所制代餐粉主要针对单纯性肥胖人群，病理原因导致肥胖者不宜盲目使用。
3. 本代餐粉可代替三餐或早晚餐，其余一餐饮食以清淡为主。

思考题

1. 大麦苗本身也是功能食品，可以直接干燥粉碎作为代餐粉原料，而将其制成植物酵素形式，有什么好处?
2. 对自制的代餐粉进行客观的感官评价，并提出口味及风味改进建议。
3. 如何个性化地制定出一份阶梯(逐渐调适递减剂量)的代餐粉建议?

实验六　叶黄素护眼咀嚼片的制备

一、知识准备

1. 视疲劳

随着计算机、手机日益成为人们生活和工作的必需品，用眼方式发生了很大的变化，视疲劳患者急剧增加，并且趋于年轻化、低龄化。近年报批成功缓解视疲劳的保健食品近九成使用了叶黄素作为功效成分。

2. 护眼食材

叶黄素是一种类胡萝卜素，具有防治多种疾病的功能，如清除自由基、阻止脂质的过氧化，延缓老年期动脉粥样硬化的形成、预防老年性黄斑衰退、减低蓝光对视网膜的损伤、调节人体免疫力等。叶黄素在功能食品和药品中的应用非常普遍，是一类具有良好应用前景的保健食品功能因子。叶黄素的每曰推荐摄入量集中在5.36~16.12mg。

蓝莓、黑加仑

蓝莓、黑加仑含有极其丰富的花青素，可以促进视网膜细胞中的视紫质再生，具有预防近视，增进视力的作用。

3. 咀嚼片

咀嚼片是指在口腔中经咀嚼后吞服的片剂。口服后在胃肠道中或经胃肠吸收而发挥全身系统性作用。咀嚼片应具备适宜的硬度和口感，因此处方中除稀释剂、黏合剂外通常加入矫味剂来改善口感；可吞服、咀嚼或含服用，不受服药时间和地点的限制。咀嚼片常用于药品、食品营养补充剂、保健食品生产中。

二、实验目的

1. 掌握咀嚼片的制作方法。
2. 掌握缓解视疲劳保健食品的开发制作。

三、实验设备与材料

1. 设备

万能粉碎机、冷冻干燥器、真空旋转干燥仪、鼓风干燥箱、电子天平、压片机。

2. 材料

叶黄素酯、牛磺酸、黑加仑、蓝毒、氯化钠、乳糖、甘露醇、柠檬酸、葡萄香精、硬脂酸镁、乙醇。

四、实验配方

叶黄素3g、牛磺酸5g、黑加仑10g、蓝莓10g、乳糖5g、甘露醇20g、柠檬酸0.25g、葡萄香精0.2g、硬脂酸镁0.4g。

五、实验步骤

1. 工艺流程

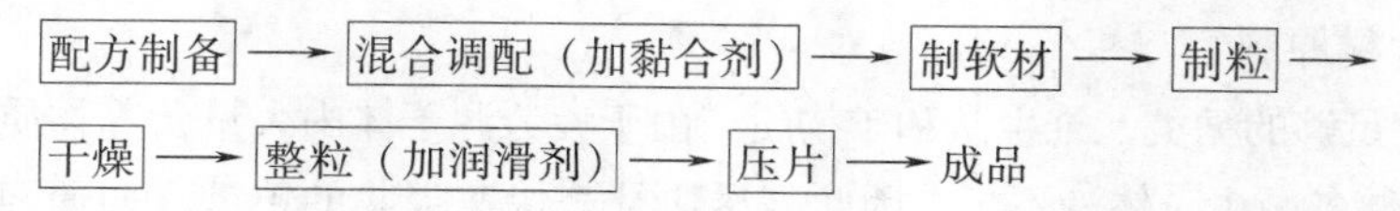

2. 操作要点

（1）配料制备　将黑加仑20g、蓝莓20g冷冻干燥、粉碎，另将牛磺酸5g、乳糖、甘露醇、柠檬酸、硬脂酸镁分别用研钵研粉，过80目筛。

（2）混合调配、制软材及制粒　按处方量称取甘露醇、乳糖混合均匀，加入叶黄素3g、牛磺酸5g、黑加仑粉8g、蓝莓粉8g、乳糖5g、甘露醇20g、柠檬酸0.25g，混合均匀，加入90%乙醇溶液，过16目筛制粒，放入干燥箱干燥30min，取出过14目筛，得干颗粒。

（3）压片　将硬脂酸镁0.4g加入制得的干粒中，充分混合均匀，压片。

六、注意事项

1. 此实验中乳糖和甘露醇比例为1∶4，制得的片剂口感较好，且性状稳定。配比不当则可能使软材过黏，颗粒大小不均或干燥后较硬。通过润滑剂的剂量可以调整咀嚼片的硬度，硬度太大时，不易嚼碎，硬度太小时在储存及携带时易碎，所以润滑剂使用量要适当。

2. 咀嚼片制剂中，应注意辅料配比，一般而言主辅料质量比以1∶1为宜。

1. 眼疲劳（视疲劳）与近视眼、老花眼、弱视一样吗？是否也需要配合戴眼镜？
2. 叶黄素主要分布于哪些种类的天然植物中？它们的存在形式是什么？
3. 咀嚼片压片的关键技术有哪些？

实验七　抗疲劳保健饮品的制备

一、知识准备

1. 疲劳及产生机制

疲劳是一种涉及许多生理生化因素的综合性生理过程，是人体脑力或体力活动到一定阶段时必然出现的一种正常生理现象。疲劳对人来说是一种保护性的机制，它向我们提示机体需要休息，是一种常见的生理性现象。它既标志着机体原有工作能力的暂时下降，但也可以是机体在疾病前期和后期最常见的伴随表现。

2. 抗疲劳食品

严格地说，抗疲劳食品有两大类，第一类是专为运动员食用的抗疲劳食品，也称为运动食品，是一类特殊的保健食品。第二类抗疲劳食品主要是针对一般劳动者，使容易出现疲劳的人群和强体力劳动者尽快恢复体力的食品。

抗疲劳食材原料：

(1) 补充足够的糖类、维生素和矿物质　由于疲劳源于体内大量营养物质消耗，产生能量缺乏，矿物质储备减少，体液不足，因此需尽快补充快速吸收的单糖，如葡萄糖、果糖、半乳糖；各种无机盐，特别是钾、钠、钙、镁等；各种维生素，有利于有效增加机体活力。

(2) 传统滋补食品　我国传统的滋补类食品，一般营养丰富，且容易吸收利用，对补充体能，抗御疲劳有较好作用，已经被实践所证实。

甲鱼、蜂王浆、蜂胶、乌鸡、蚕蛹、如黄芪、人参、冬虫夏草都是传统的滋补食品，现都有产品开发，这方面的深度开发仍然大有可为。

3. 蓝莓概述

蓝莓营养丰富，富含多种有机酸和氨基酸，经检测蓝莓汁中有 19 种氨基酸，其中含人体必需氨基酸八种，具有较高的药用保健价值和生理活性。

二、实验目的

1. 了解常见抗疲劳食材原料，能够合理配伍，设计抗疲劳配方。
2. 根据要求制作出具有特定保健功能的保健食品，并达到国家标准的相关要求。

三、实验设备与材料

1. 设备

超净工作台、粉碎机、数显恒温水浴锅、多管架平衡低速离心机、打浆机、磁力搅拌器、高压均质机、循环水式多用真空泵、锡纸。

2. 材料

晒干人参、蓝莓、蜂蜜、纯净水、山梨糖醇、柠檬酸。

四、实验配方

人参 10g，新鲜蓝莓 40g，山梨糖醇 10g，白砂糖 10g，蜂蜜 10g，柠檬酸 0.25g，纯净水。

五、实验步骤

1. 工艺流程

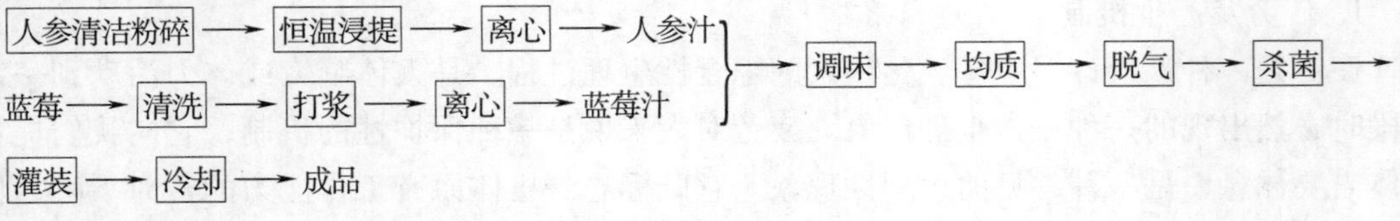

人参清洁粉碎 → 恒温浸提 → 离心 → 人参汁
蓝莓 → 清洗 → 打浆 → 离心 → 蓝莓汁
（人参汁、蓝莓汁）→ 调味 → 均质 → 脱气 → 杀菌 → 灌装 → 冷却 → 成品

2. 操作要点

(1) 人参汁制备　先将人参打磨成粉末状，然后进行水煎煮。将干人参在粉碎机中粉碎 3min，称取人参粉末 10g 于洁净烧杯中，加入 200mL 纯净水，然后将覆盖锡纸的烧杯

放置于恒温水浴锅中，设定温度100℃、加热时间3h，煎煮过后需要用纯净水补充至200mL，将最后得到的浑浊液冷却至室温，再用离心机离心，离心条件为8000r/min，温度为4℃，时间为10min。取最终的上清液备用。终得汁200mL为宜，不足以纯净水补足。

（2）蓝莓汁制备　新鲜蓝莓40g用纯净水清洗，待表面水分挥发之后，放入打浆机中，300mL的纯净水，用打浆机打浆。将悬浊液离心，离心条件为8000r/min，4℃，持续10min，取上清液备用。终得汁300mL为宜，不足以纯净水补足。

（3）调味　将人参汁、蓝莓汁共500mL加入搅拌器，再分别加入山梨糖醇10g，白砂糖10g，蜂蜜10g，柠檬酸0.25g，搅拌混匀。

（4）均质脱气　高压均质机均质，要求压力20MPa，温度为50~60℃。以真空泵脱气，真空度60~80kPa，温度40~50℃。

（5）杀菌　将均质后的人参蓝莓汁经100℃、15min杀菌。

（6）灌装　趁热人工灌装入消毒准备好的玻璃包装瓶，生产上可采用机械灌装。

（7）冷却　分段冷却，80℃→60℃→40℃。

六、注意事项

1. 中医认为，人参大补元气，主要适宜身体虚弱者、气血不足者、气短者、贫血者、神经衰弱者。而发热、上火，以及中医辨证属于实热证、湿热证及正气不虚者不宜服用或减量服用。

2. 此实验中未采用浓缩、澄清工艺，因而允许成品中有少许固体或絮状成分。

3. 蓝莓未采用护色、抑制褐变等工艺，因而实验过程应连续完成，实验中间及成品不宜存放时间过长。

思考题

1. 保健食品饮料针对不同状况的群体、个体如何确定最适合的饮用剂量?
2. 含有药效功用成分如人参的保健食品，是否适合于运动员？有无好的解决办法?
3. 如何解决保健食品饮料突出功效和保留食品感官性状之间的矛盾?

第十二章

应用营养学实验

营养学是研究食品与人体健康关系的一门科学。它是随着生理学、生物化学、病理学、医学、公共卫生学等多种学科的发展而逐步成长为一门的独立学科。食品营养学是我系食品科学与营养学专业的一门重要的专业基础课程。本实验是为配合理论课教学而设立的一门实验课程。

合理营养，首先必须客观地了解人们的营养状况，并且对其做出正确的评价。营养学实验正是从营养调查入手，包括膳食调查、临床体格体征检查和实验室生化指标检查三个方面，结合营养学的理论来评价人体营养状况的。

通过营养学实验，可使学生在深化对理论课学习的同时，学习和掌握营养调查和营养状况评价，并且通过实验培养学生具有一定的科学工作能力以及严谨的科学作风，以期为今后的学习和工作奠定必要的基础。

实验一　营养配餐设计与食谱制定

一、知识准备

编制营养食谱总的原则是满足平衡膳食及合理营养的要求，并同时满足膳食多样化的原则。营养食谱的制订方法有多种，有常规计算法、食品交换份法和营养软件法等。实际应用中，可将计算法与食品交换法结合。首先用计算法确定食物的需要量，然后用食物交换份法确定食物种类和数量，通过同类食物的互换，可设计出一周、一月食谱。

二、实验目的

1. 了解食谱编制原则，学会利用食品交换法对不同人群进行一日营养配餐与设计。
2. 学会对食谱进行合理评价并熟悉调整食谱的方法。

三、实验原理

食品交换法（90 千卡换算法）是在食物成分表或营养计算图的基础上设计的一种选食办法。它先将常用食物按其营养素量的近似值归类，计算出每类食物每份所含的营养素值，然后将每类食物的内容，每单位数量列出表格供交换使用。最后，根据不同热能需要，按蛋白质、脂肪、碳水化合物的合理分配比例，计算出各类食物的交换份数和实际重量，并按每份食物等值交换表选食，一般都能达到合理而又平衡的膳食结构。

四、材料与试剂

上机操作。学生根据自己的情况和需求（如减肥、健身、特殊生理期等）设计一日营养食谱并进行调整。

五、实验步骤

1. 利用食品交换法搭配一日营养食谱。

（1）查表或计算所需摄入的能量。

（2）查交换份数与数量表。

（3）利用食物交换份表选用食物。

（4）将选用的食物搭配到一日三餐中。

2. 对制定的食谱进行评价

（1）按食物类别将食物分类，并列出每种食物的数量。

（2）算出每种食物所含营养素的量。

（3）将所用食物中的各种营养素分别累计相加，算出一日食谱中各种营养素总量。

（4）将计算结果与 DRIs 中同年龄同性别人群的水平比较，进行评价。

（5）根据蛋白质、脂肪、碳水化合物的产热系数，分别计算出此三种产热营养素提供的能量及占总能量的比例。

（6）计算出动物性及豆类蛋白质占总蛋白质的比例。

（7）计算三餐提供能量的比例。

3. 食谱的评价总结与调整

食谱的评价包括以下几个方面。

（1）食谱中所含五大类食物是否齐全，是否做到了食物种类的多样化？

（2）各类食物的量是否充足？

（3）全天能量和营养素摄入是否适宜？

（4）三餐能量摄入分配是否合理，早餐是否保证了能量和蛋白质的供应？

（5）优质蛋白质占总蛋白质的比例是否适当？

（6）三种产能营养素（蛋白质、脂肪、碳水化合物）的供能比例是否适宜？

六、结果计算

利用 excel 表格进行计算。

七、注意事项

评分标准如下：

1. 独立完成相应的一日食谱　　30 分
2. 一日食谱设计符合相应的人群的营养需求　　30 分
3. 所设计的食谱达到平衡膳食的要求　　20 分
4. 所设计的食谱实际应用性强　　10 分
5. 所设计的食谱选择科学的烹饪方法　　10 分

思考题

1. 平衡膳食的主要要求体现在哪几个方面?
2. 食谱编制有哪些方法?

实验二　孕妇及乳母的营养配餐设计与食谱制定

一、知识准备

编制营养食谱总的原则是满足平衡膳食及合理营养的要求，并同时满足膳食多样化的原则。营养食谱的制订方法有多种，有常规计算法、食品交换份法和营养软件法等。实际应用中，可将计算法与食品交换法结合。首先用计算法确定食物的需要量，然后用食物交换份法确定食物种类和数量，通过同类食物的互换，可设计出一周、一月食谱。

孕妇和乳母作为特殊生理阶段的人群，有特殊的营养需求。其中孕妇又分孕早期、孕中期和孕晚期。

二、实验目的

1. 了解食谱编制原则，熟悉孕妇及乳母的营养需求，学会利用食品交换法对不同人群进行一日营养配餐与设计。
2. 学会对食谱进行合理评价并熟悉调整食谱的方法。

三、实验原理

食品交换法（90 千卡换算法）是在食物成分表或营养计算图的基础上设计的一种选食办法。它先将常用食物按其营养素量的近似值归类，计算出每类食物每份所含的营养素值，然后将每类食物的内容，每单位数量列出表格供交换使用。最后，根据不同热能需要，按蛋白质、脂肪、碳水化合物的合理分配比例，计算出各类食物的交换份数和实际重量，并按每份食物等值交换表选食，一般都能达到合理而又平衡的膳食结构。

四、材料与试剂

上机操作。学生对下列人群以抽签形式选一进行设计食谱和调整食谱。

1. 孕早期妇女营养食谱设计
2. 孕中期妇女营养食谱设计
3. 孕晚期妇女营养食谱设计
4. 乳母营养食谱设计

五、实验步骤

1. 利用食品交换法给目标人群搭配一日营养食谱。

（1）查表或计算所需摄入的能量。

（2）查交换份数与数量表。

（3）利用食物交换份表选用食物。

（4）将选用的食物搭配到一日三餐中。

2. 对制订的食谱进行评价

（1）按食物类别将食物分类，并列出每种食物的数量。

（2）算出每种食物所含营养素的量。

（3）将所用食物中的各种营养素分别累计相加，算出一日食谱中各种营养素总量。

（4）将计算结果与 DRIs 中同年龄同性别人群的水平比较，进行评价。

（5）根据蛋白质、脂肪、碳水化合物的产热系数，分别计算出此三种产热营养素提供的能量及占总能量的比例。

（6）计算出动物性及豆类蛋白质占总蛋白质的比例。

（7）计算三餐提供能量的比例。

3. 食谱的评价总结与调整

食谱的评价包括以下几个方面。

（1）食谱中所含五大类食物是否齐全，是否做到了食物种类的多样化？

（2）各类食物的量是否充足？

（3）全天能量和营养素摄入是否适宜？

（4）三餐能量摄入分配是否合理，早餐是否保证了能量和蛋白质的供应？

（5）优质蛋白质占总蛋白质的比例是否适当？

（6）三种产能营养素（蛋白质、脂肪、碳水化合物）的供能比例是否适宜？

六、结果计算

利用 excel 表格进行计算。

七、注意事项

评分标准如下：

1. 独立完成相应的一日食谱　　30 分
2. 一日食谱设计符合相应的人群的营养需求　　30 分
3. 所设计的食谱达到平衡膳食的要求　　20 分
4. 所设计的食谱实际应用性强　　10 分
5. 所设计的食谱选择科学的烹饪方法　　10 分

思考题

1. 孕早期、孕中期、孕晚期的营养需求是什么？请详细说明。
2. 乳母的营养需求是什么？对烹饪方法有什么要求？

实验三　糖尿病老年患者的营养配餐设计与食谱制定

一、知识准备

编制营养食谱总的原则应满足平衡膳食及合理营养的要求，并同时满足膳食多样化的原则。营养食谱的制订方法有多种，有常规计算法、食品交换份法和营养软件法等。实际应用中，可将计算法与食品交换法结合。首先用计算法确定食物的需要量，然后用食物交换份法确定食物种类和数量，通过同类食物的互换，可设计出一周、一月食谱。

糖尿病患者治疗食谱的原则就是指控制总热卡量的摄入，保障必要的蛋白质摄入，恰当地限制脂肪的摄入量，以利于降糖、降脂，使患者通过综合治疗措施使血糖、血脂达到理想水平，体重接近或达到标准体重水平，以利于预防和延缓糖尿病的慢性病变发生。

二、实验目的

1. 了解食谱编制原则，熟悉糖尿病人的营养需求，熟悉老年营养需求，学会利用食品交换法对不同人群进行一日营养配餐与设计。

2. 学会对食谱进行合理评价并熟悉调整食谱的方法。

三、实验原理

食品交换法（90 千卡换算法）是在食物成分表或营养计算图的基础上设计的一种选食办法。它先将常用食物按其营养素量的近似值归类，计算出每类食物每份所含的营养素值，然后将每类食物的内容，每单位数量列出表格供交换使用。最后，根据不同热能需要，按蛋白质、脂肪、碳水化合物的合理分配比例，计算出各类食物的交换份数和实际重量，并按每份食物等值交换表选食，一般都能达到合理而又平衡的膳食结构。

四、材料与试剂

上机操作。学生对下列人群以抽签形式选一进行设计食谱和调整食谱。

1. 60 岁老年女性糖尿病人营养食谱设计
2. 60 岁老年男性糖尿病人营养食谱设计
3. 70 岁老年女性糖尿病人营养食谱设计
4. 70 岁老年男性糖尿病人营养食谱设计

五、实验步骤

1. 利用食品交换法给目标人群搭配一日营养食谱。

（1）查表或计算所需摄入的能量。

（2）查交换份数与数量表。

（3）利用食物交换份表选用食物。

（4）将选用的食物搭配到一日三餐中。

2. 对制定的食谱进行评价

（1）按食物类别将食物分类，并列出每种食物的数量。

（2）算出每种食物所含营养素的量。

（3）将所用食物中的各种营养素分别累计相加，算出一日食谱中各种营养素总量。

（4）将计算结果与 DRIs 中同年龄同性别人群的水平比较，进行评价。

（5）根据蛋白质、脂肪、碳水化合物的产热系数，分别计算出此三种产热营养素提供的能量及占总能量的比例。

（6）计算出动物性及豆类蛋白质占总蛋白质的比例。

（7）计算三餐提供能量的比例。

3. 食谱的评价总结与调整

食谱的评价包括以下几个方面：

（1）食谱中所含五大类食物是否齐全，是否做到了食物种类的多样化？

（2）各类食物的量是否充足？

（3）全天能量和营养素摄入是否适宜？

（4）三餐能量摄入分配是否合理，早餐是否保证了能量和蛋白质的供应？

（5）优质蛋白质占总蛋白质的比例是否适当？

（6）三种产能营养素（蛋白质、脂肪、碳水化合物）的供能比例是否适宜？

六、结果计算

利用 excel 表格进行计算。

七、注意事项

评分标准如下：

1. 独立完成相应的一日食谱　　30 分
2. 一日食谱设计符合相应的人群的营养需求　　30 分
3. 所设计的食谱达到平衡膳食的要求　　20 分
4. 所设计的食谱实际应用性强　　10 分
5. 所设计的食谱选择科学的烹饪方法　　10 分

思考题

1. 糖尿病患者的营养需求和禁忌是什么？
2. 老年男性和女性的营养需求有什么特点？如何选择适合的烹饪方式？

实验四　膳食调查与营养分析

一、知识准备

膳食调查既要了解在一定时间内该调查对象通过膳食所摄入的热量及各种营养素多

寡。从而评定个体营养状况。进一步了解不同人群的营养状况，制定相应营养政策，从而使社会总体营养水平得以改善。这一点日本做得较早，由厚生省负责，每十年进行一次全国大规模的膳食调查。从全日本的300个地区抽样，6000个家庭，共2万人在10月份除节假日外的连续3日调查其营养摄入。这种调查，对确定一个国家的膳食结构是很有帮助的。膳食结构不仅可反映出人们的饮食习惯，生活水平，也可反映出一个国家的人地比例，国民经济水平及农业发展状况。

目前世界上三种典型膳食结构。日本：供热水平低，其中以淀粉为主；蛋白质供给中，植物、动物来源各占一半；果、蔬、糖、油供给适度。欧美：高热量、高脂肪、高蛋白膳食。发展中国家：热量基本够用，质量不高，动物性食物不足，蛋白质和脂肪缺少——属营养不足型。我国热量供给稍高。

膳食调查的方法主要有称量法、记账法、询问法和化学分析法等。其中询问法是一种根据被调查对象提供的膳食组成来评价其膳食营养状况的一种方法。这种方法虽具有结果不十分准确、误差相对较大的缺点，但是由于该法工作简便，十分适合于家庭和个人。

二、实验目的

1. 了解膳食调查的营养学意义。
2. 掌握膳食调查的实验方法及数据统计。

三、实验原理

针对实验者本人，记录连续五日每餐的食物种类及重量。用营养计算器统计实验者本人实验期间摄入的各种营养素的摄入量及总热量摄入等营养学重要参数，比对RNI标准数值，获得实验者本人大致的膳食营养状况。

四、材料与试剂

1. 实验材料

营养计算器（网络计算工具）

2. 实验对象

实验者本人

五、实验步骤

1. 连续五天记录每日三餐的进食内容，尽量准确的记录食物名称、重量，记录在“表12-4 食物摄取记录表”中。

2. 记录完成之后，依据《中国食物成分表2016》，将调查对象在调查期间所摄入的全部同类食物相加，除以调查时间，计算平均每人每日各类食物的摄入量，填入“表12-5 每人每日营养素摄入量计算表”中。

3. 下载或者安装营养素计算器软件。将表12-5中的数据输入软件，计算出热量每日供给量，及膳食结构的其他参数，将最终统计结果填入“表12-6 膳食调查结果统计表”中。

4. 在评价膳食营养是否合理时，《中国食物成分表》和《中国居民膳食营养素推荐摄入量》是我们进行营养评价的主要依据。我们可以用调查结果经过计算，并与之相比，通过以下几个方面来评价调查对象膳食构成的合理性。

①食物构成；
②热量供给；
③蛋白质摄入；
④碳水化合物、脂肪和膳食纤维的摄入；
⑤矿物质和微量元素的补充；
⑥维生素的摄取；
⑦膳食改善建议

六、结果计算

1. 热能的食物来源

表 12－1　热能的食物来源

	谷类	豆类	其他植物性食物	动物性食物
热量/kcal				
占总热量/%				

2. 热量营养素供能分布比例

$$蛋白质供能（\%）=\frac{蛋白质供能}{每日总摄入能量}\times 100\%$$

$$脂肪供能（\%）=\frac{脂肪供能}{每日总摄入能量}\times 100\%$$

$$糖类供能（\%）=\frac{糖类供能}{每日总摄入能量}\times 100\%$$

3. 每日每餐食物能量分配

$$早餐供能（\%）=\frac{早餐热能摄入量}{每日总摄入能量}\times 100\%$$

$$午餐供能（\%）=\frac{午餐热能摄入量}{每日总摄入能量}\times 100\%$$

$$晚餐供能（\%）=\frac{晚餐热能摄入量}{每日总摄入能量}\times 100\%$$

4. 蛋白质食物来源分布

（1）蛋白质的食物来源

表 12－2　蛋白质的食物来源

	谷类	豆类	其他植物性食物	动物性食物
摄入量/g				
占总摄入量/%				

（2）优质蛋白质含量百分比

$$优质蛋白质（\%）=\frac{动物蛋白质+豆类蛋白质}{总蛋白质}\times 100\%$$

（3）脂肪的食物来源分布

表 12－3 脂肪的食物来源分布

	动物性食物	植物性食物
摄入量/g		
占总摄入量/%		

七、注意事项

1. 每餐烹饪用的植物油务必统计。可按营养学一日平均用量为参考量，按照个人具体情况酌情增减。否则将出现总热量摄入不足的情况。

2. 每餐烹饪用的食用盐务必统计，可按营养学一日平均用量为参考量，按照个人具体情况酌情增减。

思考题

结合本次实验结果及个人的饮食、生活习惯讨论实验者本人的膳食营养情况。

八、附表

表 12－4 食物摄取记录表

日期	餐别	饭菜名称	食物名称	净摄入量

表 12 –5　　　　每人每日营养素摄入量计算

食物名称	重量/g	能量/kcal	蛋白质/g	脂肪/g	糖类/g	膳食纤维/g	视黄醇当量/μg	硫胺素/mg	核黄素/mg	烟酸/mg	抗坏血酸/mg	Ca/mg	P/mg	Fe/mg	Zn/mg
平均每人每日量															

表 12 –6　　　　膳食调查结果统计表

<table>
<tr><td rowspan="3">调查对象基本情况</td><td>姓名</td><td colspan="3"></td><td colspan="2">性别</td><td></td><td colspan="2">年龄</td><td colspan="2"></td><td colspan="2">调查日期</td><td colspan="3"></td></tr>
<tr><td>劳动强度</td><td colspan="6"></td><td colspan="2">饮食习惯</td><td colspan="7"></td></tr>
<tr><td>食欲</td><td colspan="6"></td><td colspan="2">嗜好</td><td colspan="7"></td></tr>
<tr><td rowspan="4">调查期间营养素摄入情况</td><td>营养素</td><td>能量/kcal</td><td>蛋白质/g</td><td>脂肪/g</td><td>糖类/g</td><td>膳食纤维/g</td><td>视黄醇当量/μg</td><td>硫胺素/mg</td><td>核黄素/mg</td><td>烟酸/mg</td><td>抗坏血酸/mg</td><td>Ca/mg</td><td>P/mg</td><td>Fe/mg</td><td>Zn/mg</td><td></td></tr>
<tr><td>摄入量</td><td></td><td></td><td></td><td></td><td></td><td></td><td></td><td></td><td></td><td></td><td></td><td></td><td></td><td></td><td></td></tr>
<tr><td>RNI</td><td></td><td></td><td></td><td></td><td></td><td></td><td></td><td></td><td></td><td></td><td></td><td></td><td></td><td></td><td></td></tr>
<tr><td>%</td><td></td><td></td><td></td><td></td><td></td><td></td><td></td><td></td><td></td><td></td><td></td><td></td><td></td><td></td><td></td></tr>
<tr><td rowspan="4">调查期间能量摄入情况</td><td colspan="5">每餐热能供应比例</td><td colspan="6">热量食物来源及分布</td><td colspan="5">热量营养素来源及分布</td></tr>
<tr><td colspan="2"></td><td>早餐</td><td>中餐</td><td>晚餐</td><td></td><td>谷类</td><td>豆类</td><td colspan="2">其他植物性食物</td><td>动物性食物</td><td colspan="2"></td><td>蛋白质</td><td>脂肪</td><td>糖类</td></tr>
<tr><td colspan="2">用餐时间</td><td></td><td></td><td></td><td>摄入量</td><td></td><td></td><td colspan="2"></td><td></td><td colspan="2">摄入量</td><td></td><td></td><td></td></tr>
<tr><td colspan="2">供能比例</td><td></td><td></td><td></td><td>%</td><td></td><td></td><td colspan="2"></td><td></td><td colspan="2">%</td><td></td><td></td><td></td></tr>
<tr><td rowspan="4">调查期间蛋白质脂肪摄入情况</td><td colspan="7">蛋白质来源及分布</td><td colspan="4">脂肪来源及分布</td><td rowspan="4">备注</td><td colspan="4" rowspan="4">调查者：
日　期：</td></tr>
<tr><td></td><td>谷类</td><td>豆类</td><td colspan="2">其他植物性食物</td><td colspan="2">动物性食物</td><td colspan="2"></td><td>动物性食物</td><td>植物性食物</td></tr>
<tr><td>摄入量</td><td></td><td></td><td colspan="2"></td><td colspan="2"></td><td colspan="2">摄入量</td><td></td><td></td></tr>
<tr><td>%</td><td></td><td></td><td colspan="2"></td><td colspan="2"></td><td colspan="2">%</td><td></td><td></td></tr>
</table>

实验五　营养状况的体格体征检查与评价

一、知识准备

身体的生长发育和正常身体形态的维持，不仅受遗传和环境因素的影响，更重要的是受营养因素的制约。因此，营养状况的体格体征检查在营养调查中具有重要意义。进行营养状况体格体征检查的目的在于检查受试者的营养状况在生长发育和某些生理功能方面的反映以及营养缺乏症的重要体征。它包括身体测量，临床体格功能检查及营养缺乏症临床体征检查三个部分。

身体测量和临床体格功能检查可以通过身高、体重、皮下脂肪厚度、肺活量、血压、脉搏等常用的生长发育和生理功能指标来了解受试者的营养状况，进行营养缺乏症体征检查，则可以根据临床体征来诊断营养缺乏症。

应当指出的是，营养状况的体格体征检查可反映人体较长时期的营养状况。在这个相对较长的时期内，可能影响到体格体征的因素并非只限于营养状况，尤其是营养缺乏体征的表现和严重程度更与营养素缺乏的种类、数量及时间有密切关系，一些体征也并非是特异性的症状。

因此，我们不可以仅根据体格体征检查的结果来评判受试者的营养状况，而是要将其与膳食调查和营养状况的实验室生化检测的结果相结合来进行全面的衡量。对于体征检查中发现的营养缺乏症状也应当通过治疗性诊断加以确诊，以排除与营养素缺乏无关的类似体征，从而得出正确的判断和结论。

二、实验目的

1. 学习营养状况体格体征检查的内容，掌握各项指标的测量方法及其意义。
2. 掌握各种测量工具的使用方法。
3. 初步了解营养缺乏症的体征变化。

三、实验原理

根据物理测量的各项身体体格体征的指标情况，结合自己的饮食结构和膳食情况，综合评价自身整体的营养状况并进行分析。

四、材料与试剂

1. 实验材料

身高坐高计、血压计、软卷尺、体重计、听诊器、皮脂厚度计、叩诊锤、体检表。

2. 实验对象

实验者本人

五、实验步骤

1. 测量实验者本人身体各项指标。

2. 完成比体重等指标的计算。

3. 完成营养缺乏症体征检查，体征检查结果统一记录符号为：阴性：“ - ”；阳性：“ + ”，其中：症状较轻：“ + ”，症状较重：“ + + ”，症状严重：“ + + + ”。

4. 填写“营养状况体格体征检查表”。

六、结果计算

1. 标准体重（理想体重）

国外常用 Broca 公式计算标准体重：

$$标准体重（kg）= 身长（cm）- 100$$

我国常用的标准体重计算公式多为 Broca 改良式：

$$标准体重（kg）= 身长（cm）- 105$$

评价标准：

正常：实测体重与标准体重差值占标准体重 ±10% 之间；

过重：差值占标准体重 +10% ~ +20%；

肥胖：差值 > 标准体重 +20%；

瘦弱：差值占标准体重 -10% ~ -20%；

严重瘦弱：差值 > 标准体重 -20%。

2. 比体重（Quetelet 指数）

$$比体重 = \frac{体重（kg）}{身长（cm）} \times 100\%$$

评价标准：

我国成年男性：≥33.4

我国成年女性：≥33.3

3. Rohrer 指数

$$Rohrer = \frac{体重（kg）}{[身长（cm）]^3} \times 10^7$$

评价标准（适用于学龄后）：

过度肥胖：>156

肥胖：156 ~ 140

中等：140 ~ 109

瘦弱：109 ~ 92

过度瘦弱：<92

4. Pirpuet 指数

$$Pirpuet 指数 = \frac{\sqrt[3]{10 \times 体重（kg）}}{坐高（cm）} \times 1000$$

标准值：100

5. Vervaeck 指数

$$\text{Vervaeck 指数} = \frac{\text{体重（kg）+胸围（cm）}}{\text{身长（cm）}} \times 100$$

我国评价标准（男 21 岁以上，女 20 岁以上）

优：>90.0； 良：>85.0； 尚可：>80.0； 不良：>75.0； 极不良：<75.0

6. 比胸围

$$\text{比胸围} = \frac{\text{胸围（cm）}}{\text{身长（cm）}} \times 100$$

标准值：50 ~ 55

7. Pignete 指数

$$\text{Pignete 指数} = \text{身长（cm）} - [\text{胸围（cm）} + \text{体重（kg）}]$$

标准值：23

8. 皮下脂肪厚度（Oeder 指数）

$$\text{皮下脂肪厚度（mm）} = \text{三头肌部（mm）} + \text{肩胛下部（mm）}$$

评价标准（15 岁以上）：

男性：瘦弱 <10　　中等 10 ~ 40　　肥胖 >40

女性：瘦弱 <20　　中等 20 ~ 50　　肥胖 >50

9. 三头肌皮脂厚度及上臂肌围

表 12 −7　标准值

	三头肌皮脂厚度	上臂肌围
男	12mm	25.3cm
女	16mm	23.2cm

评价标准：

正常：相当于正常标准值 90% 以上；

轻度营养不良：相当于标准值的 80% ~ 90%；

中度营养不良：相当于标准值的 60% ~ 80%；

重度营养不良：小于标准值的 60%。

七、注意事项

1. 实验室环境温度保持在 25 度以上，避免身体测量时体感温度过低；
2. 注意区分三头肌和二头肌的不同部位，在测量皮脂厚度时加以区分；

思考题

1. 根据所得的各项体检指标，结合所学营养学知识评价自身营养状况；
2. 膝跳反射的生理基础是什么？

八、附表

表 12-8　　营养状况体格体征检查表

检查人：________　日期：________

<table>
<tr><td colspan="2">姓　名</td><td></td><td>性　别</td><td></td><td>年　龄</td><td></td><td>职　业</td><td></td></tr>
<tr><td rowspan="5">身体测量</td><td colspan="2">体重/kg</td><td></td><td colspan="2">胸围/cm</td><td colspan="3"></td></tr>
<tr><td colspan="2">身高/cm</td><td></td><td colspan="2">上臂肌围/cm</td><td colspan="3"></td></tr>
<tr><td colspan="2">坐高/cm</td><td></td><td colspan="2">血压/mmHg</td><td colspan="3"></td></tr>
<tr><td colspan="2">腹部脂肪厚度/mm</td><td></td><td colspan="2">脉搏/（次/分）</td><td colspan="3"></td></tr>
<tr><td colspan="2">三头肌部皮脂厚度/mm</td><td></td><td colspan="2">肩胛下部皮脂厚度/mm</td><td colspan="3"></td></tr>
<tr><td rowspan="11">营养缺乏体征检查</td><td rowspan="2">皮　肤</td><td colspan="2">干燥</td><td colspan="3">表皮角化</td><td colspan="2">溢出性皮炎</td></tr>
<tr><td colspan="2">淤斑</td><td colspan="3"></td><td colspan="2"></td></tr>
<tr><td>眼</td><td colspan="2">干燥</td><td colspan="3">角膜软化</td><td colspan="2">角膜充血</td></tr>
<tr><td rowspan="2">唇</td><td colspan="2">红肿</td><td colspan="3">唇裂</td><td colspan="2">口角湿白</td></tr>
<tr><td colspan="2">口角裂</td><td colspan="3">口角糜烂</td><td colspan="2"></td></tr>
<tr><td rowspan="2">舌</td><td colspan="2">舌裂溃疡</td><td colspan="3">舌刺肥大</td><td colspan="2">舌刺萎缩</td></tr>
<tr><td colspan="2">舌痛</td><td colspan="3">舌缘牙痕</td><td colspan="2"></td></tr>
<tr><td>齿　龈</td><td colspan="2">充血</td><td colspan="3">肿胀</td><td colspan="2">萎缩</td></tr>
<tr><td>神　经</td><td colspan="2">膝反射过敏</td><td colspan="3">膝反射减退</td><td colspan="2"></td></tr>
<tr><td colspan="2">营养状况</td><td colspan="2">优良</td><td colspan="2">尚佳</td><td colspan="2">不良</td></tr>
<tr><td colspan="8"></td></tr>
<tr><td>其他症状</td><td colspan="8"></td></tr>
</table>

实验六　营养宣教计划书设计

一、知识准备

合理营养是健康的物质基础，随着我国经济社会的快速发展，与膳食营养相关的慢性疾病对我国居民健康的威胁越来越突出，国内外专家近年来都十分重视这种疾病模式的变化，并试图通过营养教育、膳食调整来进行防治。营养指导在疾病治疗中发挥着重要作用，营养也与医疗、护理一起成为世界公认的三大疗法。因此，营养教育和有针对性的指导，不仅对慢性病患者的康复，对改善居民中普遍存在的亚健康状态，保障大众健康，降低医疗支出具有十分重要的社会意义。

营养宣教即营养教育，是以改善人民营养状况为目标，通过营养科学的信息交流，帮助个体和群体获得营养知识、形成科学合理饮食习惯的教育活动过程，是健康教育的重要组成部分。营养宣教对于慢性病的预防、保障大众健康、降低医疗支出具有重要意义。

营养宣传教育方法有多种，包括专业教师营养讲座、居民猜营养知识问卷调查、发放营养知识宣传单和营养咨询指导。

二、实验目的

1. 了解营养宣教项目计划项目的营养学意义。

2. 掌握营养宣教项目计划书的具体设计方法、设计内容和设计流程，锻炼独立制定营养宣教项目计划的能力。

三、营养宣教书设计

选教书设计包括以下几方面内容。

1. 确定具体开展营养宣传教育的人群。
2. 根据宣教人群特点，设计营养宣传教育内容。
3. 设计开展宣传教育的方法。
4. 完成营养宣教计划书设计。
5. 宣教计划书的评价

（1）宣教人群是否与宣教主题相契合。

（2）计划书的文笔是否通顺。

（3）准备的营养基础知识内容是否充实。

（4）整体计划组织是否具有可行性。

四、营养宣教项目实施

1. 准备工作

确定项目负责人、社区联络人、调查方法和质量控制标准，完成文本表格设计、人员培训，安排专家日程。

2. 宣教材料和营养问卷的准备。

3. 开展宣传教育

针对项目的目标，了解调查人群的健康状况和膳食状况、调查对象的营养知识。

五、注意事项

1. 注意项目主题要明确，突出重点，兼具科学性。

2. 注意结合主题涉及的人群特殊营养需求，结合最新《中国居民膳食指南》和《中国居民平衡膳食宝塔》。

3. 注意选择宣教方式要适合宣教人群。

实验七　营养宣教效果评价

一、知识准备

营养宣教效果评价是评价或评估营养宣教计划实施引起的目标人群营养知识水平的提高程度、营养相关良好行为及其影响因素（倾向因素、促成因素、强化因素）的变化，以及由此引起的身体营养状况和健康状况的变化。根据上述因素变化发生的时间顺序可分为近期、中期和远期效果评价。近期效果即目标人群营养的知识、态度、信息、服务的变化。中期效果主要指行为和危险目标因素的变化，如不良饮食行为的改变率或良好饮食行为的形成率等。远期效果指人们营养健康状况和生活质量的变化。如反映营养状况指标的身高、体重变化，影响生活质量变化的指标有劳动生产力、智力、寿命、精神面貌的改善以及卫生保健、医疗费用的降低等。

要想对营养宣教的效果进行评价，必须以良好的宣教计划和实施过程为前提，目前从国内外营养宣教效果评价的文献来看，营养宣教效果的评价大多采用宣教前后营养知识、态度、行为（knowledge，attitude and practice，KAP）调查和营养健康状况调查，评价宣教前后相关指标的变化。

二、实验目的

1. 了解营养宣教评价项目的营养学意义。
2. 掌握营养宣教评价包含的内容和常用指标。

三、实验内容

可以通过下述指标来进行营养宣教后的数据统计计算与评价：

1. 宣教前后营养知识、态度、行为的改变

营养知识均分 = 受调查者知识得分之和/受调查者总人数

营养知识合格率 =（营养知识达到合格标准人数/受调查者总人数）×100%

营养知识知晓率（正确率）=（知晓即能正确回答某营养知识的人数/受调查者总人数）×100%

正确态度持有率 =（持某正确态度的人数/受调查者总人数）×100%

行为流行率 =（有某一特定行为的人数/受调查者总人数）×100%

这里的特定行为既可以是良好饮食行为也可以是不良饮食行为，如每天吃早餐人数的比率或不吃早餐人数的比率。

以上指标宣教前后的比较：分析以上指标在宣教前后的差异，用以评价宣教的效果。任何一个营养宣教计划的实施，都希望被宣教对象营养知识的知晓率、合格率得到提高，对营养正确态度的持有率提高，同时正确行为的形成率提高，而不良饮食行为发生率降低。前后数据的比较需要运用统计学的方法，分析前后是否有统计学差异，结合实际情况对宣教效果做出评价。

2. 营养健康状况指标的变化

(1) 营养状况指标　可以为通过膳食调查获得的营养素摄入量方面的指标，也可以为体内营养状况的指标，如血清维生素 A 水平等。

(2) 生理指标　如身高、体重、体质指数、血压、血红蛋白、血脂水平等，并可以获得超重或肥胖、偏瘦或消瘦在人群的总发生率，根据人群的不同也可有心理方面的指标如人格、智力等。

(3) 疾病与死亡指标　如疾病发病率、患病率、死亡率、婴儿死亡率、5 岁以下儿童死亡率、平均期望寿命等，尤其与营养有关的各种营养素缺乏症的发生率、上呼吸道感染发生率、消化道感染发生率、高脂血症患病率、高血压患病率、糖尿病患病率等营养相关疾病的发生率或患病率更有价值。在宣教前后分别获得上述有关指标，比较宣教前后的变化，并进行统计学分析，对宣教效果做出评价。与营养 KAP 变化的不同，生理和疾病指标的改变需要较长时间，是长期效果评价的指标。

3. 生活质量指标

可采用各种生活质量量表进行评价，如幸福量表、生活满意度量表等，并分析前后的变化情况。

4. 得出结论

四、注意事项

营养指标的选择和数据统计方式尽量简便易懂，并选择适合宣教对象的形式。

实验八　食物蛋白质利用率评价

一、知识准备

蛋白质是构成一切细胞和组织结构的重要成分，是生命存在的形式和物质基础。蛋白质在生命活动中具有许多重要的生理功能。对于机体，无论是由于供给量不足或其他因素导致蛋白质缺乏，还是蛋白质过剩，都对于机体正常功能的维持是不利的。因此，了解机体对蛋白质和氨基酸的需要，并使之从膳食中得到满足，也是营养学研究的重要课题之一。

衡量膳食蛋白质的营养价值，需要考虑多方面因素的作用及其相互影响。其中的主要方面有以下几点。

1. 膳食中蛋白质的含量

2. 食物蛋白质的消化率

3. 食物蛋白质的生物价

4. 食物蛋白质氨基酸评分

衡量蛋白质营养价值的方法包括化学分析，生物学及临床方法。本实验所进行的食物蛋白质利用率的评价，是利用动物实验来进行蛋白质质量的评价。

食物的蛋白质利用率，是指食物蛋白质（包括氨基酸）经消化、吸收等过程在体内被利用的程度。食物蛋白质利用率的测定方法和指标有许多种，可因评价的对象和目的的不同而分别选用。本实验选取蛋白质功效比值，蛋白质净比值和蛋白质存留率等指标进行评价。

蛋白质功效比值（Protein Efficiency Ratio，PER），是用幼小动物体重的增加与所摄食的蛋白质之比来表示将蛋白质用于生长的效率。测定 PER 是衡量食物蛋白质质量的一种简易实用的方法，在实际工作中也得到广泛应用。美国公职分析化学家协会（AOAC）推荐为评价食物蛋白质营养价值的必测指标；净蛋白质比值（Net Protein，NPR）测定是蛋白质功效比值的改进方法，它在一定程度上反映了实验动物在生长代谢与蛋白质消耗之间的关系；蛋白质存留率（Protein Retention Efficiency，PRE）又称蛋白质存留效能，它反映了蛋白质在体内存留的情况。

二、实验目的

1. 了解并掌握食物蛋白质利用率评价指标中蛋白质功效比值，净蛋白质比值和蛋白质存留率三项指标的意义和测定方法。

2. 掌握动物代谢笼的使用方法。

3. 学习实验动物的分组方法。

三、实验原理

以离乳大鼠为实验对象，分别以含蛋白质和不含蛋白质的饲料饲喂两组实验动物，连续饲养 5 ~ 10d，每日记录动物体重变化、饲料食用量。计算实验饲料中蛋白质的功效比值、净蛋白质比值和蛋白质存留率。

四、材料与试剂

1. 实验材料

（1）无氮饲料　含有淀粉 74%，蔗糖 12%，植物油 10%，混合盐 4%。

每 kg 无氮饲料还需添加：维生素 A 1500 国际单位，维生素 D 100 国际单位，维生素 B_1 3. 3mg，维生素 B_2 5. 5mg，对氨基苯甲酸 16. 5mg，胆碱 19mg。

（2）含氮饲料　以实验样品代替无氮饲料的淀粉，其余成分与无氮饲料相同。控制实验用含氮饲料蛋白质含量在 8% ~10%。

2. 实验对象

单一性别离乳 SD 大鼠 10 ~ 12 只。

五、实验步骤

1. 选用纯系刚离乳的大鼠作为实验动物，随机分为实验组和对照组，两组间动物体重经统计学检验须无显著性差异。

2. 动物经称重分组后，分别进行编号于代谢笼内单笼饲养。对照组与实验组分别饲喂无氮饲料和实验用含氮饲料。每日准确测量每只动物的进食量和体重，并记录。连续喂养 5 ~ 10d。

六、结果计算

1. 计算实验组和对照组动物体重改变量和动物实际摄入饲料总量并折算出动物实验

期间摄入蛋白质总量。

2. 分别计算 PER、NPR 和 PRE

$$PRE = \frac{实验组体重改变量（g）}{实验动物蛋白质总摄入量（g）}$$

$$NPR = \frac{实验组体重改变量（g）+对照组体重改变量（g）}{实验动物蛋白质总摄入量（g）}$$

$$PRE = \frac{100}{6.25} \times NPR$$

七、注意事项

1. 配制饲料时，注意充分混匀，尤其是混合盐成分，防止局部含量过高出现中毒。

2. 每日添加和称量饲料时，注意是否有遗撒，要从每日食用量中扣除，否则将影响实验结果的准确性。

3. 每日称量动物体重时，注意观察动物的个体行为和体观表现，可从外观和行为上对两组动物进行比较。

思考题

PER >3.5，表示所测试食物蛋白质品质极佳，PER 在 3.0 ~3.5，表示所测试食物蛋白质为优质蛋白质，PER 在 2.0 ~3.0 表示品质一般，当 PER <2.0 时表示所测试蛋白质为劣质蛋白质。参照上述评价标准，结合实验结果对本实验所测试食物的蛋白质的营养价值进行评价。

实验九　血红蛋白含量的测定（氰化高铁血红蛋白 HiCN 法）

一、知识准备

血红蛋白（Hemoglobin，Hb）是由四分子血红素与四亚基球蛋白结合而成的一种在血液中运输氧的蛋白质。在血液中，血红蛋白作为氧的载体，将血液中 98.6% 的氧以氧化血红蛋白（HbO_2）的形式送到各组织中，同时还运送部分 CO_2。可见血红蛋白在血液的气体运输功能中起着举足轻重的作用。

在营养学范畴内，对血红蛋白的研究则侧重于血红蛋白与铁、维生素 B_{12}、叶酸和蛋白质等营养素缺乏而导致的营养缺乏症——贫血的关系上。通过红细胞平均血红蛋白量和红细胞平均血红蛋白浓度，并配合以血浆铁及总铁结合力等临床生化指标，便可准确地确定机体是否出现缺铁性贫血。

二、实验目的

1. 了解血红蛋白指标测定的营养学意义。

2. 掌握氰化高铁血红蛋白法测定血红蛋白含量的方法。

三、实验原理

全血加入氰化高铁血红蛋白（HiCN）试剂，除血红蛋白中 HbS 和 HbC 两种组分外，其余血红蛋白衍生物均能转化成稳定的棕红色氰化高铁血红蛋白。在 540nm 波长处进行比色测定，便可根据标准品测定值和标本测定求算出血红蛋白的浓度，并可根据其摩尔消光系数计算其含量。

其反应式如下：

血红蛋白⟶高铁血红蛋白⟶氰化高铁血红蛋白（棕红色）

四、材料与试剂

1. 实验材料

采血针、紫外－可见分光光度计。

2. 主要试剂

HiCN 试剂：氰化钾 50mg；高铁氰化钾 200mg；无水磷酸二氢钾 140mg；Triton X－100 1. 0mL；蒸馏水加至 1000mL。此液为淡黄色透明液体，以蒸馏水调零，波长 540nm 下此液吸光值应为零。储存于棕色瓶中，冰箱保存，可用数月。

五、实验步骤

1. 眼眶采血 10μL 加入到 2. 5mL HiCN 试剂中，充分混合，静置 15min。
2. 选用 0. 5cm 光径比色杯，于 540nm 波长下，用空白试剂调零点进行测定。

六、结果计算

$$\text{血红蛋白浓度（g/100mL）} = \frac{A_{540nm} \times 251}{44 \times 0.5} \times \frac{64458}{10000} = A_{540nm} \times 73.6$$

式中 A_{540nm}——540nm 波长下样品管吸收值；

251——血样稀释倍数［=10μL/（10μL+2. 5mL）］；

44——1965 年国际血液学会标准化委员会公布的血红蛋白毫摩尔消光系数；

0. 5——比色杯光径；

64458——目前世界公认的血红蛋白平均分子质量；

10000——由 mg/L 换算至 g/100mL 的倍数。

评价标准：

正常值——成年男性 >13g/100mL；成年女性 >12g/100mL。

七、注意事项

1. 血红蛋白测定方法很多，但无论采用哪种方法，均须以 HiCN 法为标准，并绘制标准曲线。

2. HiCN 法结果准确可靠，操作也简便，但试剂中 KCN 为剧毒药品，在用于大量标本处理时，应注意废液处理。方法如下所述。

取硫酸亚铁（$FeSO_4 \cdot 7H_2O$）二份加 NaOH 一份，在研钵中研细，配成 100g/L 的悬液，每 1000mL 上述废液中加入悬液 5mL，放置 3h，不时搅拌，使剧毒的 KCN 反应成为无毒的亚铁氰化钾。

3. 加入血样量必须准确，加样后应及时振荡，以防止血液凝结成块或黏附于试管壁上而影响测定。

血红蛋白反映的营养学意义是什么？

实验十　血中尿素氮的测定（二乙酰一肟显色法）

一、知识准备

尿素是蛋白质代谢的主要终产物。各种氨基酸经脱氨基作用产生氨，再经鸟氨酸循环生成尿素。此过程主要在肝脏内进行，生成的尿素绝大多数由肾脏排出。正常人体内每日尿素排泄量等于生成量，保持动态平衡。血液尿素浓度通常以血清中尿素的氮含量来表示，称为血尿素氮（Blood Urea Nitrogen，BUN）。

在临床医学检测中，测定尿素氮的目的主要是了解肾小球的滤过功能。在正常生理情况下，血尿素氮的含量可因机体内蛋白质代谢情况的变化而变化。蛋白质摄入过量和蛋白质分解过度均可导致血中尿素氮的水平和它占血液非蛋白氮的比例升高。因而在营养学的研究中，血尿素氮被用作评价人体蛋白质营养状况的指标之一加以应用。

二、实验目的

1. 了解血中尿素氮指标测定的营养学意义。

2. 掌握血中尿素氮测定的方法。

三、实验原理

在酸性反应环境中加热，尿素与二乙酰缩合成色素原二嗪（Diazine）化合物。因二乙酰不稳定，故反应体系中采用二乙酰一肟与强酸共煮来产生二乙酰。

四、材料与试剂

1. 实验材料

恒温水浴锅、采血针、移液器、紫外－可见分光光度计。

2. 主要试剂

（1）酸混合液　向 100mL 蒸馏水中加入浓硫酸 44mL 及 85% 磷酸 66mL，冷却至室温，加入硫氨脲 50mg 及硫酸镉（$CdSO_4 \cdot 8H_2O$）2g，溶解后用蒸馏水稀释至 1000mL，置棕色瓶冰箱保存，可稳定半年。

（2）二乙酰一肟溶液　称取二乙酰一肟 2.0g，加入蒸馏水约 90mL，溶解后定容至 100mL，置棕色瓶中，置冰箱内可保存半年。

（3）尿素氮标准储备液（5mg 氮/mL）　称取干燥尿素（A.R.）1.0720g，溶解于水中，定容至 100mL，加 0.1g 叠氮化钠防腐。置冰箱内，稳定期可达半年。

（4）尿素氮标准应用液（0.25mg 氮/mL）　取 5.0mL 标准储备液用无氨蒸馏水稀释至 100mL。

五、实验步骤

按下表所列加入试剂。

试剂	空白管	标准管		测定管	
		1	2	1	2
血清/mL	0	0	0	0.02	0.02
尿素氮标准应用液/mL	0	0.02	0.02	0	0
蒸馏水/mL	0.02	0	0	0	0
二乙酰一肟溶液/mL	0.5	0.5	0.5	0.5	0.5
酸混合液/mL	5	5	5	5	5

加样混匀后，置沸水浴中加热 12min，取出。置冷水中冷却 5min，于波长 540nm 处比色，以空白管调零点。

六、结果计算

$$\text{血清尿素氮 mmol/L} = \frac{\text{测定管吸光值}}{\text{标准管吸光值}} \times 17.85$$

$$\text{血清尿素氮：mg/L} = \text{mmol/L} \times 1.4$$

评价标准：正常值 3.57～14mmol/L（50～200mg/L）

七、注意事项

1. 本法线性范围达 400mg/L 尿素氮，若遇高于此浓度的标本，必须用生理盐水作适当的稀释后重测，然后乘以稀释倍数后再进行计算。

2. 微量进样器使用时务必注意清洁，加样量务必准确。

3. 试剂中加入硫氨脲和镉离子以增进显色强度和色泽稳定性，但仍有轻度褪色现象，故加热显色冷却后，应及时比色。

4. 尿素氮的毫摩尔浓度是一个毫摩尔氮相对原子质量（N＝14）为计量单位。1 个尿素分子中含有两个氮原子。因此，1mmol/L＝0mmol/L 尿素。在选用 mmol/L 尿素表示浓度时，本法中 mmol/L 计算式的系数及其评价参考标准均要除以 2。世界卫生组织（WHO）推荐使用 mmol/L 尿素来表示浓度，但我国仍习惯以尿素氮（mg/100mL 或 mmol/L）来表示。

1. 氮元素在营养学中的意义是什么？
2. 什么是氮平衡？

实验十一　血清甘油三酯含量的测定（正庚烷-异丙醇抽提法）

一、知识准备

脂类（Lipids）包括油类（Oils）、脂肪类（Fats）和类脂（Lipoids）三种基本形式。大部分食物中的脂肪和动物体脂主要是以甘油三酯为其基本结构。甘油三酯（Triglycerides，TG）是由一分子甘油与三分子脂肪酸所形成的酯。在人体生理代谢过程中所摄入的肉类，乳制品中的酯类即以植物油等均以混合的甘油三酯的形式进入胃肠道，因而当机体甘油三酯代谢发生障碍时会直接影响到必需脂肪酸等营养物质的吸收，从而给机体带来损害。

此外，脂肪代谢失常也是冠状动脉粥样硬化性心脏病的重要发病因素之一，而血清甘油三酯含量的升高是冠心病的重要危险因素。因此，血清甘油三酯也可作为诊断冠状动脉疾病的指标而加以应用。

二、实验目的

1. 了解血清甘油三酯测定的营养学意义。
2. 掌握正庚烷/异丙醇抽提法测定血清甘油三酯原理和方法。
3. 学习小白鼠的断头取血法。

三、实验原理

以正庚烷-异丙醇混合抽提剂，直接从标本中抽提甘油三酯，再向抽提液中加入硫酸，使异丙醇和正庚烷分为两相，TG溶于上层正庚烷中，经皂化和氧化后与乙酰丙酮生成黄色的3,5-二乙酰-1，4-二氢甲基吡啶，与同样处理的标准管比较，可求算出TG含量。

四、材料与试剂

1. 实验材料

恒温水浴锅、采血针、移液器、紫外-可见分光光度计。

2. 主要试剂

（1）抽提剂　正庚烷：异丙醇（2∶3.5，*V/V*）。

（2）异丙醇，分析纯。

（3）0.04mol/L 硫酸。

（4）皂化试剂　称取6g氢氧化钾溶于60mL蒸馏水中，再加异丙醇40mL混合，置棕色瓶室温保存。

（5）氧化试剂　称取325mg过碘酸钠溶于约250mL蒸馏水中。加38.5g无水醋酸铵，溶解后再加入30mL冰醋酸，加水至500mL，室温保存。

（6）乙酰丙酮试剂　加2mL乙酰丙酮到500mL异丙醇中，置棕色瓶内室温保存。

（7）三油酸甘油酯标准储备液（10mg/mL）　称取三油酸甘油酯1g，加入抽提剂溶液，稀释定容至100mL，4℃冰箱保存。

（8）三油酸甘油酯标准应用液（1mg/mL）　取上述标准储备液10mL，加抽提剂定容至100mL，4℃冰箱保存。

五、实验步骤

1. 取小白鼠一只，断头取血，分离制备血清。

2. 按下表所列顺序操作

试剂	空白管	标准管	测定管	说明
血清/mL	—	—	0.2	
标准应用液/mL	—	0.2	—	
蒸馏水/mL	0.2	0.2	—	
抽提剂/mL	2.5	2.3	2.5	边加边摇，加好后充分振荡
0.04M 硫酸/mL	0.5	0.5	0.5	加好后，剧烈振荡15min
静置，待分成两相后，准确吸取上层清液0.3mL，至另一试管中（不可吸进下层液）				
异丙醇/mL	1.0	1.0	1.0	
皂化试剂/mL	0.3	0.3	0.3	充分混匀
置65℃水浴箱内保温3min				
氧化试剂/mL	1.0	1.0	1.0	混匀
乙酰丙酮试剂/mL	1.0	1.0	1.0	充分混匀

注：置65℃水浴保温15min，取出，用冷水冷却，在波长420nm处比色，以蒸馏水调零点。

六、结果计算

$$\text{TG mg\%} = \frac{\text{测定管 }OD - \text{空白管 }OD}{\text{标准管 }OD - \text{空白管 }OD} \times 100\%$$

评价标准：成人正常值20～110mg%。

七、注意事项

1. 葡萄糖、胆红素、溶血对结果无影响。过量的蛋白质可减低 TG 在血中的溶解度而使结果偏低，故血清用量不宜超过 0.2mL。

2. 甘油三酯含量在 300mg/100mL 范围，符合线性关系，若样品超过此浓度，则应将样品量减半进行测定。

3. 显色后光吸收值随时间延长会略有增高。因此，如样品较多，比色时间长时，可将各管制冷水浴中。

思考题

1. 甘油三酯的营养学意义是什么?
2. 饮食中甘油三酯的控制的主要意义是什么?

实验十二　血清总胆固醇含量的测定（邻苯二甲醛法）

一、知识准备

类脂是脂类在人体中的一种存在方式，它包括磷脂、固醇和脂蛋白等几种。胆固醇脂是类脂中固醇类的最主要物质。体内的胆固醇除可来自食物外，也可经由肝脏合成。在血液中，胆固醇可与长链脂肪酸结合成酯，也可以游离形式存在，二者合称总胆固醇(TC)。本实验所测定的即为血清总胆固醇。

血清总胆固醇含量可作为机体脂类代谢的标志，它与人类许多疾病的发生有关，尤其是与膳食营养有密切关系的动脉粥样硬化及高脂蛋白血症有密切关系，表现在这些疾病患者均伴有血清 TC 含量高于正常水平。因此，测定血清总胆固醇含量，在评价人体脂类营养状况和预防心血管疾病方面均具有很大的实际意义。

二、实验目的

1. 了解血清总胆固醇含量测定的营养学意义。
2. 掌握邻苯二甲醛测定血清总胆固醇的原理和方法。

三、实验原理

血清总胆固醇与邻苯二甲醛在硫酸作用下，产生红紫色。颜色的深浅与胆固醇浓度成正比，与同样处理的标准品比较，以计算血清总胆固醇的含量。

四、材料与试剂

1. 实验材料

恒温水浴锅、采血针、移液器、紫外 - 可见分光光度计。

2. 主要试剂

（1）显色剂　邻苯二甲醛 50mg，加冰醋酸溶解并稀释至 1000mL。

（2）浓硫酸（AR）。

（3）胆固醇标准液（2mg/mL）　称取胆固醇（AR）200mg 溶于冰醋酸并定容至 100mL。

五、实验步骤

按下表所列顺序加样：

试剂	空白管	标准管	测定管
血清/mL	—	—	0.02
胆固醇标准液/mL	—	0.02	—
显色剂/mL	3.0	3.0	3.0
浓硫酸/mL	2.0	2.0	2.0
混匀后放置 5min，0.5h 以内，在 560nm 波长下比色，空白管调零。			

六、结果计算

$$\text{TCmg\%} = \frac{\text{测定管 } OD}{\text{标准管 } OD} \times 0.4 \times \frac{100}{0.02}$$

评价标准：正常值 <200mg/100mL。

七、注意事项

1. 本法采用微量血清，取量必须准确。
2. 加试剂必须同步，加入浓硫酸时要缓慢，边加边摇匀。

思考题

1. 胆固醇的营养学意义是什么?
2. 饮食中胆固醇的控制的主要意义是什么?

实验十三　血清高密度脂蛋白胆固醇含量的测定

一、知识准备

血浆中脂类可以以脂蛋白形式存在，即与蛋白质结合成为脂蛋白并以此形式运输。脂肪可与三种类型的脂蛋白结合来完成其运输，即高密度脂蛋白（HDL）、低密度脂蛋白（LDL）和极低密度脂蛋白（VLDL）。各种脂蛋白所含的脂类及蛋白质含量不同，其功能也有所不同。简单地说，VLDL 与 LDL 分别为甘油三酯（TG）和胆固醇的携带者，而 HDL 可将周围组织的胆固醇运送至肝脏进行分解。高密度脂蛋白胆固醇（HDL－C）升高具有防止动脉出现粥样硬化的作用，血清中 HDL－C 水平与冠心病的发病率成负相关。因此，测定血清高密度脂蛋白胆固醇的含量，对于冠心病诊断、治疗和评价膳食降血脂效果均具有重要意义。

二、实验目的

1. 了解血清高密度脂蛋白胆固醇测定的营养学意义。

2. 掌握邻苯二甲醛法测定 HDL－C 的原理和方法。

三、实验原理

沉淀低密度脂蛋白和极低密度脂蛋白，测定上层血清中的高密度脂蛋白，用邻苯二甲醛显色与标准胆固醇比色，便可进行定量测定。

四、材料与试剂

1. 实验材料

恒温水浴锅、采血针、移液器、紫外－可见分光光度计。

2. 主要试剂

（1）沉淀剂　称取柠檬酸钠 0.14g 和 $MgCl_2 \cdot 6H_2O$ 1.27g，加蒸馏水溶解并定容至 100mL。

（2）显色剂　0.005% 邻苯二甲醛冰乙酸溶液。

（3）胆固醇标准储存液（2mg/mL）　称取胆固醇 200mg，加无水乙醇溶解并定容至 100mL。

（4）胆固醇标准应用液（0.1mg/mL）　取上述储存液 5mL，加无水乙醇稀释定容至 100mL，再加水 10mL。

（5）浓硫酸（AR）。

五、实验步骤

1. 取血清 0.1mL 加沉淀剂 0.9mL，于室温放置 10min，离心 10min（3000r/min），取上清液。

2. 按下表所列顺序操作。

试剂	空白管	标准管	测定管
血清/mL	—	—	0.4
标准应用液/mL	—	0.4	—
显色剂/mL	3.0	3.0	3.0
浓硫酸/mL	2.0	2.0	2.0

混匀后，放置10min，在550nm波长下比色，空白管调零。

六、结果计算

$$\text{HDL}-\text{Cmg}\%=\frac{\text{测定管 }OD}{\text{标准管 }OD}\times 100\%$$

评价标准：正常值：男：（54.4±10.1）mg%；女：（62.5±12.2）mg%。

七、注意事项

1. 取上清液时，不要带进沉淀小颗粒，取量要准确。
2. 血清甘油三酯超过800mg%时，易出现沉淀不全、结果偏高的现象。

1. 高密度脂蛋白胆固醇的化学组成是什么？
2. 高密度脂蛋白胆固醇的营养学意义是什么？

实验十四 全血谷胱甘肽还原酶活性系数（AC）值的测定

一、知识准备

核黄素是人体所必需的重要营养素，目前实验室内评价核黄素营养状况的主要有尿中核黄素测定和全血核黄素测定等，但是这些指标都很容易受到新近膳食核黄素摄入量的影响而明显不够灵敏。全血谷胱甘肽还原酶（Erythrocyte Glutathione Reductase，EGR）活性系数（AC）是新近发展起来的评价核黄素营养状况的指标，该指标具有操作简单、用血量少、稳定、灵敏、重复性好的优点，可以很准确地反映核黄素在体内的代谢和利用情况。

二、实验目的

1. 了解全血谷胱甘肽还原酶活性系数值的营养意义。
2. 掌握全血谷胱甘肽还原酶活性系数的测定方法。

三、实验原理

核黄素的衍生物黄素腺嘌呤二核苷酸（FAD）是谷胱甘肽还原酶（GR）的辅酶，它可以促进红细胞被氧化型谷胱甘肽（GSSG）还原，同时还原型辅酶Ⅱ（NADPH）被氧化，在氧化还原体系中保持巯基处于还原状态，使细胞膜保持正常的生理机能。

当膳食中核黄素缺乏时，血浆和红细胞内核黄素减少，FAD也相应减少，GR活力随之下降。如果在试管中把FAD加入到溶血血液中，GR活性增强。增强后的活性与原有活性的比值称为活性系数（AC）值。核黄素缺乏会引起红细胞谷胱甘肽还原酶活性系数升高，因此可依据AC值升高的程度来判定体内核黄素缺乏的程度。

5，5’－二硫双－2－硝基苯甲酸（DTNB）可与还原型谷胱甘肽（GSH）结合生成有颜色的化合物2－硝基－5－硫－苯甲酸，生成量与GSH的含量成正比，从而可以进行定量测定。

四、材料与试剂

1. 实验材料

恒温水浴锅、采血针、移液器、紫外－可见分光光度计。

2. 主要试剂

（1）0.2mol/LpH7.4磷酸缓冲溶液

①A液：0.2mol/L NaH_2PO_4溶液。称取$NaH_2PO_4 \cdot 2H_2O$（AR）31.2g，溶于1000mL去离子水中。

②B液：0.2mol/L Na_2HPO_4溶液。称取$Na_2HPO_4 \cdot 12H_2O$（AR）71.6g，溶于1000mL去离子水中。

取A液19mL与B液81mL混合，加水至200mL，调节为pH＝7.4。

（2）含皂素的缓冲液（pH7.4）　称取皂素80mg，EDTA－Na_2 100mg溶于100mL的0.2 mol/L pH7.4磷酸溶液中。

（3）2mmol/L还原型辅酶Ⅱ（NADPH）　称取$NADPH_2$－Na_2 1.49mg，溶于1mL1%的Na_2CO_3溶液中，现用现配。

（4）0.15mmol/L黄素腺嘌呤二核苷酸（FAD）　称取FAD 0.12mg，溶于1mL重蒸水中，现用现配。

（5）25% HPO_3　称取HPO_3（AR）25g溶于100mL蒸馏水中，过滤后于冰箱内保存，可用一周。

（6）0.3mol/L Na_2HPO_4　称取$Na_2HPO_4 \cdot 12H_2O$（AR）53.7g，溶于500mL蒸馏水中。

（7）0.04% DTNB－1%枸橼酸钠溶液　称取DTNB40mg溶于100mL 1%枸橼酸钠溶液中。

（8）3.8mmol/L GSSG　称取GSSG 2.33mg，溶于1mL重蒸水中，现用现配。

五、实验步骤

1. 制备溶血液

采全血10μL加入pH7.4含皂素的缓冲液2.2mL，反复冻融三次，使之溶血。

2. 按下表所列顺序操作

反应阶段	试剂	空白管	A 管	B 管
酶反应	溶血液/mL	0	1	1
	pH 为 7.4 的磷酸缓冲液/mL	1.6	0.6	0.5
	0.15mmol/L FAD/mL	0	0	0.1
	2mmol/L NADPH/mL	0.1	0.1	0.1
	37℃保温 5min			
	3mmol/L GSSG/mL	0.1	0.1	0.1
	37℃保温 5min			
沉淀蛋白	25% HPO_3/mL	0.75	0.75	0.75
	过滤			
显色反应	滤液/mL	0.6	0.6	0.6
	0.3mol/L Na_2HPO_4/mL	2.4	2.4	2.4
	0.04% DTNB/mL	0.3	0.3	0.3

混匀后，于 420nm 波长下比色，空白管调零点。

六、结果计算

$$\text{AC 值} = \frac{\text{加 FAD 后吸光度的降低}}{\text{不加 FAD 吸光度的降低}} = \frac{OD_B - OD_{\text{空白}}}{OD_A - OD_{\text{空白}}}$$

评价标准：

AC 值 >1.4，严重缺乏；

AC 值在 1.20~1.40 之间，稍有缺乏；

AC 值 <1.2，供应充足。

七、注意事项

缓冲液一次配成后可使用一周时间，在每次使用前须重新校正其 pH。

思考题

1. 核黄素的营养学意义是什么?
2. 全血谷胱甘肽还原酶在核黄素发挥生物活性的作用是什么?

实验十五　血清钙含量的测定 （EDTA 滴定法）

一、知识准备

钙是动物体内第五种最为丰富的元素，也是人体内无机离子中存在最多的一种。钙占人体总重量的1.5%～2%，其中99%以上的钙存在骨骼之中，其余部分存在于细胞外液和软组织内，并成为各种膜结构的成分之一。

在生物体内，对于血液凝固、肌肉收缩、心肌功能、神经与肌肉正常的应激性，各种膜的完整性以及一些酶的激活，钙都是必需的。正是由于钙在正常机体内具有许多重要的生理活性，了解人体钙的代谢情况，预防因缺钙而引起的营养缺乏症有着很重要的实际意义的。

钙的吸收与膳食中维生素D的存在有着直接的关系，膳食中维生素D的缺乏，则会影响到膳食中的钙的吸收。若长期膳食中缺乏维生素D，则会造成血钙水平下降，而低血钙正是婴幼儿佝偻病发展最初阶段的主要特征。因此，血清钙的测定，不仅有助于了解机体钙的营养状况，对于早期诊断佝偻病也具有一定的参考价值。

二、实验目的

1. 了解钙的生理作用及其测定意义。
2. 掌握EDTA直接微量滴定法测定血清钙的技术。

三、实验原理

血清中钙离子在碱性溶液中与钙红指示剂结合成为可溶性的复合物，使溶液呈淡红色。EDTA对钙离子亲和力很大，能与钙复合物中的钙离子络合，使指示剂重新游离，溶液呈现蓝色。故以EDTA滴定时，当溶液由红色转变为蓝色时，即表示滴定终点。由此可计算样品中钙的含量。

四、材料与试剂

1. 实验材料

采血针、微量进样器、白瓷调色盘、紫外-可见分光光度计。

2. 主要试剂

（1）钙标准液（0.1mg/mL）　准确称取干燥的碳酸钙（G.R.）0.1248g，加入20mL去离子水及0.5mol/L盐酸5mL，加温使之溶解，冷却后加去离子水至500mL，储于聚乙烯塑料瓶内，4℃冰箱保存。

（2）1.25mol/L氢氧化钾溶液　称取7.0125g氢氧化钾，以去离子水溶解并稀释到100mL。

（3）钙红指示剂　称取0.1g钙红，溶于100mL去离子水中，盛于塑料瓶中，4℃冰箱保存。

（4）EDTA储备液（4.5mg/mL）　称取450mg EDTA，以去离子水溶解定容至100mL。盛于塑料瓶中，4℃冰箱保存。

（5）EDTA工作液（450μg/mL）　吸取EDTA储备液5mL，以去离子水稀释至50mL，用时配制。

五、实验步骤

1. 用微量进样器吸取两份钙标准液各20μL分别注入白瓷调色盘内。

2. 加入 1.25mol/L 氢氧化钾溶液 0.1mL，再加一滴钙红指示剂。

3. 用稀释好的 EDTA 工作液滴定，使颜色由浅紫红色变为蓝色即为终点。记录 EDTA 用量。此为标准管。

4. 取 1.25mol/L 氢氧化钾溶液 0.1mL，加入一滴钙红指示剂，用 EDTA 工作液滴定，作为空白对照。

5. 取 0.02mL 血清两份，加入 1.25mol/L 氢氧化钾溶液 0.1mL 及一滴钙红指示剂，以 EDTA 工作液滴定，记录用量。此为样品管。

六、结果计算

$$\text{血清中钙的含量（mg/100mL）}=\frac{\text{样品 EDTA 用量}-\text{空白 EDTA 用量}}{\text{标准品 EDTA 用量}-\text{空白 EDTA 用量}}\times 0.1\times 100\%$$

评价标准：

成人及儿童血清钙正常值：8.5～11.5mg/100mL；

小鼠血清钙正常值：9.8～10.6mg/100mL。

七、注意事项

1. 指示剂应随滴定量随加，不要搁置。加入氢氧化钾 1min 后方能滴定。

2. 本法也可用于尿、粪便及组织中钙含量测定。尿的取量为 0.1mL，氢氧化钾为 0.5mL。在加氢氧化钾之前，加柠檬酸钠 0.1mL，以防止磷与钙相结合形成沉淀。

3. 若白瓷调色盘终点不好掌握，也可将同样的反应在一尖底小离心管中进行。

思考题

1. 钙的营养学意义是什么？
2. 饮食中钙摄入的注意事项有哪些？

实验十六　血清磷含量的测定（孔雀绿微量比色法）

一、知识准备

磷是人体含量较多的元素之一，仅次于钙而居于第六位。磷是机体内的一种极为重要的元素，因为它是所有细胞中核酸的组成部分，是细胞膜的必要构成物质，也是产能效应和骨骼构成等必不可少的元素。

由于人类食物中含有丰富的磷，因而人类营养性磷缺乏是很罕见的。但是在人体内，磷的营养状况会影响到钙的吸收及骨质钙化等生理过程，磷的吸收本身也受到维生素 D 营养状况的影响。因此，在进行营养学研究和临床评价时，通常将血清磷与血清钙一起作为评价人体维生素 D 营养状况的辅助指标，血清的钙磷乘积也应用于婴幼儿及儿童佝偻病的早期诊断。

二、实验目的

1. 了解血清磷测定的营养学意义。

2. 掌握血清磷测定的方法。

三、实验原理

尚未阐明。有人认为，酸化的孔雀绿和钼酸铵作用产生孔雀绿和钼酸盐的复合物。当加入磷酸盐后，磷和钼酸盐生成磷钼酸并游离出，呈强烈绿色的孔雀绿。也有人认为，磷和孔雀绿钼酸盐复合物本身即可结合成强烈绿色的复合物。

四、材料与试剂

1. 实验材料

恒温水浴锅、采血针、移液器、紫外－可见分光光度计。

2. 主要试剂

（1）0.125%孔雀绿溶液　称取孔雀绿250mg，加浓盐酸100mL，溶解后以去离子水稀释到200mL。

（2）5%钼酸铵溶液　称取钼酸铵10g，用于离子水溶解并定容到200mL。

（3）2.5%吐温20溶液　吸取1mL吐温20，加去离子水至40mL，混匀。若溶液混浊则不能使用。

（4）磷标准储备液（1mg/mL）　称取经干燥的磷酸二氢钾（AR）439mg，用去离子水溶解并稀释到100mL。在加入2mL氯仿，冰箱保存。

（5）磷标准工作液（2mg/100mL）　吸取磷标准储备液1.0mL，于50mL容量瓶中，以去离子水定容。

（6）孔雀绿显色剂　2.5%吐温20取0.25mL，加去离子水50mL，0.125%孔雀绿溶液5mL，混匀后，再加5%钼酸铵混匀，静置20min，显黄绿色，再加入磷标准工作液0.36mL混合均匀，静置20～30min，试剂呈淡绿色后即可使用。本试剂须每次测定时新鲜配制。

五、实验步骤

按下表所列顺序加样

试剂	空白	样品管		标准曲线/（mg/100mL）			
		1	2	2	4	6	8
血清/mL	0	0.01	0.01	0	0	0	0
磷标准工作液/mL	0	0	0	0.01	0.02	0.03	0.04
去离子水/mL	0.61	0.60	0.60	0.60	0.59	0.58	0.57
孔雀绿显色剂/mL	3.0	3.0	3.0	3.0	3.0	3.0	3.0

加样混匀后，37℃水浴中保温15min后，640nm波长下比色，空白调零。

六、结果计算

计算标准曲线回归方程的有关数据，以光吸收值为纵坐标，浓度为横坐标，绘制血清磷含量标准曲线，并求算测定管中血清磷含量。

评价标准：

成人：3.0～4.5mg/100mL

儿童：4.5～6.5mg/100mL

小鼠：7.4～7.9mg/100mL

七、注意事项

1. 空白管光密度低于0.36时，以蒸馏水校零点，可在显色剂内再加磷标准工作液少许，调节空白管光密度在0.36～0.45，此时的显色剂最为适用。

2. 应尽量避免溶血，否则红细胞内的有机磷酸酯进入血清后，可被酶类水解而使血清无机磷含量增高。

3. 黄疸血清对显色无干扰作用。

思考题

1. 磷的营养学意义是什么？
2. 饮食中磷的摄入有哪些注意事项？

第十三章

食品安全与卫生学实验

实验一 食品中菌落总数的测定

一、知识准备

菌落总数主要作为判定食品被污染程度的标志，可以对被检样品进行卫生学评价。菌落是指细菌在固体培养基上生长繁殖而形成的能被肉眼识别的生长物，它是由数以万计相同的微生物集合而成的。

食品的菌落总数超标，说明产品的卫生状况达不到基本的卫生要求，将会加速食品的腐败变质，使食品失去食用价值。

二、实验目的

1. 掌握食品中菌落总数的测定方法。
2. 掌握检样的稀释方法和菌落计数。

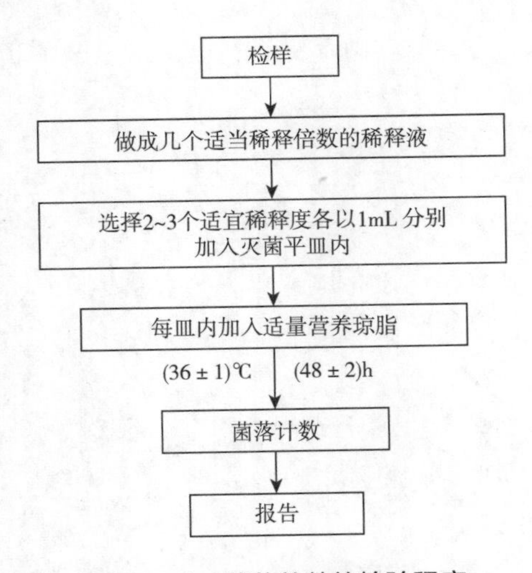

图 13－1 菌落总数的检验程序

三、实验原理

菌落总数是指食品检样经过处理，在一定条件下培养后（如培养基成分、培养温度和时间、pH、需氧性质等），所得1mL（g）检样中所含菌落的总数。本方法规定的培养条件下所得结果，只包括一群在营养琼脂上生长发育的嗜中温性需氧菌的菌落总数。

四、材料与试剂

1. 设备和材料

（1）温箱：36℃ ±1℃；

（2）冰箱：0 ~1℃；

（3）恒温水浴：(46 ±1)℃；

（4）天平；

（5）电炉；

（6）吸管；

（7）广口瓶或三角瓶　容量为500mL；

（8）玻璃珠　直径5mm；

（9）平皿　直径90mm；

（10）试管；

（11）放大镜；

（12）菌落计数器；

（13）酒精灯；

（14）均质器或乳钵；

（15）试管架；

（16）灭菌刀或剪子；

（17）灭菌镊子。

2. 主要试剂

（1）营养琼脂培养基；

（2）磷酸盐缓冲稀释液；

（3）生理盐水；

（4）75%乙醇。

五、实验步骤

1. 以无菌操作，将检样25g（或mL）剪碎放于含有225mL灭菌生理盐水或其他稀释液的灭菌玻璃瓶内（瓶内预置适当数量的玻璃珠）或灭菌乳钵内，经充分振摇或研磨成1∶10的均匀稀释液。

固体检样在加入稀释液后，均质器中最好只以8000 ~10000r/min的速度处理1min，做成1∶10的均匀稀释液。

2. 用1mL灭菌吸管吸去1∶10稀释液1mL，沿管壁徐徐注入含有9mL灭菌生理盐水或其他稀释液的试管内（注意吸管尖端不要触及管内稀释液），振摇试管，混合均匀，做成1∶100稀释液。

3. 另取 1mL 灭菌吸管，按上条操作顺序，做 10 倍递增稀释液，如此每递增稀释一次，即换用 1 支 1mL 灭菌吸管。

4. 根据食品卫生标准要求或对标本污染情况的估计，选择 2 ~ 3 个适宜稀释度，分别在做好的 10 倍递增稀释的同时，即以吸去该稀释液的吸管移 1mL 稀释液于灭菌平皿内，每个稀释度作两个平皿。

5. 稀释液移入平皿后，应及时将凉至 46℃ 营养琼脂培养基（可放置于（46 ± 1）℃ 水浴保温）注入平皿约 15mL，并及时转动平皿使混合均匀。同时将营养琼脂培养基倾入加有 1mL 稀释液的灭菌平皿内作空白对照。

6. 待琼脂凝固后，翻转平板，置（36 ± 1）℃ 温箱内培养（48 ± 2）h。

六、结果计算

1. 菌落计数方法

作平板菌落计数时，可用肉眼观察，必要时用放大镜检查，以防遗漏。在记下各平板的菌落数之后，求出同稀释度的各平板平均菌落总数。

2. 菌落计数的报告

（1）平板菌落数的选择　选取菌落数在 30 ~ 300 的平板作为菌落总数测定标准。一个稀释度使用两个平板，应采用两个平板平均数，其中一个平板有较大片状菌落生长时，则不宜采用，而应以无片状菌落生长的平板作为该稀释度的菌落数，若片状菌落不到平板的一半，而其余一半中菌落分布有很均匀，即可计算半个平板后乘 2 以代表全皿菌落数，平皿内如有链状菌落生长时（菌落之间无明显界线），若仅为一条链，可视为一个菌落，如果有不同来源的几条链，则应将每条链作为一个菌落计。

（2）稀释度的选择

①应选择平均菌落数在 30 ~ 300 的稀释度，再乘以稀释倍数报告（表 13 – 1 例 1）。

②若有两个稀释度，其生长的菌落数均在 30 ~ 300 则视两者之比如何来决定。若其比值小于或等于 2，应报告其平均数；若大于 2 则报告其中较小的数字（表 13 – 1 例 2 及例 3）。

③若所有稀释度的平均菌落数大于 300，则应按稀释度最高的平均菌落数乘以稀释倍数报告（表 13 – 1 例 4）。

④若所有稀释度的平均菌落数小于 300，则应按稀释度最低的平均菌落数乘以稀释倍数报告（表 13 – 1 例 5）。

⑤若所有的稀释度均无菌落生长，则以小于 1 乘以最低稀释倍数报告（表 13 – 1 例 6）。

⑥若所有稀释的平均菌落数均不在 30 ~ 300，其中一部分大于 300 或小于 30 时，则以最接近 30 或 300 的平均菌落数乘以稀释倍数报告（表 13 – 1 例 7）。

（3）菌落数的报告　菌落数在 100 以内时，按其实有数报告，大于 100 时，采用两位有效数字，在两位有效数字后面的数值，以四舍五入法计算。为了缩短数字后面的零数，也可用 10 的指数来表示（表 13 – 1 “报告方法” 栏）。

表 13－1　稀释度选择及菌落数报告方式

例次	稀释液及菌落数			两稀释液之比	菌落总数/（个/g 或 mL）	报告方法/（个/g 或 mL）
	10^{-1}	10^{-2}	10^{-3}			
1	多不可计	164	20	—	16400	16000 或 1.6×10^4
2	多不可计	295	46	1.6	37750	38000 或 3.8×10^4
3	多不可计	271	60	2.2	27100	27000 或 2.7×10^4
4	多不可计	多不可计	313	—	313000	310000 或 3.1×10^5
5	27	11	5	—	270	270 或 2.7×10^2
6	0	0	0	—	$<1 \times 10$	<10
7	多不可计	305	12	—	30500	31000 或 3.1×10^4

七、注意事项

1. 菌落计数时，检样中的霉菌和酵母菌不应计数。

2. 如果平板上出现链状菌落，菌落间没有明显的界限，这可能是琼脂与检样混匀时，一个细菌块被分散所造成的，一条链作为一个菌落计。

3. 如果低稀释度平板上的菌落数比高稀释度平板上的菌落数少，则说明样品中含抑菌物质或操作过程中可能出现差错，这样的结果不可用于结果报告。

思考题

1. 为什么要把检样做成不同浓度的稀释液并分别接种于平板上？
2. 在菌落计数过程当中，同一稀释度的平板上菌落数相差较大，且菌落种类明显不同，如何计算？
3. 某雪糕厂质检员，对该厂当天 9：00～14：00 所生产的所有雪糕随即抽取 3 箱雪糕，每箱随即抽取 3 支，表 13－2 为其中一支的抽查结果。

表 13－2　抽查结果

序号	稀释倍数	菌落数
1	1∶10	多不可计
2	1∶10	多不可计
3	1∶100	多不可计
4	1∶100	多不可计
5	1∶1000	530
6	1∶1000	416
7	1∶10000	112
8	1∶10000	103

请帮助该检验员初步确定该批雪糕细菌总数含量。

实验二　食品中大肠菌群的测定

一、知识准备

大肠菌群是在一定培养条件下能发酵乳糖、产酸产气的兼性厌氧革兰阴性无芽孢杆菌。

二、实验目的

1. 掌握大肠菌群检验原理。
2. 掌握食品中大肠菌群的测定方法。

三、检验原理

平板计数法：大肠菌群在固体培养基中发酵乳糖产酸，在指示剂的作用下形成可计数的红色或紫色，带有或不带有沉淀环的菌落。

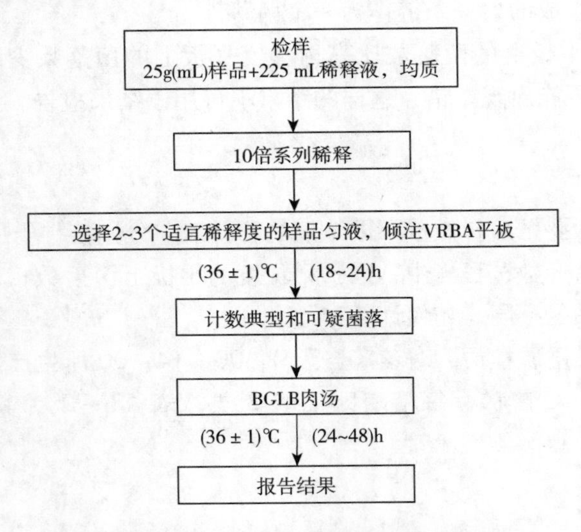

图13-2　大肠菌群平板计数法检验程序

四、材料与试剂

除微生物实验室常规灭菌及培养设备外，其他设备和材料如下所示。

1. 设备和材料

（1）恒温培养箱　(36±1)℃；

（2）冰箱：2~5℃；

（3）恒温水浴箱　(46±1)℃；

（4）天平：感量0.1g；

（5）均质器；

（6）振荡器；

（7）无菌吸管　1mL（具0.01mL刻度）、10mL（具0.1mL刻度）或微量移液器及吸头；

（8）无菌锥形瓶　容量500mL；

（9）无菌培养皿　直径90mm；

（10）pH计或pH比色管或精密pH试纸；

（11）菌落计数器。

2. 培养基和试剂

（1）月桂基硫酸盐胰蛋白胨（LST）肉汤；

（2）煌绿乳糖胆盐（BGLB）肉汤；

（3）结晶紫中性红胆盐琼脂（VRBA）；

（4）无菌磷酸盐缓冲液；

（5）无菌生理盐水；

（6）1mol/LNaOH溶液；

（7）1mol/LHCl溶液。

五、实验步骤

1. 检验程序

大肠菌群平板计数法的检验程序，如图13-2所示。

2. 操作步骤

（1）样品的稀释

①固体和半固体样品。称取25g样品，放入盛有225mL磷酸盐缓冲液或生理盐水的无菌均质杯内，8000~10000r/min均质1~2min，或放入盛有225mL磷酸盐缓冲液或生理盐水的无菌均质袋中，用拍击式均质器拍打1~2min，制成1∶10的样品匀液。

②液体样品。以无菌吸管吸取25mL样品置于盛有225mL磷酸盐缓冲液或生理盐水的无菌锥形瓶（瓶内预置适当数量的无菌玻璃珠）或其他无菌容器中充分振摇或置于机械振荡器中振摇，充分混匀，制成1∶10的样品匀液。

③样品匀液的pH应在6.5~7.5，必要时分别用1mol/L NaOH或1mol/L HCl调节。

④用1mL无菌吸管或微量移液器吸取1∶10样品匀液1mL，沿管壁缓缓注入9mL磷酸盐缓冲液或生理盐水的无菌试管中（注意吸管或吸头尖端不要触及稀释液面），振摇试管或换用1支1mL无菌吸管反复吹打，使其混合均匀，制成1∶100的样品匀液。

⑤根据对样品污染状况的估计，按上述操作，依次制成十倍递增系列稀释样品匀液。每递增稀释1次，换用1支1mL无菌吸管或吸头。从制备样品匀液至样品接种完毕，全过程不得超过15min。

（2）平板计数

①选取2~3个适宜的连续稀释度，每个稀释度接种2个无菌平皿，每皿1mL。同时取1mL生理盐水加入无菌平皿作空白对照。

②及时将15~20mL恒温至46℃的结晶紫中性红胆盐琼脂（VRBA）倾注于每个平皿中。小心旋转平皿，将培养基与样液充分混匀，待琼脂凝固后，再加3~4mL VRBA覆盖

平板表层。翻转平板，置于（36±1）℃培养18～24h。

（3）平板菌落数的选择　选取菌落数在15～150CFU的平板，分别计数平板上出现的典型和可疑大肠菌群菌落（如菌落直径较典型菌落小）。典型菌落为紫红色，菌落周围有红色的胆盐沉淀环，菌落直径为0mm或更大，最低稀释度平板低于15CFU的记录具体菌落数。

（4）证实试验　从VRBA平板上挑取10个不同类型的典型和可疑菌落，少于10个菌落的挑取全部典型和可疑菌落。分别移种于BGLB肉汤管内，（36±1）℃培养24～48h，观察产气情况。凡BGLB肉汤管产气，即可报告为大肠菌群阳性。

（5）大肠菌群平板计数的报告　经最后证实为大肠菌群阳性的试管比例乘以（3）中计数的平板菌落数，再乘以稀释倍数，即为每g（mL）样品中大肠菌群数。

例如，10^{-4}样品稀释液1mL，在VRBA平板上有100个典型和可疑菌落，挑取其中10个接种BGLB肉汤管，证实有6个阳性管，则该样品的大肠菌群数为：$100\times6/10\times10^4$/g（mL）$=6.0\times10^5$CFU/g（mL）。若所有稀释度（包括液体样品原液）平板均无菌落生长，则以小于1乘以最低稀释倍数计算。

1. 大肠菌群的来源、性质?
2. 大肠菌群对食品企业有什么指导意义?

实验三　食品中金黄色葡萄球菌的检验

一、知识准备

金黄色葡萄球菌主要作为判定食品被污染程度的标志，可以对被检样品进行卫生学评价。

金黄色葡萄球菌，在食品中不允许检出。食品中金黄色葡萄球菌超标，说明产品的卫生状况达不到基本的卫生要求，还将加速食品的腐败变质，使食品失去食用价值。

二、实验目的

1. 了解金黄色葡萄球菌的危害。
2. 掌握食品中金黄色葡萄球菌的测定方法。

三、材料与试剂

1. 设备和材料

（1）恒温培养箱　（36±1）℃；

（2）冰箱　2～5℃；

（3）恒温水浴箱　37～65℃；

（4）天平　感量0.1g；

（5）均质器；

（6）振荡器；

（7）无菌吸管　1mL（具0.01mL刻度）、10mL（具0.1mL刻度）或微量移液器及吸头；

（8）无菌锥形瓶　容量100mL、500mL；

（9）无菌培养皿　直径90mm；

（10）注射器　0.5mL；

（11）pH计或pH比色管或精密pH试纸。

2. 主要试剂

（1）10%氯化钠胰酪胨大豆肉汤；

（2）7.5%氯化钠肉汤；

（3）血琼脂平板；

（4）Baird－Parker琼脂平板；

（5）脑心浸出液肉汤（BHI）；

（6）兔血浆；

（7）稀释液　磷酸盐缓冲液；

（8）营养琼脂小斜面；

（9）革兰染色液；

（10）无菌生理盐水。

四、实验步骤

第一法　金黄色葡萄球菌定性检验

1. 检验程序

金黄色葡萄球菌检验程序，如图13－3所示。

2. 操作步骤

（1）样品的处理　称取25g样品至盛有225mL 7.5%氯化钠肉汤或10%氯化钠胰酪胨大豆肉汤的无菌均质杯内，8000～10000r/min均质1～2min，或放入盛有225mL 7.5%氯化钠肉汤或10%氯化钠胰酪胨大豆肉汤的无菌均质袋中，用拍击式均质器拍打1～2min。若样品为液态，吸取25mL样品至盛有225mL 7.5%氯化钠肉汤或10%氯化钠胰酪胨大豆肉汤的无菌锥形瓶（瓶内可预置适当数量的无菌玻璃珠）中，振荡混匀。

（2）增菌和分离培养

①将上述样品匀液于（36±1）℃培养18～24h。金黄色葡萄球菌在7.5%氯化钠肉汤中呈混浊生长，污染严重时在10%氯化钠胰酪胨大豆肉汤内呈混浊生长。

②将上述培养物，分别划线接种到Baird－Parker平板和血平板，血平板（36±1）℃培养18～24h。Baird－Parker平板（36±1）℃培养18～24h或45～48h。

③金黄色葡萄球菌在Baird－Parker平板上，菌落直径为2～3mm，颜色呈灰色到黑

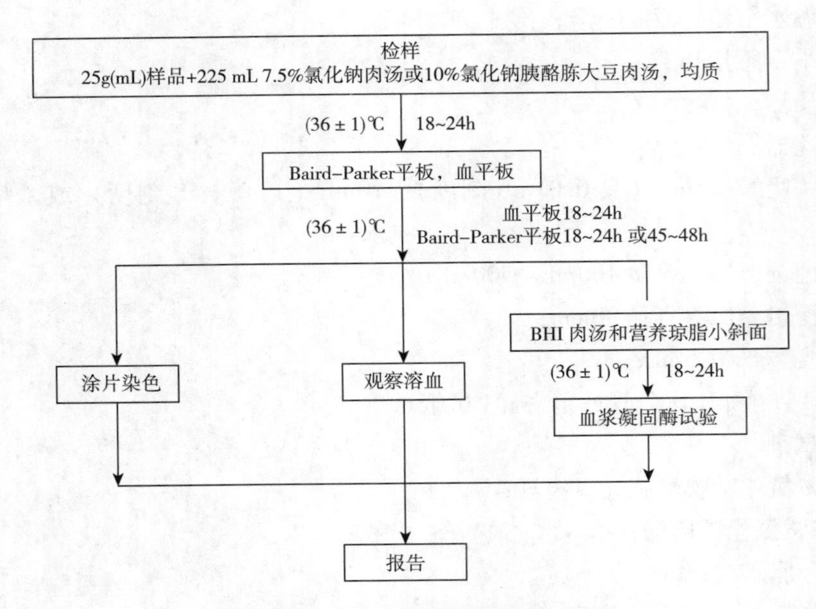

图 13-3 金黄色葡萄球菌检验程序

色，边缘为淡色，周围为一混浊带，在其外层有一透明圈。用接种针接触菌落有似奶油至树胶样的硬度，偶然会遇到非脂肪溶解的类似菌落；但无混浊带及透明圈。长期保存的冷冻或干燥食品中所分离的菌落比典型菌落所产生的黑色较淡些，外观可能粗糙并干燥。在血平板上，形成菌落较大，圆形、光滑凸起、湿润、金黄色（有时为白色），菌落周围可见完全透明溶血圈。挑取上述菌落进行革兰染色镜检及血浆凝固酶试验。

（3）鉴定

①染色镜检。金黄色葡萄球菌为革兰阳性球菌，排列呈葡萄球状，无芽孢，无荚膜，直径为 0.5μm～1μm。

②血浆凝固酶试验。挑取、Baird－Parker 平板或血平板上可疑菌落 1 个或以上，分别接种到 5mL BHI 和营养琼脂小斜面，(36±1)℃培养 18～24h。

取新鲜配制兔血浆 0.5mL，放入小试管中，再加入 BHI 培养物 0.2～0.3mL，振荡摇匀，置（36±1)℃温箱或水浴箱内，每半小时观察一次，观察 6h，如呈现凝固（即将试管倾斜或倒置时，呈现凝块）或凝固体积大于原体积的一半，被判定为阳性结果。同时以血浆凝固酶试验阳性和阴性葡萄球菌菌株的肉汤培养物作为对照。也可用商品化的试剂，按说明书操作，进行血浆凝固酶试验。

结果如可疑，挑取营养琼脂小斜面的菌落到 5mL BHI，（36±1)℃培养 18～48h，重复试验。

（4）葡萄球菌肠毒素的检验　可疑食物中毒样品或产生葡萄球菌肠毒素的金黄色葡萄球菌菌株的鉴定，应按附录 B 检测葡萄球菌肠毒素。

（5）结果与报告

①结果判定。符合（2）、（3），可判定为金黄色葡萄球菌。

②结果报告。在 25g（mL）样品中检出或未检出金黄色葡萄球菌。

第二法　金黄色葡萄球菌 Baird – Parker 平板计数

1. 检验程序

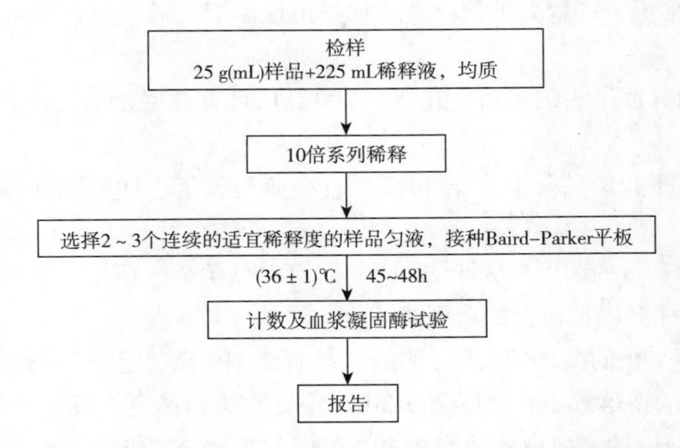

图 13 –4　金黄色葡萄球菌 Baird – Parker 平板法检验程序

2. 操作步骤

（1）样品的稀释

①固体和半固体样品。称取 25g 样品置于盛有 225mL 磷酸盐缓冲液或生理盐水的无菌均质杯内，8000 ~ 10000r/min 均质 1 ~ 2min，或置于盛有 225mL 稀释液的无菌均质袋中，用拍击式均质器拍打 1 ~ 2min，制成 1∶10 的样品匀液。

②液体样品。以无菌吸管吸取 25mL 样品置于盛有 225mL 磷酸盐缓冲液或生理盐水的无菌锥形瓶（瓶内预置适当数量的无菌玻璃珠）中，充分混匀，制成 1∶10 的样品匀液。

③用 1mL 无菌吸管或微量移液器吸取 1∶10 样品匀液 1mL，沿管壁缓慢注于盛有 9mL 稀释液的无菌试管中（注意吸管或吸头尖端不要触及稀释液面），振摇试管或换用 1 支 1mL 无菌吸管反复吹打使其混合均匀，制成 1∶100 的样品匀液。

④按图 13 –4 操作程序，制备 10 倍系列稀释样品匀液。每递增稀释一次，换用 1 次 1mL 无菌吸管或吸头。

（2）样品的接种　根据对样品污染状况的估计，选择 2 ~ 3 个适宜稀释度的样品匀液（液体样品可包括原液），在进行 10 倍递增稀释时，每个稀释度分别吸取 1mL 样品匀液以 0. 3mL、0. 3mL、0. 4mL 接种量分别加入三块 Baird – Parker 平板，然后用无菌 L 棒涂布整个平板，注意不要触及平板边缘。使用前，如 Baird – Parker 平板表面有水珠，可放在 25 ~ 50℃的培养箱里干燥，直到平板表面的水珠消失。

（3）培养　在通常情况下，涂布后，将平板静置 10min，如样液不易吸收，可将平板放在培养箱（36 ±1）℃培养 1h；等样品匀液吸收后翻转平皿，倒置于培养箱，（36 ±1）℃培养 45 ~48h。

（4）典型菌落计数和确认

①金黄色葡萄球菌在 Baird – Parker 平板上，菌落直径为 2 ~ 3mm，颜色由灰色到黑色，边缘为淡色，周围为一混浊带，在其外层有一透明圈。用接种针接触菌落有似奶油至树胶样的硬度，偶然会遇到非脂肪溶解的类似菌落；但无混浊带及透明圈。长期保存的冷

冻或干燥食品中所分离的菌落比典型菌落所产生的黑色稍淡些，外观可能粗糙并干燥。

②选择有典型的金黄色葡萄球菌菌落的平板，且同一稀释度 3 个平板所有菌落数合计在 20 ~ 200CFU 的平板，计数典型菌落数。如果出现以下（a）~（d）情况，按式（13 - 1）计算。

a. 只有一个稀释度平板的菌落数在 20 ~ 200CFU 且有典型菌落，计数该稀释度平板上的典型菌落。

b. 最低稀释度平板的菌落数小于 20CFU 且有典型菌落，计数该稀释度平板上的典型菌落。

c. 某一稀释度平板的菌落数大于 200CFU 且有典型菌落，但下一稀释度平板上没有典型菌落，应计数该稀释度平板上的典型菌落。

d. 某一稀释度平板的菌落数大于 200CFU 且有典型菌落，且下一稀释度平板上有典型菌落，但其平板上的菌落数不在 20 ~ 200CFU，应计数该稀释度平板上的典型菌落。

e. 2 个连续稀释度的平板菌落数均在 20 ~ 200CFU，按式（13 - 2）计算。

③从典型菌落中任选 5 个菌落（小于 5 个全选），分别按第一法中鉴定步骤做血浆凝固酶试验。

3. 结果计算

$$T = \frac{AB}{Cd} \qquad (13-1)$$

式中 T——样品中金黄色葡萄球菌菌落数；

A——某一稀释度典型菌落的总数；

B——某一稀释度血浆凝固酶阳性的菌落数；

C——某一稀释度用于血浆凝固酶试验的菌落数；

d——稀释因子。

$$T = \frac{\frac{A_1B_1}{C_1} + \frac{A_2B_2}{C_2}}{1.1d} \qquad (13-2)$$

式中 T——样品中金黄色葡萄球菌菌落数；

A_1——第一稀释度（低稀释倍数）典型菌落的总数；

A_2——第二稀释度（高稀释倍数）典型菌落的总数；

B_1——第一稀释度（低稀释倍数）血浆凝固酶阳性的菌落数；

B_2——第二稀释度（高稀释倍数）血浆凝固酶阳性的菌落数；

C_1——第一稀释度（低稀释倍数）用于血浆凝固酶试验的菌落数；

C_2——第二稀释度（高稀释倍数）用于血浆凝固酶试验的菌落数；

1.1——计算系数；

d——稀释因子（第一稀释度）。

4. 结果与报告

根据 Baird - Parker 平板上金黄色葡萄球菌的典型菌落数，按上述公式计算，报告每 g（mL）样品中金黄色葡萄球菌数，以 CFU/g（mL）表示；如 T 值为 0，则以小于 1 乘以最低稀释倍数报告。

五、注意事项

1. 菌落计数时，检样中的霉菌和酵母菌不应计数。

2. 如果平板上出现链状菌落，菌落间没有明显的界限，这可能是琼脂与检样混匀时，一个细菌块被分散所造成的，一条链作为一个菌落计。

3. 如果低稀释度平板上的菌落数比高稀释度平板上的菌落数少，则说明样品中含抑菌物质或操作过程中可能出现差错，这样的结果不可用于结果报告。

实验四 食品中沙门氏菌的检验

一、知识准备

1885 年，沙门氏等在霍乱流行时分离到猪霍乱沙门氏菌，故定名为沙门氏菌属。沙门氏菌属有的专对人类致病，有的只对动物致病，也有的对人和动物都致病。感染沙门氏菌或带菌者的粪便会污染食品，发生食物中毒。据统计，在世界各国的种类细菌性食物中毒中，沙门氏菌引起的食物中毒常被列榜首，我国的细菌性食物中毒致病菌也以沙门氏菌为首位。

二、实验目的

1. 了解食品中沙门氏菌的危害。
2. 掌握食品中沙门氏菌的测定方法。

三、材料与试剂

除微生物实验室常规灭菌及培养设备外，其他设备和材料如下：

1. 设备和材料

（1）冰箱 2～5℃；
（2）恒温培养箱 （36±1）℃，（42±1）℃；
（3）均质器；
（4）振荡器；
（5）电子天平 感量 0.1g；
（6）无菌锥形瓶 容量 500mL，250mL；
（7）无菌吸管 1mL（具 0.01mL 刻度）、10mL（具 0.1mL 刻度）或微量移液器及吸头；
（8）无菌培养皿 直径 90mm；
（9）无菌试管 3mm×50mm、10mm×75mm；
（10）无菌毛细管；
（11）pH 计或 pH 比色管或精密 pH 试纸；
（12）全自动微生物生化鉴定系统。

2. 培养基和试剂

（1）缓冲蛋白胨水（BPW）；

（2）四硫黄酸钠煌绿（TTB）增菌液；
（3）亚硒酸盐胱氨酸（SC）增菌液；
（4）亚硫酸铋（BS）琼脂；
（5）HE 琼脂；
（6）木糖赖氨酸脱氧胆盐（XLD）琼脂；
（7）沙门氏菌属显色培养基；
（8）三糖铁（TSI）琼脂；
（9）蛋白胨水、靛基质试剂；
（10）尿素琼脂（pH 为 7.2）；
（11）氰化钾（KCN）培养基；
（12）赖氨酸脱羧酶试验培养基；
（13）糖发酵管；
（14）邻硝基酚 β - D 半乳糖苷（ONPG）培养基；
（15）半固体琼脂；
（16）丙二酸钠培养基；
（17）沙门氏菌 O、H 和 Vi 诊断血清；
（18）生化鉴定试剂盒。

四、检验程序

沙门氏菌检验程序如下。

五、实验步骤

1. 预增菌

称取 25g（mL）样品放入盛有 225mL BPW 的无菌均质杯中，以 8000 ~ 10000r/min 均质 1 ~ 2min，或置于盛有 225mL BPW 的无菌均质袋中，用拍击式均质器拍打 1 ~ 2min。若样品为液态，不需要均质，振荡混匀。如需测定 pH，用 1mol/mL 无菌 NaOH 或 HCl 调 pH 至 6.8 ±0.2。无菌操作将样品转至 500mL 锥形瓶中，如使用均质袋，可直接进行培养，于（36 ±1）℃培养 8 ~ 18h。

如为冷冻产品，应在 45℃以下不超过 15min，或 2 ~ 5℃不超过 18h 解冻。

2. 增菌

轻轻摇动培养过的样品混合物，移取 1mL，转种于 10mL TTB 内，于（42 ±1）℃培养 18 ~ 24h。同时，另取 1mL，转种于 10mL SC 内，于（36 ±1）℃培养 18 ~ 24h。

3. 分离

分别用接种环取增菌液 1 环，划线接种于一个 BS 琼脂平板和一个 XLD 琼脂平板中（或 HE 琼脂平板或沙门氏菌属显色培养基平板）。于（36 ±1）℃分别培养 18 ~ 24h（XLD 琼脂平板、HE 琼脂平板、沙门氏菌属显色培养基平板）或 40 ~ 48h（BS 琼脂平板），观察各个平板上生长的菌落，各个平板上的菌落特征，如表 13 - 3 所示。

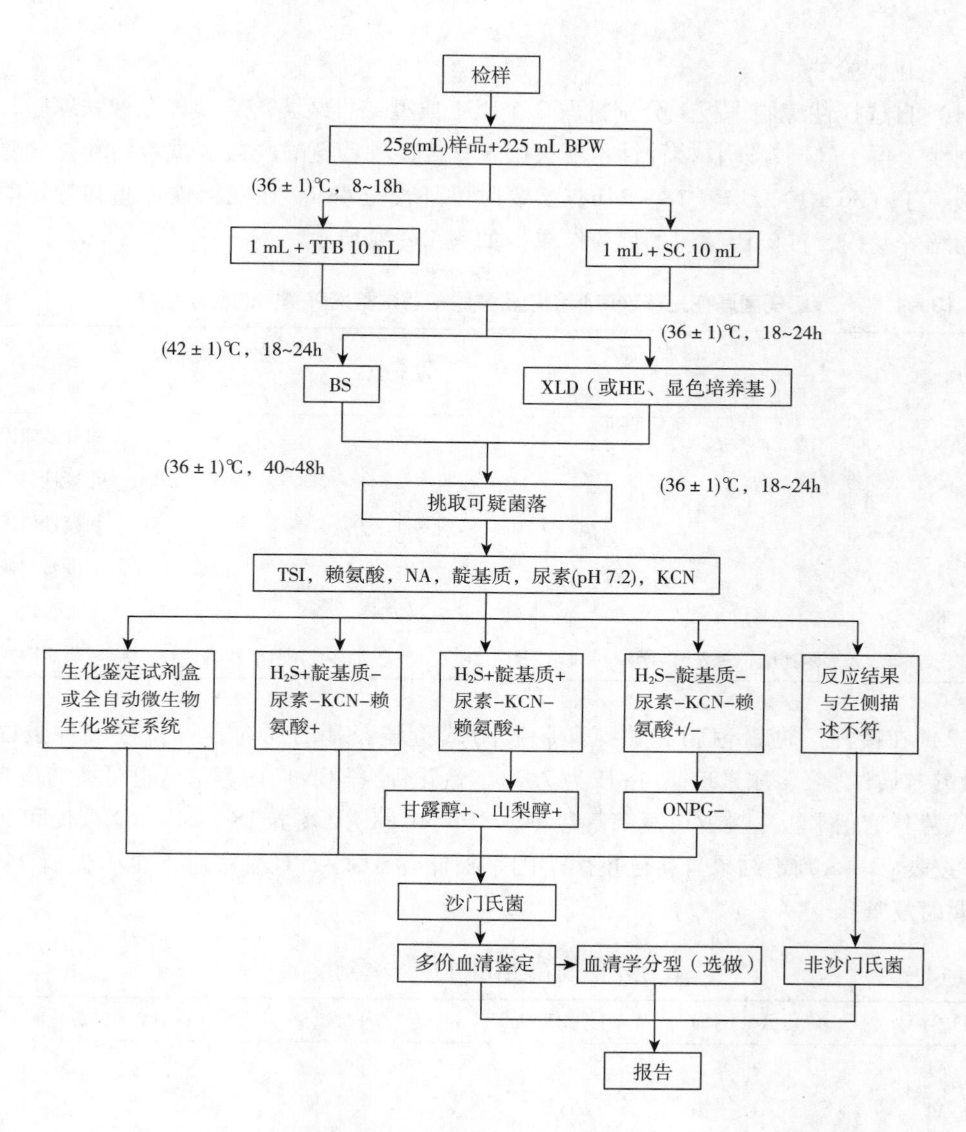

图 13－5　沙门氏菌检验程序

表 13－3　沙门氏菌属在不同选择性琼脂平板上的菌落特征

选择性琼脂平板	沙门氏菌
BS 琼脂	菌落为黑色有金属光泽、棕褐色或灰色，菌落周围培养基可呈黑色或棕色；有些菌株形成灰绿色的菌落，周围培养基不变
HE 琼脂	蓝绿色或蓝色，多数菌落中心黑色或几乎全黑色；有些菌株为黄色，中心黑色或几乎全黑色
XLD 琼脂	菌落呈粉红色，带或不带黑色中心，有些菌株可呈现大的带光泽的黑色中心，或呈现全部黑色的菌落；有些菌株为黄色菌落，带或不带黑色中心
沙门氏菌属显色培养基	按照显色培养基的说明进行判定

4. 生化试验

（1）自选择性琼脂平板上分别挑取2个以上典型或可疑菌落，接种三糖铁琼脂，先在斜面划线，再于底层穿刺；接种针不要灭菌，直接接种赖氨酸脱羧酶试验培养基和营养琼脂平板，于（36±1）℃培养18～24h，必要时可延长至48h。在三糖铁琼脂和赖氨酸脱羧酶试验培养基内，沙门氏菌属的反应结果，如表13－4所示。

表13－4　沙门氏菌属在三糖铁琼脂和赖氨酸脱羧酶试验培养基内的反应结果

三糖铁琼脂			硫化氢	赖氨酸脱羧酶试验培养基	初步判断
斜面	底层	产气			
K	A	+（－）	+（－）	+	可疑沙门氏菌属
K	A	+（－）	+（－）	－	可疑沙门氏菌属
A	A	+（－）	+（－）	+	可疑沙门氏菌属
A	A	+/－	+/－	－	非沙门氏菌
K	K	+/－	+/－	+/－	非沙门氏菌

注：K表示产碱；A表示产酸；+表示阳性；－表示阴性；+（－）表示多数阳性，少数阴性；+/－表示阳性或阴性

（2）在接种三糖铁琼脂和赖氨酸脱羧酶试验培养基的同时，可直接接种蛋白胨水（供做靛基质试验）、尿素琼脂（pH为7.2）、氰化钾（KCN）培养基，也可在初步判断结果后从营养琼脂平板上挑取可疑菌落接种。于（36±1）℃培养18～24h，必要时可延长至48h，按表13－5判定结果。将已挑菌落的平板储存于2～5℃或室温下至少保留24h，以备必要时复查。

表13－5　沙门氏菌属生化反应初步鉴别表

反应序号	硫化氢（H_2S）	靛基质	pH为7.2尿素	氰化钾（KCN）	赖氨酸脱羧酶
A1	+	－	－	－	+
A2	+	+	－	－	+
A3	－	－	－	－	+/－

注：+表示阳性；－表示阴性；+/－表示阳性或阴性

①反应序号A1。典型反应判定为沙门氏菌属，如尿素、KCN和赖氨酸脱羧酶3项中有1项异常，按表13－6可判定为沙门氏菌；如有2项异常为非沙门氏菌。

表13－6　沙门氏菌属生化反应初步鉴别表

pH为7.2的尿素	氰化钾（KCN）	赖氨酸脱羧酶	判定结果
－	－	－	甲型副伤寒沙门氏菌（要求血清学鉴定结果）
－	+	+	沙门氏菌Ⅳ或Ⅴ（要求符合本群生化特性）
+	－	+	沙门氏菌个别变体（要求血清学鉴定结果）

注：+表示阳性；－表示阴性

②反应序号 A2。补做甘露醇和山梨醇试验，沙门氏菌靛基质阳性变体两项试验结果均为阳性，但需要结合血清学鉴定结果进行判定。

③反应序号 A3。补做 ONPG。ONPG 阴性为沙门氏菌，同时赖氨酸脱羧酶阳性，甲型副伤寒沙门氏菌为赖氨酸脱羧酶阴性。

④必要时按表 13 -7 进行沙门氏菌生化群的鉴别。

表 13 -7　　沙门氏菌属各生化群的鉴别

项目	Ⅰ	Ⅱ	Ⅲ	Ⅳ	Ⅴ	Ⅵ
卫矛醇	+	+	-	-	+	-
山梨醇	+	+	+	+	+	-
水杨苷	-	-	-	+	-	-
ONPG	-	-	+	-	+	-
丙二酸盐	-	+	+	-	-	-
KCN	-	-	-	+	+	-

注：+表示阳性；-表示阴性

（3）如选择生化鉴定试剂盒或全自动微生物生化鉴定系统，可根据表 13 -4 的初步判断结果，从营养琼脂平板上挑取可疑菌落，用生理盐水制备成浊度适当的菌悬液，使用生化鉴定试剂盒或全自动微生物生化鉴定系统进行鉴定。

5. 血清学鉴定

（1）检查培养物有无自凝性　一般采用 1.2% ~1.5% 琼脂培养物作为玻片凝集试验用的抗原。首先排除自凝集反应，在洁净的玻片上滴加一滴生理盐水，将待试培养物混于生理盐水滴内，使成为均一性的混浊悬液，将玻片轻轻摇动 30 ~60s 在黑色背景下观察反应（必要时用放大镜观察），若出现可见的菌体凝集，即认为有自凝性；反之，无自凝性。对无自凝性的培养物参照下面方法进行血清学鉴定。

（2）多价菌体抗原（O）鉴定　在玻片上划出 2 个约 1cm×2cm 的区域，挑取 1 环待测菌，各放 1/2 环于玻片上的每一区域上部，在其中一个区域下部加 1 滴多价菌体（O）抗血清，在另一区域下部加入 1 滴生理盐水，作为对照。再用无菌的接种环或针分别将两个区域内的菌落研成乳状液。将玻片倾斜摇动混合 1min，并对着黑暗背景进行观察，任何程度的凝集现象皆为阳性反应。

（3）多价鞭毛抗原（H）鉴定　同（2）。

（4）血清学分型（选做项目）

①O 抗原的鉴定：用 A ~F 多价 O 血清做玻片凝集试验，同时用生理盐水做对照。在生理盐水中自凝者为粗糙形菌株，不能分型。

被 A ~F 多价 O 血清凝集者，依次用 O4，O3，O10，O7，O8，O9，O2 和 O11 因子血清做凝集试验。根据试验结果，判定 O 群。被 O3、O10 血清凝集的菌株，再用 O10、O15、O34、O19 单因子血清做凝集试验，判定 E1、E4 各亚群，每一个 O 抗原成分的最后确定均应根据O单因子血清的检查结果，没有O单因子血清的要用两个O复合因子血清进行核对。

不被A～F多价O血清凝集者，先用9种多价O血清检查，如有其中一种血清凝集，则用这种血清所包括的O群血清逐一检查，以确定O群。每种多价O血清所包括的O因子如下所述。

O多价1 A，B，C，D，E，F，群（并包括6，14群）；

O多价2 13，16，17，18，21群；

O多价3 28，30，35，38，39群；

O多价4 40，41，42，43群；

O多价5 44，45，47，48群；

O多价6 50，51，52，53群；

O多价7 55，56，57，58群；

O多价8 59，60，61，62群；

O多价9 63，65，66，67群。

②H抗原的鉴定：属于A～F各O群的常见菌型，依次用下表所述H因子血清检查第1相和第2相的H抗原。如表13－8所示。

表13－8　A～F群常见菌型H抗原表

O群	第1相	第2相
A	a	无
B	g，f，s	无
B	I，b，d	2
C1	k，v，r，c	5，z15
C2	b，d，r	2，5
D（不产气的）	d	无
D（产气的）	g，m，p，q	无
E1	h，v	6，w，x
E4	g，s，t	无
E4	i	

不常见的菌型，先用8种多价H血清检查，如有其中一种或两种血清凝集，则再用这一种或两种血清所包括的各种H因子血清逐一检查，以第1相和第2项的H抗原。8种多价H血清所包括的H因子如下：

H多价1 a，b，c，d，i；

H多价2 eh，enx，enz_{15}，fg，gms，gpu，gp，gq，mt，gz_{51}；

H多价3 k，r，y，z，z_{10}，lv，lw，lz_{13}，lz_{28}，lz_{40}；

H多价4 1，2；1，5；1，6；1，7；z_6；

H多价5 z_4z_{23}，z_4z_{24}，z_4z_{32}，z_{29}，z_{35}，z_{36}，z_{38}；

H多价6 z_{39}，z_{41}，z_{42}，z_{44}；

H多价7 z_{52}，z_{53}，z_{54}，z_{55}；

H 多价 8 z_{56}，z_{57}，z_{60}，z_{61}，z_{62}。

每一个 H 抗原成分的最后确定均应根据 H 单因子血清的检查结果，没有 H 单因子血清的要用两个 H 复合因子血清进行核对。

检出第 1 相 H 抗原而未检出第 2 相 H 抗原的或检出第 2 相 H 抗原而未检出第 1 相 H 抗原的，可在琼脂斜面上移种 1～2 代后再检查。如仍只检出一个相的 H 抗原，要用位相变异的方法检查其另一个相。单相菌不必做位相变异检查。

位相变异试验方法如下所述。

小玻管法：将半固体管（每管为 1mL～2mL）在酒精灯上溶化并冷至 50℃，取已知相的 H 因子血清 0.05mL～0.1mL，加入溶化的半固体内，混匀后，用毛细吸管吸取分装于供位相变异试验的小玻管内，待凝固后，用接种针挑取待检菌，接种于一端。将小玻管平放在平皿内，并在其旁放一团湿棉花，以防琼脂中水分蒸发而干缩，每天检查结果，待另一相细菌解离后，可以从另一端挑取细菌进行检查。培养基内血清的浓度应有适当的比例，过高时细菌不能生长，过低时同一相细菌的动力不能被抑制。一般按原血清 1∶200～1∶800的量加入。

小倒管法：将两端开口的小玻管（下端开口要留一个缺口，不要平齐）放在半固体管内，小玻管的上端应高出于培养基的表面，灭菌后备用。临用时在酒精灯上加热溶化，冷至 50℃，挑取因子血清 1 环，加入小套管中的半固体内，略加搅动，使其混匀，待凝固后，将待检菌株接种于小套管中的半固体表层内。每天检查结果，待另一相细菌解离后，可从套管外的半固体表面取菌检查，或转种 1% 软琼脂斜面，于 37℃ 培养后再做凝集试验。

简易平板法：将 0.35%～0.4% 半固体琼脂平板烘干表面水分，挑取因子血清 1 环，滴在半固体平板表面，放置片刻，待血清吸收到琼脂内，在血清部位的中央点种待检菌株，培养后，在形成蔓延生长的菌苔边缘取菌检查。

③Vi 抗原的鉴定：用 Vi 因子血清检查。已知具有 Vi 抗原的菌型有：伤寒沙门氏菌，丙型副伤寒沙门氏菌，都柏林沙门氏菌。

④菌型的判定：根据血清学分型鉴定的结果，按照常见沙门氏菌抗原表或有关沙门氏菌属抗原表判定菌型。

6. 结果与报告

综合以上生化试验和血清学鉴定的结果，报告 25g（mL）样品中检出或未检出沙门氏菌。

1. 沙门氏菌的特点？
2. 沙门氏菌与其他致病菌的毒性对比分析？

实验五　蔬菜中硝酸盐含量的测定

一、知识准备

植物吸收氮素之后，往往以硝酸盐的形式暂存于体内，它是一种无毒的无机化合物。但是，如果蔬菜不新鲜了，硝酸盐会被植物中的酶转化成亚硝酸盐。如果蔬菜烹调过，其中滋生了微生物，很多细菌霉菌也能把硝酸盐转化成亚硝酸盐。亚硝酸盐具有一定毒性，其中最常见的品种是亚硝酸钠。世界各国一般都用亚硝酸钠作为食品添加剂，给肉类食品做防腐剂和发色剂，但数量是严格控制的。本实验采用紫外分光光度法测定蔬菜和水果中硝酸盐的含量。

二、实验目的

1. 了解蔬菜中硝酸盐的来源。
2. 掌握用紫外分光光度法测定蔬菜和水果中硝酸盐含量的原理。

三、实验原理

用 pH 为 9.6～9.7 的氨缓冲液提取样品中硝酸根离子，同时加活性炭去除色素类，加沉淀剂去除蛋白质及其他干扰物质，利用硝酸根离子和亚硝酸根离子在紫外区 219nm 处具有等吸收波长的特性，测定提取液的吸光度，其测得结果为硝酸盐和亚硝酸盐吸光度的总和，鉴于新鲜蔬菜、水果中亚硝酸盐含量甚微，可忽略不计。测定结果为硝酸盐的吸光度，可从工作曲线上查得相应的质量浓度，计算样品中硝酸盐的含量。

四、材料与试剂

1. 实验材料

蔬菜、水果。

2. 主要试剂

除非另有说明，本方法所用试剂均为分析纯。水为《分析实验室用水规格和试验方法》（GB/T 6682—2008）规定的一级水。

（1）盐酸（HCl，ρ =1.19g/mL）；

（2）氨水（$NH_3 \cdot H_2O$，25%）；

（3）亚铁氰化钾［$K_4Fe(CN)_6 \cdot 3H_2O$］；

（4）硫酸锌（$ZnSO_4 \cdot 7H_2O$）；

（5）正辛醇（$C_8H_{18}O$）；

（6）活性炭（粉状）。

3. 试剂配制

（1）氨缓冲溶液（pH＝9.6～9.7）　量取 20mL 盐酸，加入到 500mL 水中，混合后加入 50mL 氨水，用水定容至 1000mL。调 pH 至 9.6～9.7。

（2）亚铁氰化钾溶液（150g/L）　称 150g 亚铁氰化钾溶于水，定容至 1000mL。

（3）硫酸锌溶液（300g/L） 称取300g硫酸锌溶于水，定容至1000mL。

4. 标准品

硝酸钾（KNO_3，CAS号：7757－79－1）：基准试剂，或采用具有标准物质证书的硝酸盐标准溶液。

5. 标准溶液配制

（1）硝酸盐标准储备液（500mg/L，以硝酸根计） 称取0.2039g于110～120℃干燥至恒重的硝酸钾，用水溶解并转移至250mL容量瓶中，加水稀释至刻度，混匀。此溶液硝酸根质量浓度为500mg/L，于冰箱内保存。

（2）硝酸盐标准曲线工作液 分别吸取0mL、0.2mL、0.4mL、0.6mL、0.8mL、1.0mL和1.2mL硝酸盐标准储备液于50mL容量瓶中，加水定容至刻度，混匀。此标准系列溶液硝酸根质量浓度分别为0mg/L、2.0mg/L、4.0mg/L、6.0mg/L、8.0mg/L、10.0mg/L和12.0mg/L。

五、仪器和设备

1. 紫外分光光度计；
2. 分析天平：感量0.01g和0.0001g；
3. 组织捣碎机；
4. 可调式往返振荡机；
5. pH计（精度为0.01）。

六、实验步骤

1. 试样制备

选取一定数量有代表性的样品，先用自来水冲洗，再用水清洗干净，晾干表面水分，用四分法取样，切碎，充分混匀，于组织捣碎机中匀浆（部分少汁样品可按一定质量比例加入等量水），在匀浆中加1滴正辛醇消除泡沫。

2. 提取

称取10g（精确至0.01g）匀浆试样（如制备过程中加水，应按加水量折算）于250mL锥形瓶中，加水100mL，加入5mL氨缓冲溶液（pH＝9.6～9.7），2g粉末状活性炭。振荡（往复速度为200次/min）30min。定量转移至250mL容量瓶中，加入2mL150g/L亚铁氰化钾溶液和2mL 300g/L硫酸锌溶液，充分混匀，加水定容至刻度，摇匀，放置5min，上清液用定量滤纸过滤，滤液备用。同时做空白实验。

3. 测定

根据试样中硝酸盐含量的高低，吸取上述滤液2～10mL于50mL容量瓶中，加水定容至刻度，混匀。用1cm石英比色皿，于219nm处测定吸光度。

4. 标准曲线的制作

将标准曲线工作液用1cm石英比色皿，于219nm处测定吸光度。以标准溶液质量浓度为横坐标，吸光度为纵坐标绘制工作曲线。

七、结果计算

硝酸盐（以硝酸根计）的含量按下式计算：

$$X = \frac{\rho V_1 V_3}{m_1 V_2}$$

式中 X——试样中硝酸盐的含量，mg/kg；

ρ——由工作曲线获得的试样溶液中硝酸盐的质量浓度，mg/L；

V_1——提取液定容体积，mL；

V_3——待测液定容体积，mL；

m_1——试样的质量，g；

V_2——吸取的滤液体积，mL；

结果保留 2 位有效数字。

八、注意事项

1. 在重复性条件下获得的两次独立测定结果的绝对差值不得超过算术平均值的10%。
2. 硝酸盐检出限为1.2mg/kg。

1. 蔬菜中为什么会有硝酸盐?
2. 硝酸盐有什么危害?

实验六 食品中苯甲酸、山梨酸和糖精钠含量的测定

一、知识准备

苯甲酸是重要的酸型食品防腐剂，在酸性条件下，苯甲酸对酵母菌、部分细菌抑制效果很好，对霉菌的效果差一些。酱油、食醋中最大使用量1.0g/kg；蜜饯凉果最大使用量0.5g/kg。苯甲酸可与人体内的氨基乙酸结合生成马尿酸而随尿液排出体外。如过量摄入苯甲酸和苯甲酸钠，将会影响肝脏酶对脂肪酸的作用，其次苯甲酸钠中过量的钠对人体血压、心脏、肾功能也会产生影响。

山梨酸及山梨酸钾是一种良好的食品防腐剂，在西方发达国家的应用量很大。山梨酸具有良好的防霉性能，对霉菌、酵母菌和好氧性细菌的生长发育起抑制作用，其抑止发育的作用比杀菌作用更强，可有效地延长食品的保存时间，并可保持原有食品的风味。山梨酸具有较低的毒性，毒副作用小于苯甲酸钠。如果食品中添加的山梨酸超标严重，消费者长期服用，在一定程度上会抑制骨骼生长，危害肾、肝脏的健康。

糖精钠是食品工业中常用的合成甜味剂，且使用历史最长，但也是最引起争议的合成甜味剂。糖精钠的甜度比蔗糖甜300～500倍，在生物体内不被分解，由肾排出体外。但其毒性不强，其争议主要在于其致癌性。最近的研究显示糖精致癌性可能不是糖精所引起的，而是与钠离子及大鼠的高蛋白尿有关。糖精的阴离子可作为钠离子的载体而导致尿液生理性质的改变。

二、实验目的

1. 了解苯甲酸、山梨酸和糖精钠的性质和特点。
2. 掌握苯甲酸、山梨酸和糖精钠的测定方法。

三、实验原理

样品经水提取，高脂肪样品经正己烷脱脂、高蛋白样品经蛋白沉淀剂沉淀蛋白，采用液相色谱分离、紫外检测器检测，外标法定量。

四、材料与试剂

1. 实验原材料

饮料、液态乳、乳酪、黄油、巧克力等。

2. 主要试剂

除非另有说明，本方法所用试剂均为分析纯。水为《分析实验室用水规格和试验方法》（GB/T 6682—2008）规定的一级水。

（1）氨水（$NH_3 \cdot H_2O$）；

（2）亚铁氰化钾［$K_4Fe(CN)_6 \cdot 3H_2O$］；

（3）乙酸锌［$Zn(CH_3COO)_2 \cdot 2H_2O$］；

（4）无水乙醇（CH_3CH_2OH）；

（5）正己烷（C_6H_{14}）；

（6）甲醇（CH_3OH）　色谱纯；

（7）乙酸铵（CH_3COONH_4）　色谱纯；

（8）甲酸（HCOOH）　色谱纯。

3. 试剂配制

（1）氨水溶液（1+99）　取氨水1mL，加到99mL水中，混匀。

（2）亚铁氰化钾溶液（92g/L）　称取106g亚铁氰化钾，加入适量水溶解，用水定容至1000mL。

（3）乙酸锌溶液（183g/L）　称取220g乙酸锌溶于少量水中，加入30mL冰乙酸，用水定容至1000mL。

（4）乙酸铵溶液（20mmol/L）　称取1.54g乙酸铵，加入适量水溶解，用水定容至1000mL，经0.22μm水相微孔滤膜过滤后备用。

（5）甲酸-乙酸铵溶液（2mmol/L甲酸+20mmol/L乙酸铵）　称取1.54g乙酸铵，加入适量水溶解，再加入75.2μL甲酸，用水定容至1000mL，经0.22μm水相微孔滤膜过滤后备用。

4. 标准品

（1）苯甲酸钠（C_6H_5COONa，CAS 号：532－32－1），纯度≥99.0%；或苯甲酸（C6H5COOH，CAS 号：65－85－0），纯度≥99.0%，或经国家认证并授予标准物质证书的标准物质。

（2）山梨酸钾（$C_6H_7KO_2$，CAS 号：590－00－1），纯度≥99.0%；或山梨酸（$C_6H_8O_2$，CAS 号：110－44－1），纯度≥99.0%，或经国家认证并授予标准物质证书的标准物质。

（3）糖精钠（$C_6H_4CONNaSO_2$，CAS 号：128－44－9），纯度≥99%，或经国家认证并授予标准物质证书的标准物质。

5. 标准溶液配制

（1）苯甲酸、山梨酸和糖精钠（以糖精计）标准储备溶液（1000mg/L） 分别准确称取苯甲酸钠、山梨酸钾和糖精钠 0.118g、0.134g 和 0.117g（精确到 0.0001g），用水溶解并分别定容至 100mL。于 4℃储存，保存期为 6 个月。当使用苯甲酸和山梨酸标准品时，需要用甲醇溶解并定容。

注：糖精钠含结晶水，使用前需在 120℃烘 4h，干燥器中冷却至室温后备用。

（2）苯甲酸、山梨酸和糖精钠（以糖精计）混合标准中间溶液（200mg/L） 分别准确吸取苯甲酸、山梨酸和糖精钠标准储备溶液各 10.0mL 于 50mL 容量瓶中，用水定容。于 4℃储存，保存期为 3 个月。

（3）苯甲酸、山梨酸和糖精钠（以糖精计）混合标准系列工作溶液 分别准确吸取苯甲酸、山梨酸和糖精钠混合标准中间溶液 0mL、0.05mL、0.25mL、0.50mL、1.00mL、2.50mL、5.00mL 和 10.0mL，用水定容至 10mL，配制成质量浓度分别为 0mg/L、1.00mg/L、5.00mg/L、10.0mg/L、20.0mg/L、50.0mg/L、100mg/L 和 200mg/L 的混合标准系列工作溶液。临用现配。

6. 材料

（1）水相微孔滤膜：0.22μm；

（2）塑料离心管：50mL。

五、仪器和设备

（1）高效液相色谱仪 配紫外检测器；

（2）分析天平 感量为 0.001g 和 0.0001g；

（3）涡旋振荡器；

（4）离心机 转速 >8000r/min；

（5）匀浆机；

（6）恒温水浴锅；

（7）超声波发生器。

六、实验步骤

1. 试样制备

取多个预包装的饮料、液态乳等均匀样品直接混合；非均匀的液态、半固态样品用组织匀浆机匀浆；固体样品用研磨机充分粉碎并搅拌均匀；乳酪、黄油、巧克力等采用50～60℃加热熔融，并趁热充分搅拌均匀。取其中的200g装入玻璃容器中，密封，将液体试样于4℃保存，其他试样于-18℃保存。

2. 试样提取

（1）一般性试样　准确称取约2g（精确到0.001g）试样于50mL具塞离心管中，加水约25mL，涡旋混匀，于50℃水浴超声20min，冷却至室温后加亚铁氰化钾溶液2mL和乙酸锌溶液2mL，混匀，于8000r/min离心5min，将水相转移至50mL容量瓶中，于残渣中加水20mL，涡旋混匀后超声5min，于8000r/min离心5min，将水相转移到同一50mL容量瓶中，并用水定容至刻度，混匀。取适量上清液过0.22μm滤膜，待液相色谱测定。

注：碳酸饮料、果酒、果汁、蒸馏酒等测定时可以不加蛋白沉淀剂。

（2）含胶基的果冻、糖果等试样　准确称取约2g（精确到0.001g）试样于50mL具塞离心管中，加水约25mL，涡旋混匀，于70℃水浴加热溶解试样，于50℃水浴超声20min，之后的操作同上述一般性试样的操作步骤。

（3）油脂、巧克力、奶油、油炸食品等高油脂试样　准确称取约2g（精确到0.001g）试样于50mL具塞离心管中，加正己烷10mL，于60℃水浴加热约5min，并不时轻摇以溶解脂肪，然后加氨水溶液（1+99）25mL，乙醇1mL，涡旋混匀，于50℃水浴超声20min，冷却至室温后，加亚铁氰化钾溶液2mL和乙酸锌溶液2mL，混匀，于8000r/min离心5min，弃去有机相，水相转移至50mL容量瓶中，残渣同5.2.1再提取一次后测定。

3. 仪器参考条件

（1）色谱柱　C18柱，柱长250mm，内径4mm，粒径5μm，或等效色谱柱。

（2）流动相　甲醇+乙酸铵溶液=5+95。

（3）流速　1mL/min。

（4）检测波长　230nm。

（5）进样量　10μL。

注：当存在干扰峰或需要辅助定性时，可以采用加入甲酸的流动相来测定，如流动相：甲醇+甲酸-乙酸铵溶液=8+92。

4. 标准曲线的制作

将混合标准系列工作溶液分别注入液相色谱仪中，测定相应的峰面积，以混合标准系列工作溶液的质量浓度为横坐标，以峰面积为纵坐标，绘制标准曲线。

5. 试样溶液的测定

将试样溶液注入液相色谱仪中，得到峰面积，根据标准曲线得到待测液中苯甲酸、山梨酸和糖精钠（以糖精计）的质量浓度。

七、结果计算

试样中苯甲酸、山梨酸和糖精钠（以糖精计）的含量按下式计算：

$$X = \frac{\rho V}{1000m}$$

式中　X——试样中待测组分含量，g/kg；

ρ——由标准曲线得出的试样液中待测物的质量浓度，mg/L；

V——试样定容体积，mL；

m——试样质量，g；

1000——由 mg/kg 转换为 g/kg 的换算因子。

结果保留 3 位有效数字。

八、注意事项

1. 在重复性条件下获得的两次独立测定结果的绝对差值不得超过算术平均值的 10%。

2. 按取样量 2g，定容 50mL 时，苯甲酸、山梨酸和糖精钠（以糖精计）的检出限均为 0.005g/kg，定量限均为 0.01g/kg。

1. 苯甲酸、山梨酸和糖精钠有哪些性质和特点?
2. 苯甲酸、山梨酸和糖精钠在食品工业使用的注意事项有哪些?

实验七　食品中合成着色剂的测定

一、知识准备

着色剂又称食品色素，是以食品着色为主要目的，赋予食品色泽或改善食品色泽的物质。目前，世界上常用的食品着色剂有 60 余种，我国允许使用的有 46 种，按其来源和性质分为食品合成着色剂和食品天然着色剂两类。

天然着色剂是从动植物和微生物中提取或加工而成的类胡萝卜素。当前，在国际市场中被广泛接受和使用的天然色素主要有万寿菊花色素衍生物（Lutein）和辣椒色素衍生物（Capsanthin）。另外，国内还常使用天然动植物作着色剂，如把人参茎叶粉、万寿菊粉、紫宥精粉、木薯叶粉、松针叶粉、橘皮粉、银合欢叶粉、胡萝卜、虾蟹壳粉、海藻等，作为畜、禽、水产品的着色剂。

合成着色剂主要是类胡萝卜素，如 β - 阿朴 - 8 - 胡萝卜醛或 β - 阿 - 朴 - 8 - 类胡萝卜素乙酯以及柠檬黄素、斑蝥素、加利红、加利黄、露康定等。

二、实验目的

1. 了解食品着色剂的种类。
2. 掌握食品中合成着色剂的测定方法。

三、实验原理

食品中人工合成着色剂用聚酰胺吸附法或液 - 液分配法提取，制成水溶液，注入高效液相色谱仪，经反相色谱分离，根据保留时间定性和与峰面积比较进行定量。

四、材料与试剂

1. 实验材料

果汁、果汁饮料、配制酒类、硬糖、蜜饯类、淀粉软糖、巧克力豆等。

2. 主要试剂

除非另有说明，本方法所用试剂均为分析纯。水为《分析实验室用水规格和试验方法》（GB/T 6682—2008）规定的一级水。

（1）甲醇（CH_3OH） 色谱纯；

（2）正己烷（C_6H_{14}）；

（3）盐酸（HCl）；

（4）冰醋酸（CH_3COOH）；

（5）甲酸（HCOOH）；

（6）乙酸铵（CH_3COONH_4）；

（7）柠檬酸（$C_6H_8O_7 \cdot H_2O$）；

（8）硫酸钠（Na_2SO_4）；

（9）正丁醇（$C_4H_{10}O$）；

（10）三正辛胺（$C_{24}H_{51}N$）；

（11）无水乙醇（CH_3CH_2OH）；

（12）氨水（$NH_3 \cdot H_2O$） 含量20%～25%；

（13）聚酰胺粉（尼龙6） 过200μm（目）筛。

3. 试剂配制

（1）乙酸铵溶液（0.02mol/L） 称取1.54g乙酸铵，加水至1000mL，溶解，经0.45μm微孔滤膜过滤。

（2）氨水溶液 量取氨水2mL，加水至100mL，混匀。

（3）甲醇-甲酸溶液（6+4，体积比） 量取甲醇60mL，甲酸40mL，混匀。

（4）柠檬酸溶液 称取20g柠檬酸，加水至100mL，溶解混匀。

（5）无水乙醇-氨水-水溶液（7+2+1，体积比） 量取无水乙醇70mL、氨水溶液20mL、水10mL，混匀。

（6）三正辛胺-正丁醇溶液（5%） 量取三正辛胺5mL，加正丁醇至100mL，混匀。

（7）饱和硫酸钠溶液。

（8）pH为6的水 水加柠檬酸溶液调pH到6。

（9）pH为4的水 水加柠檬酸溶液调pH到4。

4. 标准品

（1）柠檬黄（CAS：1934-21-0）；

（2）新红（CAS：220658-76-4）；

（3）苋菜红（CAS：915-67-3）；

（4）胭脂红（CAS：2611-82-7）；

（5）日落黄（CAS：2783－94－0）；

（6）亮蓝（CAS：3844－45－9）；

（7）赤藓红（CAS：16423－68－0）。

5. 标准溶液配制

（1）合成着色剂标准储备液（1mg/mL） 准确称取按其纯度折算为100%质量的柠檬黄、日落黄、苋菜红、胭脂红、新红、赤藓红、亮蓝各0.1g（精确至0.0001g），置100mL容量瓶中，加pH为6的水到刻度。配成水溶液（1.00mg/mL）。

（2）合成着色剂标准使用液（50μg/mL） 临用时将标准储备液加水稀释20倍，经0.45μm微孔滤膜过滤。配成每毫升相当50.0μg的合成着色剂。

五、仪器和设备

1. 高效液相色谱仪，带二极管阵列或紫外检测器；

2. 天平：感量为0.001g和0.0001g；

3. 恒温水浴锅；

4. G3垂融漏斗。

六、实验步骤

1. 试样制备

（1）果汁饮料及果汁、果味碳酸饮料等 称取20～40g（精确至0.001g），放入100mL烧杯中。含二氧化碳样品加热或超声驱除CO_2。

（2）配制酒类 称取20～40g（精确至0.001g），放入100mL烧杯中，加小碎瓷片数片，加热驱除乙醇。

（3）硬糖、蜜饯类、淀粉软糖等 称取5～10g（精确至0.001g）粉碎样品，放入100mL小烧杯中，加水30mL，温热溶解，若样品溶液pH较高，用柠檬酸溶液调pH到6左右。

（4）巧克力豆及着色糖衣制品 称取5～10g（精确至0.001g），放入100mL小烧杯中，用水反复洗涤色素，到巧克力豆无色素为止，合并色素漂洗液为样品溶液。

2. 色素提取

（1）聚酰胺吸附法 样品溶液加柠檬酸溶液调pH到6，加热至60℃，将1g聚酰胺粉加少许水调成粥状，倒入样品溶液中，搅拌片刻，以G3垂融漏斗抽滤，用60℃pH为4的水洗涤3～5次，然后用甲醇－甲酸混合溶液洗涤3～5次（含赤藓红的样品用下面液－液分配法处理），再用水洗至中性，用乙醇－氨水－水混合溶液解吸3～5次，直至色素完全解吸，收集解吸液，加乙酸中和，蒸发至近干，加水溶解，定容至5mL。经0.45μm微孔滤膜过滤，进高效液相色谱仪分析。

（2）液－液分配法（适用于含赤藓红的样品） 将制备好的样品溶液放入分液漏斗中，加2mL盐酸、三正辛胺－正丁醇溶液（5%）10～20mL，振摇提取，分取有机相，重复提取，直至有机相无色，合并有机相，用饱和硫酸钠溶液洗2次，每次10mL，分取有机相，放蒸发皿中，水浴加热浓缩至10mL，转移至分液漏斗中，加10mL正己烷，混匀，加氨水溶液提取2~3次，每次5mL，合并氨水溶液层（含水溶性酸性色素），用正己烷洗2次，氨水层加乙酸调成中性，水浴加热蒸发至近干，加水定容至5mL。经0.45μm微孔滤膜过滤，进高效液相色谱仪分析。

3. 仪器参考条件

（1）色谱柱　C_{18}柱，4mm×250mm，5μm；

（2）进样量　10μL；

（3）柱温　35℃；

（4）二极管阵列检测器波长范围　400~800nm，或紫外检测器检测波长：254nm；

（5）梯度洗脱如表13-9所示。

表13-9　梯度洗脱表

时间/min	流速/（mL/min）	0.02mol/L乙酸铵溶液/%	甲醇/%
0	1.0	95	5
3	1.0	65	35
7	1.0	0	100
10	1.0	0	100
10.1	1.0	95	5
21	1.0	95	5

4. 测定

将样品提取液和合成着色剂标准使用液分别注入高效液相色谱仪，根据保留时间定性，外标峰面积法定量。

七、结果计算

试样中着色剂含量按下式计算：

$$X = \frac{1000 \times c \times V}{1000 \times 1000 \times m}$$

式中　X——试样中着色剂的含量，g/kg；

c——进样液中着色剂的浓度，μg/mL；

V——试样稀释总体积，mL；

m——试样质量，g；

1000——换算系数。

计算结果以重复性条件下获得的两次独立测定结果的算术平均值表示，结果保留两位有效数字。

八、注意事项

1. 在重复性条件下获得的两次独立测定结果的绝对差值不得超过算术平均值的10%。

2. 方法检出限　柠檬黄、新红、苋菜红、胭脂红、日落黄均为0.5mg/kg，亮蓝、赤藓红均为0.2mg/kg（检测波长254nm时亮蓝检出限为1.0mg/kg，赤藓红检出限为0.5mg/kg）。

1. 合成着色剂有什么危害?
2. 合成着色剂的特点、用途?

实验八　苏丹红的快速检测

一、知识准备

苏丹红是人工合成的以苯基偶氮萘酚为主要基团的亲脂性偶氮染料，主要有6个品种，其商品名称分别为苏丹Ⅰ（SudanⅠ）、苏丹Ⅱ（SudanⅡ）、苏丹Ⅲ（SudanⅢ）、苏丹Ⅳ（SudanⅣ）、苏丹B（Sudan Orange B）、苏丹红7B（Sudan Red 7B）。其中苏丹Ⅰ、苏丹Ⅱ、苏丹Ⅲ、苏丹Ⅳ被禁止用于食品着色，苏丹Ⅰ号又名苏丹黄，暗红色粉末，化学成分中含有偶氮苯。苏丹Ⅱ是一种红色粉末，苏丹Ⅲ是一种有绿色光泽的棕红色粉末，而苏丹Ⅳ是一种深褐色的粉末。苏丹红不是食品添加剂，而是一种人工合成的偶氮类化工染色剂，主要用于溶剂、汽油、蜡的增色和鞋、地板的增光。

二、实验目的

（1）掌握苏丹红快速检测方法。

（2）熟练使用高效液相色谱。

三、实验原理

检测苏丹红的方法主要采用液相色谱仪，根据苏丹红脂溶性特点，采用有机溶剂将苏丹红从食品中提取出来，根据其在氧化铝上特异性吸附的特点，采用固相微萃取等手段，除去食品中的水溶性、脂溶性成分和内源性大分子物质的干扰及污染，将处理好的样品溶液注入液相色谱仪，进行定性和定量分析。

四、材料与试剂

1. 仪器

高效液相色谱仪（配有紫外可见光检测器）、分析天平、离心机、旋转蒸发器、层析氧化铝（中性100～200目）。

2. 试剂

（1）乙腈（色谱纯）、丙酮（色谱纯、分析纯）、甲酸（分析纯）、乙醚（分析纯）、正己烷（分析纯）、无水硫酸钠（分析纯）。

（2）层析柱管　1cm（内径）×5cm（高）的注射器管。

（3）层析用氧化铝（中性 100～200 目）　105℃干燥 2h，于干燥器中冷却至室温，每 100g 中加入 2mL 水降活，混匀后密封，放置 12h 后使用。

（4）氧化铝层析柱　在层析柱管底部塞入一薄层脱脂棉（干法装入处理过的氧化铝至 3cm 高，轻敲实后加一薄层脱脂棉），用 10mL 正己烷预淋洗，洗净柱中杂质后备用。

（5）5% 丙酮的正己烷液　吸取 50mL 丙酮，用正己烷定容至 1L。

（6）标准物质　苏丹红Ⅰ、苏丹红Ⅱ、苏丹红Ⅲ、苏丹红Ⅳ；纯度≥95%。

（7）标准储备液　分别称取苏丹红Ⅰ、苏丹红Ⅱ、苏丹红Ⅱ1 及苏丹红Ⅳ各 10mg（按实际量折算），以乙醚溶解后用正己烷定容至 250mL。

五、实验步骤

1. 样品处理

（1）红辣椒粉等粉状样品　称取 1～5g（准确至 0.001g）样品于三角瓶中，加入 10～30mL正己烷，超声 5min，过滤，用 10mL 正己烷洗涤残渣数次，至洗出液无色，合并正己烷液，用旋转蒸发仪浓缩至 5mL 以下，慢慢加入氧化铝层析柱中，为保证层析效果，在柱中保持正己烷液面为 2mm 左右时上样，在全程的层析过程中不应使柱干涸，用正己烷少量多次淋洗浓缩瓶，一并注入层析柱。控制氧化铝表层吸附的色素带宽宜小于 0.5cm，待样液完全流出后，视样品中含油类杂质的多少用 10～30mL 正己烷洗柱，直至流出液无色，弃去全部正己烷淋洗液，用含 5% 丙酮的正己烷液 60mL 洗脱，收集、浓缩后，用丙酮转移并定容至 5mL，经 0.45μm 有机滤膜过滤后待测。

（2）红辣椒油、火锅料、奶油等油状样品　称取 0.5～2g（准确至 0.001g）样品于小烧杯中，加入适量正己烷溶解（1～10mL），难溶解的样品可于正己烷中加温溶解。按（1）中“慢慢加入到氧化铝层析柱……过滤后待测”操作。

（3）辣椒酱、番茄沙司等含水量较大的样品　称取 10～20g（准确至 0.01g）样品于离心管中，加 10～20mL 水将其分散成糊状，含增稠剂的样品多加水，加入 30mL 正己烷∶丙酮 =3∶1，匀浆 5min，3000rpm 离心 10min，吸出正己烷层，于下层再加入 20mL×2 次正己烷匀浆，离心，合并 3 次正己烷，加入无水硫酸钠 5g 脱水，过滤后于旋转蒸发仪上蒸干并保持 5min，用 5mL 正己烷溶解残渣后，按（1）中“慢慢加入到氧化铝层析柱……过滤后待测”操作。

（4）香肠等肉制品　称取粉碎样品 10～20g（准确至 0.01g）于三角瓶中，加入 60mL 正己烷充分匀浆 5min，滤出清液，再以 20mL×2 次正己烷匀浆，过滤。合并 3 次滤液，加入 5g 无水硫酸钠脱水，过滤后于旋转蒸发仪上蒸至 5mL 以下，按（1）中“慢慢加入到氧化铝层析柱中……过滤后待测”操作。

2. 色谱条件

色谱柱：Zorbax SB－C_{18} 3.5μm 4mm×150mm（或相当型号色谱柱）；

流动相：溶剂 A　0.1% 甲酸的水溶液∶乙腈 =85∶15；

溶剂 B　0.1% 甲酸的乙腈溶液∶丙酮 =80∶20。

梯度洗脱：流速：1mL/min，柱温：30℃。检测波长：苏丹红Ⅰ 478nm；苏丹红Ⅱ、苏丹红Ⅲ、苏丹红Ⅳ 520nm，于苏丹红Ⅰ出峰后切换。进样量10μL。梯度条件如表13－10所示。

表13－10 梯度条件

时间/min	流动相		曲线
	A%	B%	
0.0	25	75	线性
10.0	25	75	线性
25.0	0	100	线性
32.0	0	100	线性
35.0	25	75	线性
40.0	25	75	线性

3. 标准曲线

吸取标准储备液0mL、0.1mL、0.2mL、0.4mL、0.8mL、1.6mL，用正己烷定容至25mL，此标准系列浓度为0μg/mL、0.16μg/mL、0.32μg/mL、0.64μg/mL、1.28μg/mL、2.56μg/mL，绘制标准曲线。

六、结果计算

$$R = \frac{cV}{m}$$

式中 R——样品中苏丹红含量，mg/kg；

c——由标准曲线得出的样液中苏丹红的浓度，μg/mL；

V——样液定容体积，mL；

m——样品质量，g。

七、注意事项

1. 苏丹红标准液、提取剂取完后要立即旋紧瓶盖，密封好，以防其挥发。
2. 将液体、浆状样品混合均匀，固体样品需磨细。

样品前处理时，提取液过氧化铝层析柱可去除哪些杂质？

实验九　三聚氰胺的快速检测

一、知识准备

2008 年，由于毒奶粉事件，化学品“三聚氰胺”进入人们的视线。

三聚氰胺是一种三嗪类含氮杂环有机化合物，为纯白色单斜棱晶体，无味，密度为 1.573g/cm^3（16℃）。常压熔点 354℃（分解），重要的氮杂环有机化工原料。三聚氰胺是一种用途广泛的基本有机化工中间产品，最主要的用途是作为生产三聚氰胺、甲醛树脂（MF）的原料。三聚氰胺还可以作阻燃剂、减水剂、甲醛清洁剂等。该树脂硬度比脲醛树脂高，不易燃，耐水、耐热、耐老化、耐电弧、耐化学腐蚀，有良好的绝缘性能、光泽度和机械强度，广泛运用于木材、塑料、涂料、造纸、纺织、皮革、电气、医药等行业。

二、实验目的

1. 了解三聚氰胺的危害。
2. 掌握三聚氰胺快速检测的原理和特点。

三、实验原理

试样用三氯乙酸溶液－乙腈提取，经阳离子交换固相萃取柱净化后，用高效液相色谱测定，外标法定量。

四、材料与试剂

1. 试剂

（1）甲醇　色谱纯。

（2）乙腈　色谱纯。

（3）氨水　含量为 25% ~28%。

（4）三氯乙酸。

（5）柠檬酸。

（6）辛烷磺酸钠　色谱纯。

（7）甲醇水溶液　准确量取 50mL 甲醇和 50mL 水，混匀后备用。

（8）三氯乙酸溶液（1%）　准确称取 10g 三氯乙酸于 1L 容量瓶中，用水溶解并定容至刻度，混匀后备用。

（9）氨化甲醇溶液（5%）　准确量取 5mL 氨水和 95mL 甲醇，混匀后备用。

（10）离子对试剂缓冲　准确称取 2.10g 柠檬酸和 2.16g 辛烷磺酸钠，加入约 980mL 水溶解，调节 pH 至 3.0 后，定容至 1L 备用。

（11）三聚氰胺标准品　CAS 108—78—01，纯度大于 99.0%。

（12）三聚氰胺标准储备液　准确称取 100mg（精确到 0.1mg）三聚氰胺标准品于 100mL 容量瓶中，用甲醇水溶液溶解并定容至刻度，配制成浓度为 1mg/mL 的标准储备液，于 4℃避光保存。

（13）阳离子交换固相萃取柱　混合型阳离子交换固相萃取柱，基质为苯磺酸化的聚苯乙烯－二乙烯基苯高聚物60mg，体积为3mL，或相当者。使用前依次用3mL甲醇、5mL水活化。

（14）定性滤纸。

（15）海砂化学纯，粒度0.65～0.85mm，二氧化硅（SiO_2）含量为99%。

（16）微孔滤膜　0.2μm，有机相。

（17）氮气　纯度≥99.999%。

2. 仪器

（1）高效液相色谱（HPLC）仪　配有紫外检测器或二极管阵列检测器；

（2）分析天平感量为0.0001g和0.01g；

（3）离心机转速不低于4000r/min；

（4）超声波水浴；

（5）固相萃取装置；

（6）氮气吹干仪；

（7）涡旋混合器；

（8）具塞塑料离心管（50mL）。

五、实验步骤

1. 样品处理

（1）提取

①液态乳、乳粉、酸乳、冰淇淋和乳糖等。称取2g（精确至0.01g）试样于50mL具塞塑料离心管中，加入15mL三氯乙酸溶液和5mL乙腈，超声提取10min，再振荡提取10min后，以不低于4000r/min离心10min。上清液经三氯乙酸溶液润湿的滤纸过滤后，用三氯乙酸溶液定容至25mL，移取5mL滤液，加入5mL水混匀后做待净化液。

②乳酪、奶油和巧克力等。称取2g（精确至0.01g）试样于研钵中，加入适量海砂（试样质量的4～6倍）研磨成干粉状，转移至50mL具塞塑料离心管中，用15mL三氯乙酸溶液分数次清洗研钵。将清洗液转入离心管中，再往离心管中加入5mL乙腈，余下操作同①中“超声提取10min……加入5mL水混匀后做待净化液”。

注：若样品中脂肪含量较高，可以用三氯乙酸溶液、饱和的正己烷液－液分配除脂后，再用SPE柱净化。

（2）净化　将提取过程中的待净化液转移至固相萃取柱中。依次用3mL水和3mL甲醇洗涤，抽至近干后，用6mL氨化甲醇溶液洗脱。整个固相萃取过程流速不超过1mL/min。洗脱液于50℃下用氮气吹干，残留物（相当于0.4g样品）用1mL流动相定容，涡旋混合1min，过微孔滤膜后，供HPLC测定。

2. 高效液相色谱测定

（1）HPLC参考条件

①色谱柱。C_{18}柱，250mm×4mm（i. d.），5μm或相当者。C_8柱，250mm×4.6mm（i. d），5μm或相当者。

②流动相。C_8柱，离子对试剂缓冲液－乙腈（85+15，体积比），混匀。C_{18}柱，离子对试剂缓冲液－乙腈（90+10，体积比），混匀。

③流速。1.0mL/min。

④柱温。40℃。

⑤波长。240nm。

⑥进样量。20uL。

（2）标准曲线的绘制　用流动相将三聚氰胺标准储备液逐级稀释得到浓度为0.8μg/mL、2μg/mL、20μg/mL、40μg/mL、80μg/mL的标准工作液，浓度由低到高进样检测，以峰面积－浓度作图，得到标准曲线回归方程。

3. 定量测定

待测样液中三聚氰胺的响应值应在标准曲线线性范围内，超过线性范围则应稀释后再进样分析。

六、结果计算

试样中三聚氰胺的含量由色谱数据处理软件或按下式计算获得：

$$X = \frac{A \times c \times V \times 1000}{A_s \times m \times 1000} \times f$$

式中　X——试样中三聚氰胺的含量，mg/kg；

A——样液中三聚氰胺的峰面积；

c——标准溶液中三聚氰胺的浓度，μg/mL；

V——样液最终定容体积，mL；

A_s——标准溶液中三聚氰胺的峰面积；

m——试样的质量，g；

f——稀释倍数。

1. 空白试验

除不称取样品外，均按上述测定条件和步骤进行。

2. 方法定量

限本方法的定量限为2mg/kg。

3. 回收率

在添加浓度2～10mg/kg，回收率80%～110%，相对标准偏差小于10%。

4. 允许差

在重复性条件下获得的两次独立测定结果的绝对差值不得超过算术平均值的10%。

七、注意事项

1. 流动相为液体，流经色谱柱时，受到的阻力较大，为了能迅速通过色谱柱，必须对载液加高压。

2. 在重复性条件下获得的两次独立测定结果的绝对差值不得超过算术平均值的15%。

1. 长期摄入三聚氰胺的危害?
2. 国内外检测食品中三聚氰胺的技术有哪些? 介绍各种技术的原理和特点?

实验十　瘦肉精的快速检测

一、知识准备

“瘦肉精”是盐酸克伦特罗（Clenbuterol Hydrochloride，CLB）的俗称，化学名称为[（叔丁氨基）甲基]-4-氨基-3,5-二氯苯甲醇盐酸盐。盐酸克伦特罗是一种β-肾上腺素受体激动剂，在动物体内能减慢蛋白质分解代谢，减少脂肪的形成，提高瘦肉和脂肪的比率，因而又被俗称为“瘦肉精”。但是大剂量使用会造成该药在动物体内蓄积，尤其在肝脏组织中的浓度较高。人类食用含有CLB的肉品后会对肝、肾等内脏产生毒害，出现头痛、心悸、恶心、呕吐、心率加快、肌肉震颤等中毒症状。我国农业部于1997年发文严禁将盐酸克伦特罗等作为饲料添加剂使用。但目前，非法使用情况仍非常严重。目前，食品中瘦肉精的测定主要有HPLC和GC-MS等仪器分析方法，以及基于免疫学反应的快速检测方法。

二、实验目的

1. 掌握食品中瘦肉精的检测方法。
2. 熟悉高效液相色谱操作技术。

三、实验原理

待测样品经剪碎后，用$HClO_4$。溶液匀浆，超声波提取后，以异丙酮-乙酸乙酯混合液萃取，于有机相浓缩后，上弱阳离子交换柱，以乙醇-浓氨水溶液洗脱。洗脱液经浓缩后，用HPLC仪进行色谱分析，外标法定量。

四、材料与试剂

（1）试剂　甲醇、高氯酸、甲酸、氢氧化钠、乙酸钠、乙酸-乙酸钠缓冲溶液。

（2）标准储备液　准确称取克伦特罗0.0100g，用甲醇溶解并定容到10mL，浓度为1000mg/L，-18℃保存。

（3）仪器　高效液相色谱仪、分析天平、组织匀浆器、氮吹仪、固相萃取仪、超声清洗仪。

（4）原材料　猪肝。

五、实验步骤

1. 提取

准确称取10.0g样品，加入15mL pH为5.2的乙酸-乙酸钠缓冲溶液，1000r/min匀浆1min。再加入葡糖醛酸苷肽酶/芳基磺酸酯酶溶液100μL，于（37±1）℃正当酶解过夜。取出冷却后，用高氯酸调pH为1.0，超声震荡20min，去除至于80℃水浴加热30min。放入冷冻离心机中，于10℃条件下以10000r/min离心10min。倒出上清液，残渣再用10mL 0.1mol/L高氯酸溶液提取一次，10000r/min离心。合并上清液。用1mol/L氢氧化钠溶液调pH至4.0，此溶液待过HLB固相萃取柱。

2. 净化

（1）HLB柱净化　HLB固相萃取柱，使用前用6mL甲醇、6mL水活化。将提取的溶液以2~3mL/min的速度过柱，弃去滤液，用2mL 5%甲醇淋洗，小柱抽干，再用6mL甲醇洗脱。洗脱液用氮气吹至近干。用3mL 0.1mmol/L高氯酸溶液溶解残渣，供MCX柱净化使用。

（2）MCX柱净化　MCX柱，使用前用3mL 5%甲醇氨、3mL甲醇、3mL水、3mL 0.1mmol/L高氯酸（pH=4.0）溶液活化。将上述（1）制得的溶液过柱，弃去滤液，依次用1mL甲醇、1mL 2%甲醇水溶液淋洗，最后用7mL 5%甲醇氨洗脱，洗脱液用氮吹仪吹近干后，用甲醇0.1%甲醇水（10+90）定容至1.0mL，旋涡混合1min，用于HPLC MS/MS测定。

3. 基质加工标准工作曲线的制备

将混合标准工作液用初始流动相逐级稀释成0.5~50.0μg/L的标准系列溶液。称取与试样基质相应的阴性样品10.0g，加入标准系列溶液1.0mL，按照步骤1、步骤2与试样同时进行分离和纯化。

4. 液相色谱条件

色谱柱　ACQUITY UPLC™BEH C_{18}柱（100mm×2.1mm，1.7μm）或其他等效柱。

流动相　甲醇-0.1%甲醇水梯度淋洗。

流速　300μL/min。

柱温　40℃。

进样量　10μL。

5. 定性

（1）保留时间　试样中目标化合物色谱峰的保留时间与相应标准色谱峰的保留时间一致，变化范围应在±2.5%之内。

（2）信噪比　待测化合物的定性离子的重构离子色谱峰的信噪比应大于等于3（S/N≥3），定量离子的重构离子的信噪比应大于等于10（S/N≥10）。

六、结果计算

按下式计算残留量

$$X = \frac{1000 \times c \times V}{1000 \times m}$$

式中　X——样品中待测组分的含量，μg/kg；

c——测定液中待测组分的浓度，ng/mL；

V——定容体积，mL；

m——样品称样量，g。

七、注意事项

1. 计算结果需扣除空白值，测定结果用平行测定的算术平均值表示，保留两位有效数字。

2. 所有需要重复使用的玻璃仪器应在使用后，尽快认真清洗。

1. 瘦肉精的作用机理？
2. 瘦肉精的检测有几种方法？各自的特点是什么？

实验十一　抗生素的快速检测

一、知识准备

抗生素食品又叫“有抗食品”，主要包括肉、猪肉、牛乳、鸡蛋、蜂蜜、各种鱼类等。长期食用有抗食品对人体具有极大的危害，不仅使细菌耐药性的现象越来越严重，还会对婴儿及儿童造成严重的伤害。当人们生病时，如果人体产生耐药性，那么抗生素治疗就无法发挥作用，导致疾病难以治愈甚至会危及性命。长期食用“有抗食品”相当于低剂量服用抗生素，人体耐药性会相应增强，免疫力下降，还可能会引发过敏等不良反应，即使是微量，也能使人出现荨麻疹或造成过敏性休克。

“有抗食品”对儿童的危害程度要比成人严重得多。一些抗生素，如庆大霉素、丁胺卡那霉素大量残留在人体内，儿童会出现耳聋，对于成人则会影响肾脏；四环素滥用会对成人造成肝脏损害，影响儿童牙齿和骨骼发育；而氯霉素的滥用极易损害人类骨髓的造血功能，并由此导致再生障碍性贫血的发生等。由于幼儿和儿童不具备自己选择食物的可能性，作为家长要特别注意食物的选择，尽量把看不见的危害排除在餐桌之外。

二、实验目的

1. 了解抗生素对人体健康的危害。
2. 熟悉高效液相色谱操作技术。

三、实验原理

本方法适用于牛肉、羊肉、猪肉、鸡肉、和兔肉中土霉素、四环素、金霉素、强力霉素残留量的测定。用0.1mol/L Na_2EDTA - Mcllvaine（pH = 4.0 ± 0.05）缓冲液提取可食动物肌肉中四环素族抗生素残留，提取液经离心后，上清液用 OasisHLB 或相当的固相萃取柱和羧酸型阳离子交换柱净化，经液相色谱 - 紫外检测器测定，外标法定量。

四、材料与试剂

1. 试剂

(1) 甲醇　色谱纯；

(2) 乙腈　色谱纯；

(3) 乙酸乙酯　色谱纯；

(4) 磷酸氢二钠　优级纯；

(5) 柠檬酸（$C_6H_8O_7 \cdot H_2O$）；

(6) 乙二胺四乙酸二钠（$Na_2EDTA \cdot 2H_2O$）；

(7) 草酸；

(8) 磷酸氢二钠溶液　0.2mol/L。称取 28.41g 磷酸氢二钠，用水溶解，定容至1000mL。

(9) 柠檬酸溶液　0.1mol/L。称取21.01g柠檬酸，用水溶解，定容至1000mL。

(10) Mcllvaine缓冲溶液　将1000mL 0.1mol/L柠檬酸溶液与625mL 0.2mol/L磷酸氢二钠溶液混合，必要时用NaOH或HCl调pH=4.0±0.05。

(11) 0.1mol/L Na_2EDTA - Mcllvaine缓冲溶液　称取60.5g乙二胺四乙酸钠放入1625mL Mcllvaine缓冲液中，使其溶解，摇匀。

(12) 甲醇+水（1+19）　量取5mL甲醇与95mL水混合。

(13) 流动相　乙腈+甲醇+0.01mol/L草酸溶液（2+1+7）。

(14) 土霉素、四环素、金霉素、强力霉素标准物质：纯度≥95%。

(15) 土霉素、四环素、金霉素、强力霉素标准储备溶液0.1mg/mL　准确称取土霉素、四环素、金霉素、强力霉素标准物质，分别用甲醇配成0.1mg/mL的标准储备液。储备液于-18℃储存。

(16) 土霉素、四环素、金霉素、强力霉素混合标准工作溶液　根据需要用流动相将土霉素、四环素、金霉素、强力霉素稀释成5ng/mL、10ng/mL、50ng/mL、100ng/mL、200ng/mL不同浓度的混合标准工作溶液，混合标准工作溶液当天配制。

(17) Oasis HLB固相萃取柱或相当者　500mg，6mL。使用前分别用5mL甲醇和10mL水预处理。保持主体湿润。

(18) 阳离子交换柱　羧酸型，500mg，3mL。使用前用5mL乙酸乙酯预处理，保持主体湿润。

2. 仪器

液相色谱仪（配有紫外检测器）、分析天平、液体混匀器、固相萃取装置、储液器(50mL)、高速冷冻离心机、真空泵。

五、实验步骤

1. 提取

称取6g试样，置于50mL具塞聚丙烯离心管中，加入30mL 0.1mol/L Na_2EDTA - Mcllvaine缓冲溶液（pH=4），于液体混匀器上混匀1min，再用振荡器振荡10min，以10000r/min离心10min，将上清液倒入另一离心管中，残渣中再加入20mL缓冲溶液，重复提取一次，合并上清液。

2. 净化

将上清液倒入下接OasisHLB固相萃取柱的储液器中，上清液以≤3mL/min的流速通过固相萃取柱，带上清液完全流出后，用5mL甲醇+水洗柱，弃去全部流出液。在65kPa的负压下，减压抽干40min，再用4mL流动相洗脱，收集洗脱液于5mL样品管中，定容至4mL，供液相色谱-紫外检测器测定。

将上述洗脱液在减压情况下以≤3mL/min的流速通过羧酸型阳离子交换柱，待洗脱液全部流出后，用5mL甲醇洗柱，弃去全部流出液，在65kPa负压下，减压抽干5min，再4mL流动相洗脱，收集洗脱液于5mL样品管中，定容至4mL，供液相色谱-紫外检测器测定。

3. 测定

（1）液相色谱条件

①色谱柱。Mightsil RP-18GP，3μm，150mm×4.6mm或相当者。

②流动相。乙腈+甲醇+0.01mol/L草酸溶液（2+1+7）。

③流速。0.5mL/min。

④柱温。25℃。

⑤检测波长。350nm。

⑥进样量。60μL。

（2）液相色谱测定　将混合标准工作液分别进样，以浓度为横坐标，峰面积为纵坐标，绘制标准工作曲线，用标准工作曲线对样品进行定量。样品溶液中土霉素、四环素、金霉素、强力霉素的响应值均应在仪器测定的线性范围之内。上述色谱条件下，土霉素、四环素、金霉素、强力霉素的参考保留时间如表13-11所示。

表13-11　土霉素、四环素、金霉素、强力霉素参考保留时间

药物名称	保留时间/min
土霉素	4.82
四环素	5.42
金霉素	10.32
强力霉素	15.45

4. 平行试验

按以上步骤，对同一试样进行平行试验测定。

5. 空白试验

除不称取试样外，均按上述步骤同时完成空白试验。

六、结果计算

$$X = c \times \frac{V}{m} \times \frac{1000}{1000}$$

式中　X——试样中被测组分残留量，mg/kg；

c——从标准工作曲线得到的被测组分溶液浓度，μg/mL；

V——试样溶液定容体积，mL；

m——试样溶液所代表的质量，g。

注：计算结果应扣除空白值。

七、注意事项

1. 在抽样和制样的操作过程中，应防止样品受到污染或发生残留物含量的变化。

2. 样品溶液中土霉素、四环素、金霉素、强力霉素的响应值均应在仪器测定的线性范围之内。

抗生素的阳性与阴性有什么区别？

实验十二　黄曲霉毒素 B_1 含量的测定

一、知识准备

黄曲霉毒素是由黄曲霉菌和寄生曲霉菌在生长繁殖过程中所产生的一种对人类危害极为突出的一类强致癌性物质。黄曲霉毒素是一类化学结构相似的化合物，目前已分离鉴定出 17 种，包括黄曲霉毒素 B_1、黄曲霉毒素 B_2、黄曲霉毒素 G_1、黄曲霉毒素 G_2、黄曲霉毒素 M_1、黄曲霉毒素 M_2、黄曲霉毒素 P_1、黄曲霉毒素 Q、黄曲霉毒素 H_1 等，大多数食品中主要限量的霉菌毒素是黄曲霉毒素 B_1。

黄曲霉毒素 B_1（AFB_1）能溶于多种极性有机溶剂，如氯仿、甲醇、乙醇、丙醇、乙二甲基酰胺，难溶于水，不溶于石油醚、乙醚和已烷，对光、热、酸较稳定，只有加热到 280～300℃才裂解，高压灭菌 2h，毒力降低 25%～33%，4h 降低 50%。AFB_1 的半数致死量为 0.36mg/kg BW，属剧毒的毒物范围。它使人中毒主要是损害肝脏，发生肝炎、肝硬化、肝坏死等。临床表现有胃部不适、食欲减退、恶心、呕吐、腹胀及肝区触痛等，严重者出现水肿、昏迷，以致抽搐而死。黄曲霉毒素是目前发现的最强的致癌物质，其致癌力是“奶油黄”（二甲基氨基偶氮苯）的 900 倍，比二甲基亚硝胺诱发肝癌的能力大 75 倍，比 3，4－苯并芘大 4000 倍。它主要诱使动物发生肝癌，也能诱发胃癌、肾癌、直肠癌及乳腺、卵巢、小肠等部位的癌症。

我国规定，玉米及花生仁制品（按原料折算）黄曲霉毒素含量不超过 20μg/kg；大米、其他食用油中不得超过 10μg/kg；其他粮食、豆类、发酵食品中不得超过 5μg/kg；婴儿代乳食品中不得检出，其他食品可参照以上标准执行。

二、实验目的

掌握酶联免疫的工作原理，熟练使用酶标仪。

三、实验原理

试样中的黄曲霉毒素B_1用甲醇水溶液提取，经均质、涡旋、离心（过滤）等处理获取上清液。被辣根过氧化物酶标记或固定在反应孔中的黄曲霉毒素B_1，与试样上清液或标准品中的黄曲霉毒素B_1竞争性结合特异性抗体。在洗涤后加入相应显色剂显色，用无机酸终止反应，于450nm或630nm波长下检测。样品中的黄曲霉毒素B_1与吸光度在一定浓度范围内呈反比。

四、材料与试剂

1. 试剂

（1）三氯甲烷、甲醇、石油醚、邻苯二胺（OPD）、碳酸钠、碳酸氢钠、磷酸氢二钠、磷酸二氢钾、氯化钠、氯化钾、过氧化氢、硫酸。

（2）抗黄曲霉毒素B_1单克隆抗体。

（3）人工抗原AFB_1－牛血清白蛋白结合物。

（4）10μg/mL黄曲霉毒素B_1标准溶液。

（5）牛血清白蛋白（BSA）。

（6）辣根过氧化物酶标记羊抗鼠IgG。

（7）ELISA缓冲液。

①包被缓冲液（pH9.6碳酸盐缓冲液）。碳酸钠1.59g、碳酸氢钠2.93g、加蒸馏水至1000mL。

②酸盐缓冲液（pH7.4，PBS）。磷酸二氢钾0.2g、磷酸氢二钠（$Na_2HPO_4 \cdot H_2O$）2.9g、氯化钠8.0g、氯化钾0.2g，加蒸馏水至1000mL。

③洗液（PBS－T）。PBS加体积分数为0.05%的吐温－20。

④底物缓冲液。A液（0.1mol/L柠檬酸水溶液）。柠檬酸（$C_6H_8O_7 \cdot H_2O$）21.01g，加蒸馏水至1000mL；B液（0.2mol/L碳酸氢二钠水溶液）：$Na_2HPO_4 \cdot H_2O$ 71.6g，加蒸馏水至1000mL。用前A液＋B液＋蒸馏水为24.3∶25.7∶50（体积比）的比例配制。

⑤封闭液的制备。同抗体稀释液。

2. 仪器

小型粉碎机、电动振荡器、酶标仪（内置490nto滤光片）、恒温水浴箱、恒温培养箱、酶标微孔板、微量加样器及配套吸头。

五、实验步骤

1. 提取

（1）大米和小米　样品粉碎后过20目筛，称取20.0g放入250mL具塞锥形瓶中。准确加入60mL三氯甲烷，盖塞后滴水封严，150r/min振荡30min。静置后，用快速定性滤纸过滤于50mL烧杯中，立即取12mL滤液（相当4.0g样品）于75mL蒸发皿中，65℃水浴通风挥干。用2.0mL 20%甲醇－PBS分三次（0.8mL、0.7mL、0.5mL）溶解并彻底冲洗蒸发皿凝结物，移至小试管，加盖振荡后静置待测。此液每毫升相当于2.0mL样品。

（2）玉米　样品粉碎后过20目筛，称取20.0g放入250mL具塞锥形瓶中，准确加入50.0mL甲醇-水（80:20，体积比）溶液和15.0mL石油醚，盖塞后滴水封严。150r/min振荡30min。用快速定性滤纸过滤于125mL分液漏斗中。待分层后，放出下层甲醇-水溶液于50mL烧杯中，从中取10mL（相当于4.0g样品）于75mL蒸发皿中，65℃水浴通风挥发。用2.0mL 20%甲醇-PBS分三次（0.8mL、0.7mL、0.5mL）溶解并彻底冲洗蒸发皿中凝结物，移至小试管．加盖振荡后静置待测。此液每毫升相当于2.0mL样品。

（3）花生　样品去壳去皮粉碎后称取20.0g放入250mL，具塞三角瓶中，准确加入100.0mL甲醇-水（体积比为55:45）溶液和30mL石油醚。盖塞后滴水封严。150r/min振荡30min。静置15min后用快速定性滤纸过滤于125mL分液漏斗中。待分层后，放出下层甲醇-水溶液于100mL烧杯中，从中取20.0mL（相当于4.0g样品）置于另一个125mL分液漏斗中，加入20.0mL三氯甲烷，振摇2min，静置分层（如有乳化现象可滴加甲醇促使分层），放出三氯甲烷于75mL蒸发皿中，65℃水浴通风挥干。用2.0mL 20%甲醇-PBS分三次（0.8mL、0.7mL、0.5mL）溶解并彻底冲洗蒸发皿中凝结物，移至小试管中，加盖振荡后静置待测。此液每毫升相当于2.0mL样品。

（4）植物油　称取4.0g样品放入小烧杯，用20.0mL石油醚，将样品移于125mL分液漏斗中，用20.0mL甲醇-水（体积比为55:45）溶液分次洗烧杯、溶液一并移于分液漏斗中，振摇2min。静置分层后，放出下层甲醇水溶液于75mL蒸发皿中，再用5.0mL甲醇-水溶液重复振摇提取一次，将移取液加入蒸发皿中。65℃水浴通风挥干。用2.0mL 20%甲醇-PBS分三次（0.8mL、0.7mL、0.5mL）溶解并彻底冲洗蒸发皿中凝结物，移至小试管，加盖振荡后静置待测。此液每毫升相当于2.0mL样品。

2. 测定

（1）包被微孔板　用AFB_1-BSA人工抗原包被酶标板，150μL/孔，4℃过夜。

（2）抗体抗原反应　将黄曲霉毒素B_1纯化单克隆抗体稀释后分别与等量不同质量浓度的黄曲霉毒素B_1标准溶液用2mL试管混合，振荡后4℃静置。此液用于制作黄曲霉毒素B_1标准抑制曲线；与等量样品提取液用2mL试管混合，振荡后4℃静置。此液用于测定样品中黄曲霉毒素B_1含量。

3. 封闭

已包被的酶标板用洗液洗3次，每次3min后，加封闭液封闭，250μg/孔，置37℃条件下1h。

4. 测定

酶标板洗3×3min后，加抗体抗原反应液（在酶标板的适当孔位加抗体稀释液作为阴性对照）130μL/孔，37℃，2h。酶标板洗3×3min，加酶标二抗（体积比为1:200）100μL/孔，1h。酶标板用洗液洗5×3min。加底物溶液（10mg邻苯二胺）加25mL底物缓冲液加37μL 30% H_2O_2，100μg/孔，37℃，15min，然后加2mol/L H_2SO_4，40μL/孔，以终止显色反应，于酶标仪490nm波长处测出OD值。

六、结果计算

$$X = c \times \frac{V_1}{V_2} \times D \times \frac{1}{m}$$

式中 X——黄曲霉毒素 B_1 的浓度，ng/g；

c——黄曲霉毒素 B_1 含量，ng（对应标准曲线按数值插入法求得）；

V_1——样品提取液的体积，mL；

V_2——滴加样液的体积，mL；

D——稀释倍数；

m——样品质量，g。

由于按标准曲线直接求得的黄曲霉毒素 B_1 质量浓度（ρ_1）的单位为 ng/mL，而测孔中加入的样品提取的体积为 0.065mL，所以上式中 m

$$m = 0.065 \times \rho_1$$

而 $V_1 = 2\text{mL}$，$V_2 = 0.065\text{mL}$，$D = 2$，$m = 4\text{g}$ 代入上式，则

$$\text{黄曲霉毒素 } B_1 \text{ 浓度/（ng/g）} = 0.065 \times \rho_1 \times \frac{2}{0.0625} \times 2 \times \frac{1}{4}$$

所以，在对样品提取完全按本方法进行时，从标准曲线直接求得的数值 ρ_1，即为所测样品中黄曲霉毒素 B_1 的浓度（ng/g）。

七、注意事项

1. 整个分析操作过程应在指定区域内进行。该区域应避光（直射阳光）、具备相对独立的操作台和废弃物存放装置。在整个实验过程中，操作者应按照接触剧毒物的要求采取相应的保护措施。

2. 空白中应确认不含有干扰待测组分的物质。

1. 实验中样品前处理的作用有哪些？
2. 影响检测结果准确性的主要因素有哪些？

实验十三　苯并（a）芘含量的测定

一、知识准备

苯并（a）芘，又称3，4苯并（a）芘［3，4－benzo（a）Dvrene，B（a）P］，主要是一类由5个苯环构成的多环芳烃类污染物，它是常见的多环芳烃的一种，对食物的安全影响最大。多环芳烃是含碳燃料及有机物热解的产物，煤、石油、煤焦油、天然气、烟草、木柴等不完全燃烧及化工厂、橡胶厂、沥青、汽车废气、抽烟等都会挥发出苯并（a）芘，从而造成污染。

苯并（a）芘分子式为 C_2OH_{12}，相对分子质量为252。常温下苯并（a）芘为浅黄色针状结晶，可分为单斜晶或斜方晶，性质稳定，沸点为 310～312℃（1.3kPa），熔点为 179～180℃，在水中溶解度为 0.004～0.012mg/L，易溶于环己烷、正己烷、苯、甲苯、二甲苯、丙酮等有机溶剂，微溶于乙醇、甲醇。在常温下不与浓硫酸作用，但能溶于浓硫酸，能与硝

酸、过氯酸、氯磺酸起化学反应，人们可利用这一性质来消除苯并（a）芘。苯并（a）芘在碱性条件下较稳定。苯并（a）芘在有机溶剂中，用波长360nm紫外线照射时，可产生典型的紫色荧光。苯并（a）芘能被带正电荷的吸附剂如活性炭、木炭或氢氧化铁所吸附，并失去荧光性，但不被带负电荷的吸附剂所吸附。

苯并（a）芘对人的健康有巨大危害，它主要是通过食物和饮水进入机体，在肠道被吸收，进入血液后很快分布于全身。乳腺和脂肪组织可以蓄积苯并（a）芘。苯并（a）芘对眼睛、皮肤有刺激作用，是致癌物和诱变剂，有胚胎毒性。动物实验发现，经口摄入苯并（a）芘可通过胎盘进入胎仔体内，引起毒性并起到致癌作用。苯并（a）芘主要经过肝脏、胆道从粪便排出体外。

二、实验目的

1. 掌握苯并（a）芘的测定方法及原理。
2. 熟练使用反相液相色谱。

三、实验原理

试样经过有机溶剂提取，中性氧化铝或分子印迹小柱净化，浓缩至干，经乙腈溶解，反相液相色谱分离，荧光检测器检测，根据色谱峰的保留时间定性，外标法定量。

四、实验设备与材料

1. 试剂

（1）甲苯 色谱纯；

（2）乙腈 色谱纯；

（3）正己烷 色谱纯；

（4）二氯甲烷 色谱纯；

（5）苯并（a）芘标准品（C_2OH_{12}，CAS号：50－32－8） 纯度≥99.0%。

（6）苯并（a）芘标准储备液（100μg/mL） 准确称取苯并（a）芘1mg于10mL容量瓶中，用甲苯溶解，定容。避光保存在0～5℃的冰箱中，保存期1年。

（7）苯并（a）芘标准中间液（1.0μg/mL） 吸取0.10mL苯并（a）芘标准储备液（100μg/mL），用乙腈定容到10mL。避光保存在0～5℃的冰箱中，保存期1个月。

（8）苯并（a）芘标准工作液 把苯并（a）芘标准中间液（1.0μg/mL）用乙腈稀释得到0.5ng/mL、1.0ng/mL、5.0ng/mL、10.0ng/mL、20.0ng/mL的校准曲线溶液，临用现配。

（9）中性氧化铝柱 填料粒径75～150μm，22g，60mL。

（10）苯并（a）芘分子印迹柱 500mg，6mL。

（11）微孔滤膜 0.45μm。

2. 设备

液相色谱仪（配有荧光检测器）、分析天平、粉碎机、组织匀浆机、离心机、涡旋振荡器、超声波振荡器、旋转蒸发器或氮气吹干装置、固相萃取装置。

五、实验步骤

1. 试样制备、提取及净化

（1）谷物及其制品

①预处理。去除杂质，磨碎成均匀的样品，储于洁净的样品瓶中，并标明标记，于室温下或按产品包装要求的保存条件保存备用。

②提取。称取1g（精确到0.001g）试样，加入5mL正己烷，旋涡混合0.5min，40℃下超声提取10min，4000r/min离心5min，转移出上清液。再加入5mL正己烷重复提取一次。合并上清液，用下列2种净化方法之一进行净化。

③净化方法1。采用中性氧化铝柱，用30mL正己烷活化柱子，待液面降至柱床时，关闭底部旋塞。将待净化液转移进柱子，打开旋塞，以1mL/min的速度收集净化液到茄形瓶，再转入50mL正己烷洗脱，继续收集净化液。将净化液在40℃下旋转蒸至约1mL，转移至色谱仪进样小瓶，在40℃氮气流下浓缩至近干。用1mL正己烷清洗茄形瓶，将洗涤液再次转移至色谱仪进样小瓶并浓缩至干。准确吸取1mL乙腈到色谱仪进样小瓶，涡旋复溶0.5min，过微孔滤膜后供液相色谱测定。

④净化方法2。采用苯并（a）芘分子印迹柱，依次用5mL二氯甲烷及5mL正己烷活化柱子。将待净化液转移进柱子，待液面降至柱床时，用6mL正己烷淋洗柱子，弃去流出液。用6mL二氯甲烷洗脱并收集净化液到试管中。将净化液在40℃下氮气吹干，准确吸取1mL乙腈涡旋复溶0.5min，过微孔滤膜后供液相色谱测定。

（2）熏、烧、烤肉类及熏、烤水产品

①预处理。肉去骨、鱼去刺、贝去壳，把可食部分绞碎均匀，储于洁净的样品瓶中，并标明标记，于-18～-16℃冰箱中保存备用。

提取：同（1）中提取部分。

②净化方法1。除了正己烷洗脱液体积为70mL外，其余操作同（1）中净化方法1。

③净化方法2。操作同（1）中净化方法2。

（3）油脂及其制品

①提取。称取0.4g（精确到0.001g）试样，加入5mL正己烷，旋涡混合0.5min，待净化。

注：若样品为人造黄油等含水油脂制品，则会出现乳化现象，需要4000r/min离心5min，转移出正己烷层待净化。

②净化方法1。除了最后用0.4mL乙腈涡旋复溶试样外，其余操作同（1）中的净化方法1。

③净化方法2。除了最后用0.4mL乙腈涡旋复溶试样外，其余操作同（1）中的净化方法2。

试样制备时，不同试样的前处理需要同时做试样空白试验。

2. 仪器参考条件

（1）色谱柱　C_{18}，柱长250mm，内径4mm，粒径5μm，或性能相当者。

（2）流动相　乙腈+水=88+12。

（3）流速　1.0mL/min。

（4）荧光检测器　激发波长384nm，发射波长406nm。

（5）柱温　35℃。

（6）进样量　20μL。

3. 标准曲线的制作

将标准系列工作液分别注入液相色谱中，测定相应的色谱峰，以标准系列工作液的浓度为横坐标，以峰面积为纵坐标，得到标准曲线回归方程。

4. 试样溶液的测定

将待测液进样测定，得到苯并（a）芘色谱峰面积。根据标准曲线回归方程计算试样溶液中苯并（a）芘的浓度。

六、结果计算

试样中苯并（a）芘的含量按下式计算：

$$X = \frac{\rho V}{m} \times \frac{1000}{1000}$$

式中　X——试样中苯并（a）芘含量，μg/kg；

ρ——由标准曲线得到的样品净化溶液浓度，ng/mL；

V——试样最终定容体积，mL；

m——试样质量，g；

1000——由 ng/g 换算成 μg/kg 的换算因子。

结果保留到小数点后一位。

七、注意事项

1. 苯并（a）芘是一种已知的致癌物质，测定时应特别注意安全防护！测定应在通风柜中进行并戴手套，尽量减少暴露。如已污染了皮肤，应采用10%次氯酸钠水溶液浸泡和洗刷，在紫外光下观察皮肤上有无蓝紫色斑点，一直洗到蓝色斑点消失为止。

2. 试样制备时，不同试样的前处理需要同时做试样空白试验。

3. 方法检出限为0.2μg/kg，定量限为0.5μg/kg。

思考题

苯并（a）芘是一种致癌物质，实验室中怎样测定苯并（a）芘?

实验十四　食品掺伪鉴别和检验方法

一、知识准备

食品掺伪是指人为向食品中加入一些非正常固有的成分，以增加其重量或体积，达到降低成本的目的；或改变某种质量，以低劣的色、香、味来迎合消费者贪图便宜的行为。

食品掺伪主要包括掺假、掺杂和伪造，这三者之间没有明显的界限，食品掺伪即为掺假、掺杂和伪造的总称。

1. 食品掺假

食品掺假是指向食品中非法掺入外观、物理性状或形态相似的非同种类物质的行为。如向小麦粉中掺滑石粉，食醋掺游离矿酸等。

2. 食品掺杂

食品掺杂是指在食品中非法掺入非同一种类或同种类劣质物质。如大米掺沙石，糯米掺大米等。

3. 食品伪造

食品伪造是指人为非法用一种或几种物质进行加工仿造某种食品在市场销售的违法行为，如用工业酒精兑制白酒，用黄色素、糖精及小麦粉仿制蛋糕等。

二、感官检验

1. 感官检验的定义

食品的感官检验是通过人的感觉——味觉、嗅觉、视觉、触觉，以语言、文字、符号作为分析数据，对食品的色泽、风味、气味、组织状态、硬度等外部特征进行评价的方法，其目的是评价食品的可接受性和鉴别食品的质量。感官检验是与仪器分析并行的重要检测手段。感官检验还用于鉴别食品的质量，各种食品的质量标准中都有感官指标，如外形、色泽、滋味、气味、均匀性、浑浊程度、有无沉淀及杂质等。这些感官指标往往能反映食品的品质和质量的好坏。当食品的质量发生变化时，常会引起某些感官指标也发生变化。因此，通过感官检验可判断食品的质量及其变化情况。

2. 感官检验分析的特点

（1）简易、直接、快速　感官检验比食品分析要快捷，人只要有正常的感官功能就能对食品进行感官分析。感官检验分析方法简单易行，例如，人通过视觉可以快速看出粮食是否霉变、水果是否腐烂等。

（2）准确性　有些食品发生轻微劣变时，使用食品难以检出，但通过人的感官可以敏锐地判断食品的轻微劣变。感官分析是各种仪器分析不能替代的。例如，对茶叶质量的优劣判断主要依据感官性状的差异。

（3）综合性　人的感官是十分有效而敏感的综合检测器，可以克服仪器分析的一些不足，综合处理食品的所有特征，可对食品在视觉、嗅觉、味觉和口感做出综合的感觉评价。

3. 感官检验方法

感官检验可分为视觉检验、嗅觉检验、味觉检验、听觉检验和触觉检验。

（1）视觉检验　视觉检验是通过被检验物作用于视觉器官所引起的反应而对食品进行评价的方法。几乎所有食品的检验都需要视觉检验，因此，视觉检验在感官检验中有非常重要的作用。视觉检验即用肉眼观察食品的形态特征，如通过色泽可以判断畜禽肉的新鲜程度及安全性，通过颜色和外观可以判断水果的成熟度和等级，通过有无沉淀物和夹杂物可以判断食品是否受到了污染或变质等。

视觉检验不宜在灯光下进行，因为灯光会给视觉检验带来错觉。检验时应从外往里检验，先检验整体外形，再检验内容物，然后再给予评价。如罐装食品有无胀罐现象，袋装食品是否有胀袋现象等。

（2）嗅觉检验　嗅觉检验是通过被检物作用于嗅觉器官所引起的反应来评价食品的方法。人的嗅觉非常灵敏，有些食品的轻微变化不能用仪器检测出来，但通过嗅觉检验可以发现。如鱼在储藏过程中油脂开始出现酸败现象时，其理化指标变化不大，但嗅觉可以觉察有氨味和哈喇味。

嗅觉是辨别各种气味的感觉，嗅觉器官长时间受刺激会疲劳，灵敏度降低，因此检验时应该按照气味从淡到浓的顺序进行。嗅觉检验时，可取少许样品于手掌上摩擦，再进行嗅检，工作一段时间后应休息一会。

（3）味觉检验　味觉检验是通过被检物作用于味觉器官所引起的反应来评价食品的方法。人的味觉感受器是覆盖在舌面上的味蕾，人的基本味觉有酸、甜、苦、咸四种，其余味觉都是由基本味觉组成的混合味觉。影响味蕾灵敏度的因素有很多，与食品温度的关系最密切，味觉检验的最佳温度一般在20～40℃，温度过低会降低味蕾的灵敏度，温度过高会使味蕾麻木。

进行味觉检验前不能吃刺激性较强的食物、不能吸烟，避免灵敏度降低。味觉检验应先检验味淡的，后检验味浓的，而且每品尝一种样品后，都要漱口，以减小误差。检验时取少量被检食品放入口中，品尝后吐出，用温水漱口，对食品进行味觉评价。对已有腐败迹象的食品，不要进行味觉检验。

（4）听觉检验　听觉检验是通过被检验物作用于听觉器官所引起的反应来评价食品的方法。听觉的敏感性是指人的听力，即人对声波的音调和响度的感觉能力，正常人对500～4000Hz 频率的声波最为敏感。在外来作用下，食品会发出相同的声音，但当食品的结构或成分发生变化后，声音会发生变化，因此，可以通过听觉来检查食品的质量。

（5）触觉检验　触觉检验是通过被检物作用于触觉感受器官所引起的反应来评价食品的方法。触觉检验主要借助手、皮肤等器官的触觉神经来检验食品的韧性、弹性、软硬、柔性、塑性、稠度等，以鉴别其质量。如根据肉类的弹性，可判断其品质和新鲜程度。

三、仪器检验

1. 仪器检验的定义

仪器检验是使用先进检测设备对食品中含有的各种成分进行检测分析，是一种精密权威的检测手段。

2. 仪器检验分析的特点

与感官检验对比，仪器检验分析不受人感官器官的影响，结果更加客观、稳定。而且，可以将最先进的技术应用于食品检测仪器，对食品的组成、结构、特性等人的感官不能检验的指标进行分析，科学地评价食品的品质。例如，通过质构仪、电子鼻、电子舌、低场核磁共振等仪器来分析食品的风味、水分状态等。

实验十五　鲜乳的质量安全评价与卫生检验

一、实验目的

了解鲜乳卫生检验的基本内容和方法，熟悉鲜乳感官及理化检查的国家卫生标准，掌握鲜乳感官、理化检查基本方法及判断标准。

二、采样

供感官、理化检查的鲜乳可由瓶装鲜乳采取或直接自牛舍盛乳桶中采取。如自盛乳桶中取样要预先将乳混匀，采样器具要事先消毒。采样量为200～250mL。

三、感官检查

1. 检查步骤

将摇匀的鲜乳样品倒入一小烧杯内30mL左右，仔细观察其外观、色泽、组织状态，嗅其气味并经煮沸后尝其味。

2. 评价

（1）外观及色泽　正常鲜乳为乳白色或微黄色的胶态液体，无沉淀、无疑块、无杂质。

（2）气味与滋味　鲜乳微甜，具牛乳特有的芳香气味，无异味。

四、相对密度测定

1. 目的

鲜牛乳的相对密度一般在1.028～1.034。乳的密度可因掺水而降低，因脱脂或掺入密度较大的（如淀粉等）物质而增加，如牛乳既脱脂又加水，其比重可能在正常范围内，此种情况为牛乳的双掺假。为发现和判断牛乳单纯掺水或掺淀粉等，必需测其相对密度。

2. 器材

（1）乳稠计　（乳比重计）有20℃/4℃或15℃/15℃两种，前者指20℃的牛乳重量与同体积4℃纯水重量的比值。后者指15℃的牛乳重量与同温度、同体积纯水重量的比值。

（2）200mL量筒。

（3）100℃温度计。

3. 操作步骤

将乳样品混匀，并调节温度为10～25℃后，小心将乳样沿量筒壁倒入量筒内（避免产生泡沫），其量以达量筒3/4体积为宜。先以温度计测量乳温后，将乳稠计（20℃/4℃）轻轻放入乳中，让其自由飘动，勿使乳稠计与量筒内壁贴附，待乳稠计静止2～3min后，以液面凹线为准读数。

4. 计算

$$X_1 = (d - 1.000) \times 1000$$

式中 X_1——乳稠计读数；

d——样品的相对密度。

当用20℃/4℃，乳稠计，温度在20℃时，直接用该公式计算。当测量乳温不在20℃时，查表13－12换算成20℃时的读数，再代入公式计算。

例如，乳温18℃，乳稠计（20℃/4℃）读数为28，查表25（18℃，28）转换读数为27.5，代入公式结果d（样品的相对密度）为1.0275。

表13－12 乳稠计读数换算表

乳稠计数	鲜乳温度															
	10	11	12	13	14	15	16	17	18	19	20	21	22	23	24	25
25	23.3	23.5	23.6	23.7	23.9	24.0	24.2	24.4	24.6	24.8	25.0	25.2	25.4	25.5	25.8	26.0
26	24.2	24.4	24.5	24.7	24.9	25.0	25.2	25.4	25.6	25.8	26.0	26.2	26.4	26.6	26.8	27.0
27	25.1	25.3	25.4	25.6	25.7	25.9	26.1	26.3	26.5	26.8	27.0	27.2	27.5	27.7	27.9	28.1
28	26.0	26.1	26.3	26.5	26.6	26.8	27.0	27.3	27.5	27.6	28.0	28.2	28.5	28.7	29.0	29.2
29	26.9	27.1	27.3	27.5	27.6	27.8	28.0	28.3	28.5	28.8	29.0	29.2	29.5	29.7	30.0	30.2
30	27.9	28.1	28.3	28.5	28.6	28.8	29.0	29.3	29.5	29.8	30.0	30.2	30.5	30.7	31.0	31.2
31	28.8	29.0	29.2	29.4	29.6	29.8	30.0	30.3	30.5	30.8	31.0	31.2	31.5	31.7	32.0	32.2
32	29.3	30.0	30.2	30.4	30.6	30.7	31.0	31.2	31.5	31.8	32.0	32.3	32.5	32.8	33.0	33.3
33	30.7	30.8	31.1	31.3	31.5	31.7	32.0	32.2	32.5	32.8	33.0	33.3	33.5	33.8	34.1	34.3
34	31.7	31.9	32.1	32.3	32.5	32.7	33.0	33.2	33.5	33.8	34.0	34.3	34.4	34.8	35.1	35.3
35	32.6	32.8	33.1	33.3	33.5	33.7	34.0	34.2	34.5	34.7	35.0	35.3	35.5	35.8	36.1	36.3
36	33.5	33.8	34.0	34.3	34.5	34.7	34.9	35.2	35.6	35.7	36.0	36.2	36.5	36.7	37.0	37.3

五、鲜乳酸度测定

1. 原理

酸度是反映牛乳鲜度的一项重要指标，新鲜牛乳正常酸度为16～18°T。牛乳酸度（°T）指中和100mL牛乳中的酸所需0.100mol/L氢氧化钠标准滴定溶液的毫升数。牛乳的酸度因细菌分解乳糖产生乳酸而增高。

2. 试剂及器材

0.100mol/L氢氧化钠；0.1%酚酞指示剂；250mL或150mL锥形瓶；10mL或25mL容量吸管；50mL或25mL碱性滴定管。

3. 操作步骤

精确吸取混匀乳样10mL于150mL锥形瓶中，加20mL经煮沸冷却后的蒸馏水（去CO_2水）及酚酞指示剂3滴，混匀，用0.100mol/L氢氧化钠滴定至微红色，在0.5min内不消失为止。以所消耗0.100mol/L氢氧化钠的mL数×10即为该乳之酸度（°T）。或按下式计算其酸度。

$$酸度(°T)=\frac{消耗0.1mNaOH的mL数}{样品mL数}\times 100\%$$

六、鲜乳脂肪测定

为判断牛乳是否双掺假（即脱脂同时加水），脂肪含量不应低于3%。常用脂肪测定方法有两种，一种为盖勃法（Gerber），另一种为巴布科克（Babcock）法。

1. Gerber 法

（1）原理　乳中脂肪呈乳胶样形式存在，测定脂肪时加入一定密度的浓硫酸以破坏乳胶体，溶解除脂肪外的其他成分，以使脂肪与乳中其他成分分离。同时，浓硫酸与乳中酪蛋白钙盐作用生成可溶性重硫酸酪蛋白及硫酸钙，脂肪可析于表层。测定时，为促使脂肪更快析出，加入戊醇或异戊醇以降低脂肪球表面张力。

（2）试剂及器材

①浓硫酸（密度1.820~1.825）。将密度1.84的浓硫酸100mL小心倾入盛有10mL蒸馏水的烧杯中。

②戊醇或异戊醇。

③Gerber乳汁计。

④11mL乳吸管。

⑤水浴箱。

⑥Gerber乳脂计离心机（800~1000r/min）。

（3）操作方法　将乳脂计口向上插入试管架上，于乳脂计中先加入浓硫酸10mL，再沿管壁小心准确加入11mL乳样品，勿使样品与硫酸混合，加异戊醇1mL，塞紧橡皮塞。用布包裹乳脂计橡皮塞一端，手握乳脂计（让瓶口向外向下）用力振摇，当乳脂计中液体呈均匀棕色时将乳脂计口朝下静置10min，置60~70℃水浴5min后取出，离心1000r/min 5min，再将其置于65~70℃水浴中（水浴液面应高于乳脂计脂肪层）中5min后取出，小心调节橡皮塞使脂肪层达刻度处，读数即为牛乳脂肪含量的百分数。

（4）说明

①浓硫酸密度必须在1.820~1.825，硫酸密度过高将使乳中有机物（包括脂肪）全部碳化；②异戊醇可降低脂肪球表面张力，使脂肪球聚集成较大的脂肪团而浮于表面；③加试剂时严格操作顺序，试剂不得沾污瓶口，否则不易塞紧橡皮塞而使液体溢出导致测定失败；④脂肪读数应在65~70℃下进行，读数后迅速倒掉乳脂计中内容物，否则脂肪凝固而难以清洗。

2. Babcock 法

（1）试剂和器材

密度1.820~1.825的浓硫酸，配制方法参见Gerber法。Babcock乳脂计；Babcock乳脂计离心机（800~1000r/min）；17.6mL乳吸管；17.5mL硫酸吸管。

（2）操作方法　准确吸取乳样17.6mL于Babcock乳脂计中，再吸取浓硫酸17.5mL沿乳脂计颈壁缓慢注入乳脂计中，将乳脂计回旋使内容物充分混匀至呈均匀棕色液体。然后将其置于乳脂离心机中以 1000r/min 离心 5min，取出后置 80℃以上水浴中，加入 80℃以上蒸馏水至乳脂计瓶颈基部，再离心 2min。取出后再将其置于 80℃以上水浴中，加入 80℃以上蒸馏水至脂肪上浮至 2 或 3 刻度处，再离心 1min 取出后置于 55 ~ 60℃水浴 5min 后，取出立即读数。其读数为脂肪含量的百分数。

实验十六　鲜肉的质量安全评价与卫生检验

一、目的及意义

本实训的目的是要求学生掌握鲜肉的卫生学要求和相关检测方法，熟悉鲜肉的国家标准。适用于以鲜、冻片猪肉按部位分割后，加工成的冷却（鲜）或冷冻的猪瘦肉。

二、感官指标

1. 原理

肉品的变质是由于肉中微生物的滋生，导致肉中蛋白质脂肪等发生了复杂反应变化，众多因素对肉品的新鲜度判断有很大影响。肉品新鲜度的感官评定是检验者通过视觉、嗅觉、触觉及味觉等对肉品新鲜度进行的检查。主要观测肉品表面色泽、组织状态、气味来判定肉品新鲜情况。

表 13 – 13　感官要求

项目	要求
色泽	肌肉色泽鲜红，有光泽；脂肪呈乳白色
组织状态	肉质紧密，有坚实感
气味	具有猪肉固有的气味，无异味

2. 检测方法

（1）色泽　目测。

（2）气味　嗅觉检测。

（3）组织状态　手触、目测。

3. 结果分析

参照国家标准感官要求评定鲜肉新鲜程度。

三、挥发性盐基氮

1. 原理

挥发性盐基氮是动物性食品由于酶和细菌的作用，在腐败过程中，使蛋白质分解而产生氨以及胺类等碱性含氮物质。挥发性盐基氮具有挥发性，可在碱性溶液中蒸出，利用硼酸溶液吸收后，用标准酸溶液滴定，以计算挥发性盐基氮含量。

2. 试剂

（1）氧化镁混悬液（10g/L）　称取 10g 氧化镁，加 1000mL 水，振摇成混悬液。

（2）硼酸溶液（20g/L） 称取20g硼酸，加水溶解后并稀释至1000mL。

（3）盐酸标准滴定溶液（0.1000mol/L）或硫酸标准滴定溶液（0.1000mol/L） 按照《化学试剂 标准滴定溶液的制备》（GB/T 601—2016）制备。

（4）盐酸标准滴定溶液（0.0100mol/L）或硫酸标准滴定溶液（0.0100mol/L） 临用前以盐酸标准滴定溶液（0.1000mol/L）或硫酸标准滴定溶液（0.1000mol/L）配制。

（5）甲基红乙醇溶液（1g/L） 称取0.1g甲基红，溶于95%乙醇，用95%乙醇稀释至100mL。

（6）亚甲基蓝乙醇溶液（1g/L） 称取0.1g亚甲基蓝，溶于95%乙醇，用95%乙醇稀释至100mL。

（7）混合指示液 2份甲基红乙醇溶液与1份亚甲基蓝乙醇溶液临用时混合。

3. 仪器

天平、搅拌机、自动凯氏定氮仪、蒸馏管500mL或750mL、吸量管10.0mL等。

4. 分析步骤

（1）试样处理 称取试样10g置于具塞锥形瓶中，准确加入100.0mL水，不时振摇，试样在样液中分散均匀，浸渍30min后过滤。滤液应及时使用，不能及时使用的滤液置冰箱内0~4℃冷藏备用。对于蛋白质胶质多、黏性大、不容易过滤的特殊样品，可使用三氯乙酸溶液替代水进行实验。

（2）测定 向接收瓶内加入10mL硼酸溶液，5滴混合指示液，5mL氧化镁混悬液，向蒸馏管中加入10mL滤液，开始蒸馏。蒸馏5min后，用少量水冲洗冷凝管下端外部，取下蒸馏液接收瓶。以盐酸或硫酸标准滴定溶液（0.0100mol/L）滴定至终点。使用2份甲基红乙醇溶液与1份亚甲基蓝乙醇溶液混合指示液，终点颜色至蓝紫色。同时做试剂空白。

5. 计算

$$X=\frac{(V_1-V_2)\times c\times 14}{m\times (V/V_0)}\times 100\%$$

式中 X——试样中挥发性盐基氮的含量，mg/100g或mg/100mL；

V_1——试液消耗盐酸或硫酸标准滴定溶液的体积，mL；

V_2——试剂空白消耗盐酸或硫酸标准滴定溶液的体积，mL；

c——盐酸或硫酸标准滴定溶液的浓度，mol/L；

14——滴定1.0mL盐酸［$c_{HCl}=1.000$mol/L］或硫酸［$c_{\frac{1}{2}H_2SO_4}=1.000$mol/L］标准滴定溶液相当的氮的质量，g/mol；

m——试样质量，g，或试样体积，mL；

V——准确吸取的滤液体积，mL，本方法中$V=10$mL；

V_0——样液总体积，mL，本方法中$V_0=100$；

100——计算结果换算为mg/100g或mg/100mL的换算系数。

6. 允许差

结果保留三位有效数字，相对相差≤10%。

四、TBARS 值

1. 原理

鲜肉中脂肪酸发生酸败反应，分解出醛、酸类的化合物。丙二醛就是分解产物的一种，它能与 TBA（硫代巴比妥酸）作用生成粉红色化合物，在 532nm 和 600nm 波长处有吸收高峰，利用此性质即能测出丙二醛含量，从而推导出鲜肉腐败的程度。

2. 试剂

7.5%的三氯乙酸（含 0.1% EDTA）、0.02mol/L TBA 溶液。

3. 仪器

匀浆机、恒温水浴锅、离心机等。

4. 分析步骤

样品在匀浆机中均质，取捣碎的肉样 10g，加入 50mL 7.5% 的三氯乙酸（含 0.1% EDTA），振摇 30min，双层滤纸过滤两次，取 5mL 上清液加入 5mL 0.02mol/L TBA 溶液中，于 90℃ 水浴中保温 40min，取出冷却 1h，离心 5min（5000rpm），静置分层后取上清液，分别在 532nm 和 600nm 处比色，记录吸光值。

5. 计算

$$TBARS(\mathrm{mg/100g}) = \frac{A_{532\mathrm{nm}} - A_{600\mathrm{nm}}}{155} \times \frac{1}{10} \times 72.6 \times 100\%$$

式中 $A_{532\mathrm{nm}}$——样品在 532nm 处吸光值；

$A_{600\mathrm{nm}}$——样品在 600nm 处吸光值；

72.6——换算系数。

6. 允许差

相对相差≤10%。

7. 说明

与 TBA 反应的物质的量（TBARS）：以每 100g 肉中丙二醛的毫克数来表示。

实验十七 鱼类的质量安全评价与卫生检验

一、目的及意义

本实训的目的是要求学生掌握鱼类的卫生学要求和相关检测方法，熟悉鱼类的国家标准。此实训也适用于以鲜、冻片猪肉按部位分割后，加工成的冷却（鲜）或冷冻的猪瘦肉。

二、感官指标

1. 原理

鱼类营养丰富、表皮保护能力差、酶活性较强、鱼体表面、鳃和消化系统含有大量腐败菌。鱼类的新鲜度越高，其风味和质量也越好。刚捕获的新鲜鱼，具有明亮的外表，清晰的色泽，表面覆盖着一层透明均匀的黏液。眼球明亮突出，鳃为鲜红色，没有任何黏液覆盖。肌肉组织柔软可弯，鱼的气味是新鲜的，或有一种“海藻味”。

鱼体死后会发生一系列生物化学和生物学的变化，整个过程可分为初期生化变化和僵硬、解僵和自溶、细菌腐败三个阶段。

表 13－14　　一般鱼类感官鉴定指标

项目	新鲜（僵硬阶段）	较新鲜（自溶阶段）	不新鲜（腐败阶段）
眼球	眼球饱满，角膜透明清亮，有弹性	眼角膜起皱，稍变混浊，有时由于内溢血发红	眼球塌陷，角膜混浊
鳃部	鳃色鲜红，黏液透明无异味（允许淡水鱼有土腥味）	鳃色变暗呈淡红、深红或紫红，黏液带有发酸的气味或稍有腥味	鳃色呈褐色、灰白有混浊的黏液，带有酸臭、腥臭或陈臭味
肌肉	坚实有弹性，手指压后凹陷立即消失，无异味，肌肉切面有光泽	稍松软，手指压后凹陷不能立即消失，稍有腥臭味，肌肉切面无光泽	松软，手指压后凹陷不易消失，有霉味和酸臭味，肌肉易与骨骼分离
体表	有透明黏液，鳞片有光泽，贴附鱼体紧密，不易脱落	黏液多不透明，并有酸味，鳞片光泽较差，易脱落	鳞片暗淡无光泽，易脱落，表面黏液污秽，并有腐败味
腹部	正常不膨胀，肛门凹陷	膨胀不明显，肛门稍突出	膨胀或变软，表面发暗色或淡绿色斑点，肛门突出

2. 感官鉴定

（1）鳞片　是否容易脱落；

（2）体表黏液　是否少；

（3）体表色泽　是否保持原来色泽；

（4）鳃色　是否鲜红色；

（5）眼球　饱满、角膜透明清亮、弹性情况；

（6）腹部和体质　腹部是否膨胀、体质是否结实；

（7）肌肉　弹性情况；

（8）酸臭味　是否有；

（9）肛门　是否有污物流出。

3. 结果分析

参照表 13－14 感官评定指标评定鱼类新鲜程度。

三、*K* 值

1. 原理

鱼类的肌肉运动必须依靠 ATP（三磷酸腺苷）转化提供能量，而鱼死后其体内所含 ATP 按下列途径分解：ATP→ADP（二磷酸腺苷）→AMP（一磷酸腺苷）→IMP（肌苷酸）→HxR（肌苷）→Hx（次黄嘌呤）。

因此判断鲜度的指标 *K* 值可由下式计算：

$$K = \frac{\text{HxR} + \text{Ax}}{(\text{ATP} + \text{ADP} + \text{AMP} + \text{IMP} + \text{HxR} + \text{Hx})} \times 100\%$$

K 值是 HxR 和 Hx 在 ATP 全部分解产物中所占的百分比，*K* 值越小，鲜度越好。*K* 值在 20% 以下的鱼为鲜度良好，可作为生鱼片食用。

本方法首先用离子交换树脂处理鱼肉提取液，ATP 系列化合物被树脂吸附，然后用近中性的 A 液将不带磷酸基的 HxR 和 Hx 洗脱。然后，在酸性条件下，增加盐的浓度，将 ATP、ADP、AMP、IMP 核苷酸类洗脱，分别测其吸光度，即可计算 K 值。

2. 试剂

ATP、ADP、AMP、IMP、HxR、Hx 标准品，高氯酸（PCA），三氯乙酸（TCA），丙酮，氢氧化钠，氢氧化钾，盐酸，氨水，氯化钠等皆为分析纯。

717 强碱型阴离子交换树脂：取 717 强碱型阴离子交换树脂 100g，放入 1L 的烧杯中，用 300mL 丙酮搅拌浸泡，滤去丙酮，用去离子水洗净，加入 600mL 1mol/L NaOH，搅拌浸泡，滤去碱液，反复水洗至其呈中性，加入 1mol/L 的 HCl 溶液 600mL 搅拌浸泡，滤去酸液，多次水洗至呈中性，最后一次连水一起灌入瓶内放入冰箱内冷藏备用。

3. 仪器

紫外－可见分光光度计、离心机、层析柱等。

4. 分析步骤

（1）试样处理　取鱼肉粉碎，准确称取 1g 置于 10mL 离心试管中，加入冰冷的 10% PCA 2mL，用玻璃棒搅拌，离心，取上清液。沉淀部分再用冰冷的 5% PCA 处理 2 次，合并三次上清液，用 10mol/L KOH 和 1mol/L KOH 中和至 pH 为 6.5，沉淀部分离心除去，用冰水洗涤沉淀，最后用 10mL 容量瓶定容后放入 －20℃ 的冷冻室内保存待用。

（2）柱子制备　树脂柱采用 0.8cm × 18cm 玻璃柱，底部用玻璃纤维垫底，柱内装入树脂高度约 8cm，灌注时避免有气泡产生。若有气泡混入，可在柱内加入去离子水，再用很细的玻璃棒搅拌以除去气泡。

（3）上柱操作　取 2mL 鱼肉提取液或 0.1 ~ 0.5mL 浓度为 10mmol/L 的标准样品溶液，置于 50mL 烧杯中，用 0.5mol/L 的氨水调节 pH 至 9.4，使之通过层析柱，再在烧杯中用 0.5mol/L 氨水将少量去离子水调节 pH 至 9.4。同样使之通过层析柱，当样品液下降至树脂上 1cm 左右时，加入 40mL 去离子水。待去离子水流完后，在柱下放上 50mL 容量瓶，用量筒取 0.001mol/L HCl 溶液（A 液）45mL，加一部分到柱中，然后接上分液漏斗加入剩下的 A 液。待 A 液流完后换上另一个 50mL 容量瓶，同上操作，加入 0.6mol/L NaCl－0.01mol/L HCl 溶液（B 液）45mL，等 A、B 液都洗脱完后，将两容量瓶中的溶液分别用 A 液、B 液定容到 50mL，用紫外－可见分光光度计在 250nm 处分别测定其吸光度。

5. 计算

$$K = \frac{A_{250\mathrm{nm(A)}}}{A_{250\mathrm{nm(A)}} + A_{250\mathrm{nm(B)}}} \times 100\%$$

允许差

相对相差 ≤10%。

实验十八　食用油脂的质量安全评价与卫生检验

一、目的及意义

本实训的目的是要求学生掌握食用植物油的卫生学要求和相关检测方法，熟悉食用植物油的国家标准。此实训适用于以大豆、花生、棉籽、芝麻、葵花籽、油菜籽、玉米胚芽、油茶籽、米糠、胡麻籽为原料，经压榨、溶剂浸出精炼或用水化法制成的食用植物油。

二、感官指标

应该具有正常植物油的色泽、透明度、气味和滋味，无焦臭、酸败及其他异味。

1. 色泽

（1）仪器　烧杯（250mL）。

（2）分析步骤　将样品混匀并过滤，然后倒入烧杯中，油层高度不得小于5mm，在室温下先对着自然光观察，然后再置于白色背景前借其反射光线观察，并按下列词句记述：白色、灰白色、柠檬色、淡黄色、黄色、橙色、棕黄色、棕色、棕红色、棕褐色等。

2. 气味及滋味

分析步骤：将样品倒入150mL烧杯中，置于水浴上，加热至50℃，以玻璃棒迅速搅拌。嗅其气味，并蘸取少许样品，辨尝其滋味，然后按正常、焦煳、酸败、苦辣等词句记述。

三、酸价

1. 原理

植物油中的游离脂肪酸用氢氧化钾标准溶液滴定，每克植物油消耗氢氧化钾的毫克数，称为酸价。

2. 试剂

（1）乙醚-乙醇混合液　按乙醚-乙醇（2+1）混合。用氢氧化钾溶液（3g/L）中和至酚酞指示液呈中性。

（2）氢氧化钾标准滴定溶液［c_{KOH}=0.05mol/L］。

（3）酚酞指示液　10g/L乙醇溶液。

3. 分析步骤

准确称取3.00~5.00g样品，置于锥形瓶中，加入50mL中性乙醚-乙醇混合液，振摇使油溶解，必要时可将其置于热水中，温热以促其溶解。冷至室温，加入酚酞指示液2~3滴，以氢氧化钾标准滴定溶液（0.05mol/L）滴定，至初现微红色，且0.5min内不褪色为终点。

4. 计算

$$X_1 = \frac{V_1 \times c_1 \times 56.11}{m_1}$$

式中　X_1——样品的酸价；

V_1——样品消耗氢氧化钾标准滴定溶液体积，mL；

c_1——氢氧化钾标准滴定的实际浓度，mol/L；

m_1——样品质量，g；

56.11——与1.0mL氢氧化钾标准滴定溶液［c_{KOH}=1.000mol/L］相当的氢氧化钾毫克数。

结果的表述：报告算术平均值的两位有效数。

5. 允许差

相对相差≤10%。

6. 说明

在粗脂肪中，酸价和游离脂肪酸都是可用于评估去除脂肪酸在精练过程中油的损耗情况的。对于精炼油来说，高的酸价意味着精炼油的质量差，或者在储存和使用过程中油分发生了脂的分解。然而如果脂肪具有较高的表观游离脂肪酸，这也许是由于其中添加了一些酸性添加剂（如作为金属螯合剂而加入柠檬酸）所致。这是因为任何酸都能参与上述反应，如果油质释放的脂肪酸具有挥发性，那么游离脂肪酸值或酸价就可以作为测定油脂降解酸败程度的一种手段。

四、过氧化值

1. 原理

油脂氧化过程中产生过氧化物，与碘化钾作用，生成游离碘，以硫代硫酸钠溶液滴定，计算含量。

2. 试剂

（1）饱和碘化钾溶液　称取14g碘化钾，加10mL水溶解，必要时微热使其溶解，冷却后储于棕色瓶中。

（2）三氯甲烷－冰乙酸混合液　量取40mL三氯甲烷，加60mL冰乙酸，混匀。

（3）硫代硫酸钠标准滴定溶液［$c_{Na_2S_2O_3}=0.002mol/L$］。

（4）淀粉指示剂（10g/L）　称取可溶性淀粉0.5g，加少许水，调成糊状，倒入50mL沸水中调匀，煮沸。临用时现配。

3. 分析步骤

称取2.00～3.00g混匀（必要时过滤）的样品，置于250mL碘瓶中，加30mL三氯甲烷－冰乙酸混合液，使样品完全溶解。加入1.00mL饱和碘化钾溶液，紧密塞好瓶盖，并轻轻振摇0.5min，然后在暗处放置3min。取出加100mL水，摇匀，立即用硫代硫酸钠标准滴定溶液（0.002mol/L）滴定，至淡黄色时，加1mL淀粉指示液，继续滴定至蓝色消失为终点，取相同量三氯甲烷－冰乙酸溶液、碘化钾溶液、水，按同一方法，做试剂空白试验。

4. 计算

$$X_2=\frac{(V_2-V_3)\times c_2\times 0.1269}{m_2}\times 100\%$$

式中　X_2——样品的过氧化值，g/100g；

X_3——样品的过氧化值，meq/kg；

V_2——样品消耗硫代硫酸钠标准滴定溶液体积，mL；

V_3——试剂空白消耗硫代硫酸钠标准滴定溶液体积，mL；

c_2——硫代硫酸钠标准滴定溶液的浓度，mol/L；

m_2——样品质量，g；

0.1269——与1.00mL硫代硫酸钠标准滴定溶液［$c_{Na_2S_2O_3}=1.000mol/L$］相当的碘的质量，g；

结果的表述：报告算术平均值的两位有效数。

5. 允许差

相对相差≤10%。

6. 说明

过氧化值测定的只是氧化反应的瞬时产物，即过氧化物在形成后马上就会破坏，并生成别的产物。低过氧化值可能是代表刚开始氧化，也可能代表氧化末期，这必须通过测定过氧化值随时间的变化情况以后才能确定。这些用于食品原料的测定方法的缺点是待测样品必须要含有5g以上的油质，而在低脂食品中很难实现。该方法是经验性方法，所以方法的任何变化都可能改变测定结果。尽管有种种缺陷，过氧化值仍然是最常用的测定脂类氧化的方法。

参考文献

［1］于殿宇．《食品工程综合实验》［M］．北京：中国林业出版社．2014.

［2］吴晓艺．《化工原理实验》［M］．北京：清华大学出版社出版．2013.

［3］郭翠梨．《化工原理实验》（第二版）［M］．天津：天津大学出版社．2013.

［4］曹建康，姜微波，等．果蔬采后生理生化实验指导［M］．北京：中国轻工业出版社，2007.

［5］徐玮，汪东风，等．食品化学实验和习题［M］．北京：化学工业出版社，2008.

［6］谢明勇，胡晓波，等．食品化学实验与习题［M］．北京：化学工业出版社，2015.

［7］高丹丹，郭鹏辉，等．农畜产品加工与检测综合实验指导［M］．北京：化学工业出版社，2015.

［8］郭兴凤．蛋白质水解度的测定［J］．中国油脂，2000（06）：176－177.

［9］郭颖，黄峻榕，陈琦，等．茶叶中儿茶素类测定方法的优化［J］．食品科学，2016，37（6）：137－141.

［10］刘永刚，李朝旭，朱俊平，等．乳及乳制品中苯甲酸、山梨酸和糖精钠检测方法的研究［J］．食品科学，2007，28（6）：260－262.

［11］罗成玉．果冻中安赛蜜、苯甲酸、山梨酸、糖精钠脱氢乙酸同时检测方法．上海计量测试[J]．2013，233：18－20.

［12］雷成康，郭玲．山楂中有机酸含量测定方法的改进［J］．中药材，2010，33（5）：745－747.

［13］张军，韩英素，高年发，等．HPLC 法测定葡萄酒中有机酸的色谱条件研究［J］．酿酒科技，2004，2：91－93.

［14］何春玫．直接皂化－比色法测定鸡蛋黄中胆固醇含量［J］．广东农业科学，2011，9：110－113.

［15］吴超，李润航，于中英，等．鸡蛋胆固醇含量测定方法比较研究［J］．家畜生态学报，2013，34（11）：57－60.

［16］马道荣，杨雪飞，等．食品工艺学实验与工程实践［M］．合肥：合肥工业大学出版社，2016.

［17］赵征．食品工艺学实验技术［M］．北京：化学工业出版社，2013.

［18］马俪珍，刘金福，等．食品工艺学实验［M］．北京：化学工业出版社，2011.

［19］钟瑞敏，翟迪升，等．食品工艺学实验与生产实训指导［M］．北京：中国纺织出版社，2015.

［20］蔺毅峰．食品工艺实验与检验技术［M］．北京：中国轻工业出版社，2014.

［21］王毕妮，高慧．红枣食品加工技术［M］．化学工业出版社，2012. 2.

［22］李祥睿．韩国泡菜制作工艺及风味特征［J］．扬州大学烹饪学报，2012（4）：12－14.

［23］高岭．四川泡菜与韩国泡菜生产工艺的区别［J］．中国调味品，2014，12：3－5.

［24］黄慧福，周开聪．苹果－草莓－胡萝卜复合低糖果酱加工的工艺研究［J］．食品工业，2013，34（4）：77－79.

［25］张永清．低糖梨果脯的研制．食品工业，2016，37（1）：24－26.

［26］施瑞城，侯晓东，李婷．低糖山药果脯的加工工艺研究，食品工业科技，2007，28（2）：182－184.

［27］张培丽，杜征，吴颖华．硬化工艺对神女果脯品质的影响．安徽农业科学，2009，37（17）：8173－8174.

［28］刘清．实用中西糕点生产技术与配方［M］．化学工业出版社，2007，9.

［29］李学红，王静．现代中西式糕点制作技术．中国轻工业出版社，2012.9（第2版）.

［30］孙文杰．刮膜式分子蒸馏过程的优化控制研究与应用［D］．长春工业大学，2017.

［31］赵世兴，陈志雄，孙胜南．分子蒸馏技术及其应用进展［J］．轻工科技，2016，32（08）：21－22＋36.

［32］李红，王爱辉，刘延奇．分子蒸馏在油脂工业中的应用［J］．中国油脂，2008（10）：57－60.

［33］孙厚良．喷雾干燥法制备微胶囊工艺研究［J］．化工时刊，2005（10）：18－21＋25.

［34］陈琳，李荣，姜子涛，谭津．微胶囊化方法对紫苏油包埋性能的比较研究［J］．食品工业科技，2013，34（20）：176－180＋234.

［35］陈欣，王志耕，梅林，薛秀恒．喷雾干燥法制备乳脂微胶囊及其特性的研究［J］．中国粮油学报，2017，32（01）：74－79＋84.

［36］惠伯棣．类胡萝卜素化学及生物化学［M］．中国轻工业出版社，2005.

［37］李建颖，邓宇．微波提取叶黄素方法的研究［J］．食品工业科技，2004（08）：121－124.

［38］张同，赵婷，惠伯棣．温度控制对微波萃取叶黄素酯的影响［J］．食品科学，2012，33（08）：29－32.

［39］盛爱武，陈翠云，谢应毅，张晚风．万寿菊色素浸提方法及其性质的初步研究［J］．仲恺农业技术学院学报，2001（04）：38－41.

［40］惠伯棣，唐粉芳，裴凌鹏，廖萍泰，李京．万寿菊干花中叶黄素的实验室制备［J］．食品科学，2006（06）：157－160.

［41］孙厚良．喷雾干燥法制备微胶囊工艺研究［J］．化工时刊，2005（10）：18－21＋25.

［42］杨起恒．乳酸菌发酵机理及酸奶工艺优化研究［D］．中国农业大学，2005.

［43］廖敏．低温长时间发酵酸奶加工关键技术与品质研究［D］．四川农业大学，2005.

［44］孙文杰．刮膜式分子蒸馏过程的优化控制研究与应用［D］．长春工业大学，2017.

［45］赵世兴，陈志雄，孙胜南．分子蒸馏技术及其应用进展［J］．轻工科技，2016，32（08）：21－22＋36.

［46］李红，王爱辉，刘延奇．分子蒸馏在油脂工业中的应用［J］．中国油脂，2008（10）：57－60.

［47］孙厚良．喷雾干燥法制备微胶囊工艺研究［J］．化工时刊，2005（10）：18－21＋25.

［48］陈琳，李荣，姜子涛，谭津．微胶囊化方法对紫苏油包埋性能的比较研究［J］．食品工业科技，2013，34（20）：176－180＋234.

［49］陈欣，王志耕，梅林，薛秀恒．喷雾干燥法制备乳脂微胶囊及其特性的研究［J］．中国粮油学报，2017，32（01）：74－79＋84.

［50］惠伯棣．类胡萝卜素化学及生物化学［M］．中国轻工业出版社，2005.

［51］李建颖，邓宇．微波提取叶黄素方法的研究［J］．食品工业科技，2004（08）：121－124.

［52］张同，赵婷，惠伯棣．温度控制对微波萃取叶黄素酯的影响［J］．食品科学，2012，33（08）：29－32.［1］盛爱武，陈翠云，谢应毅，张晚风．万寿菊色素浸提方法及其性质的初步研究［J］．仲恺农业技术学院学报，2001（04）：38－41.

［53］惠伯棣，唐粉芳，裴凌鹏，廖萍泰，李京．万寿菊干花中叶黄素的实验室制备［J］．食品科

学，2006（06）：157 - 160.

［54］孙厚良．喷雾干燥法制备微胶囊工艺研究［J］．化工时刊，2005（10）：18 - 21 + 25.

［55］杨起恒．乳酸菌发酵机理及酸奶工艺优化研究［D］．中国农业大学，2005.

［56］廖敏．低温长时间发酵酸奶加工关键技术与品质研究［D］．四川农业大学，2005.

［57］刘君军．人参蓝莓饮料的制备及其抗疲劳活性研究［D］．长春：吉林大学，2017.

［58］冯彦君．麦苗酵素粉及其代餐粉的加工与抗氧化功能研究［D］．无锡：江南大学，2017.

［59］吴晓青，程伟青，郭丹霞．海带多糖降脂袋泡茶的研制［J］．安徽农业科学，2017，45（05）：70 - 72 + 76.

［60］原泽知，程开明，黄文等．海带多糖的提取工艺及降血脂活性研究［J］．中药材，2010，33（11）：1795 - 1798.

［61］李早慧，王建明．视力健咀嚼片的成型工艺研究［J］．食品工业，2015，36（04）：140 - 142.

［62］中国营养学会编著．中国居民膳食指南［M］．北京：人民卫生出版社，2016

［63］杨月欣，王光亚，潘兴昌．中国食物成分表［M］．北京：北京大学医学出版社，2002，第2版．

［64］顾景范，杜寿玢，郭长江．临床营养学［M］．北京：科学出版社，2009，第2版．

［65］金邦荃．营养学实验与指导［M］．2008，南京：东南大学出版社．

［66］赵胜年．营养学实验指导．2004，内部讲义．

［67］范志红．食物营养与配餐［M］．中国农业大学出版社，2010，第1版．

［68］许荣华．膳食营养设计［M］．北京师范大学出版社，2014，第1版．

［69］刘海燕，王海青，高华，等．鱼类鲜度K值的简易测定方法．青岛大学学报，1998，11（2）：50 - 53.

［70］丁辉．食品安全分析测试进展［M］．中国劳动社会保障出版社，2009，11.